U0337704

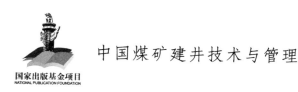

中国煤矿建井技术与管理

煤矿地面建(构)筑物及其加固

主编 盛 平 孙盼盼 于广云

中国矿业大学出版社

·徐州·

内 容 提 要

本书是国家出版基金项目"中国煤矿建井技术与管理"丛书之一,本着使读者掌握煤矿地面建筑物和构筑物相关的基础知识、理论和技能原则,在结合当代科技发展现状且巧妙地引入了最新科技成果的基础上编写而成。全书共四章内容,包括煤矿地面建(构)筑物的分类及设计的一般规定、煤矿地面建筑物、煤矿地面构筑物及塌陷区既有建(构)筑物保护。书中包含较多的实际工程案例,在帮助读者提高理论基础的同时,为从事矿山建设和研究工作的工程技术人员提供一定参考。

本书是煤矿工程领域实用且可靠的工具书。

图书在版编目(C I P)数据

煤矿地面建(构)筑物及其加固/盛平,孙盼盼,
于广云主编. —徐州:中国矿业大学出版社,2023.7
ISBN 978 - 7 - 5646 - 4910 - 4

Ⅰ. ①煤… Ⅱ. ①盛… ②孙… ③于… Ⅲ. ①煤矿—
矿山建设—地面工程—加固 Ⅳ. ①TD22

中国版本图书馆 CIP 数据核字(2020)第 269324 号

书　　名	煤矿地面建(构)筑物及其加固
主　　编	盛　平　孙盼盼　于广云
责任编辑	杨　洋　黄本斌
责任校对	孙　景
出版发行	中国矿业大学出版社有限责任公司
	(江苏省徐州市解放南路　邮编 221008)
营销热线	(0516)83885370　83884103
出版服务	(0516)83995789　83884920
网　　址	http://www.cumtp.com　E-mail:cumtpvip@cumtp.com
印　　刷	江苏苏中印刷有限公司
开　　本	787 mm×1092 mm　1/16　**印张** 18.25　**字数** 467 千字
版次印次	2023 年 7 月第 1 版　2023 年 7 月第 1 次印刷
定　　价	200.00 元

(图书出现印装质量问题,本社负责调换)

前　言

　　近年来,矿山工程建设领域新技术、新设备不断涌现,施工技术标准和规范化水平不断提高,原有的一些技术、设备逐步被更新与淘汰;另外,我国深井建设一直处于世界领先水平,取得了一大批具有自主知识产权的重大成果。为了适应这种变化,并推广近年来在矿井建设实践中形成、积累和完善的经验,向施工人员提供实用、可靠、先进的技术资料,中国矿业大学出版社组织相关高校和大型矿山施工企业,对建井技术与管理经验进行了全面的总结与梳理,编纂了本书在内的"中国煤矿建井技术与管理"丛书。

　　煤矿地面建筑物和构筑物是煤矿生产和管理的重要保障,其安全性和稳定性对于煤矿生产运营至关重要。煤矿地面建筑物和构筑物必须符合建设工程的基本要求和技术标准,既要在设计阶段满足规范要求,也要在后期进行定期的检测评估和加固,以保障生产安全和劳动安全。目前对于煤矿地面建筑物和构筑物尚缺少较为系统的介绍,相关工程技术人员在初学和培训阶段没有系统的学习资料。为此,本书就煤矿地面建筑物和构筑物方面做出具体梳理,以便相关工程技术人员了解相关的设计、加固规定与方法。

　　通过对煤矿建筑物和构筑物这一特殊技术领域的总结与归纳,希望读者可以更全面地了解这一与工业发展紧密相连的重要领域。本书将带领读者了解和掌握煤矿地面建筑物与构筑物的设计原则和要点,详细介绍矿井地面建筑物与构筑物的分类及设计的一般规定,重点关注煤矿地面建筑物的各个方面,从生产技术建筑物到通用性工业建筑物,再到非生产性建筑物。此外,还将探讨煤矿地面构筑物,包括井架、井塔、筒仓、矿山栈桥和输送机走廊、水塔、钢筋混凝土贮液池等。

　　鉴于编者水平所限,加之时间较紧,书中难免有不妥之处,敬请广大读者批评、指正。

编　者

2022 年 4 月

目　　录

第一章　矿井地面建(构)筑物的分类及设计的一般规定

第一节　矿井地面建(构)筑物的分类

煤矿地面建筑是煤矿地面上所修建的建筑物和构筑物的总称。煤矿地面的建筑物和构筑物,按功能可分为以下三种类型:

(1)主要生产建筑物与构筑物

该类建筑物与构筑物的主要功能是提升煤和矸石、地面生产系统(煤的加工、贮存、运输、装车等)、矸石处理和综合利用以及通风、瓦斯抽采等,因此按提升系统、地面生产系统、排矸系统、通风系统以及瓦斯抽采与井下防火灭火等系统设置一系列有关的建筑物与构筑物,包括井口房、提升机房、通风机房、选矸楼及洗煤厂等。

(2)辅助生产建筑物与构筑物

该类建筑物与构筑物的主要功能是辅助生产环节的正常运转,因此按动力设施、器材供应、机电设备维修、给水排水、运输系统等设置一系列有关建筑物与构筑物,包括变电所、锅炉房、机修厂、材料仓库、坑木加工房、油脂库、水泵房等。

(3)行政公共建筑物与构筑物

该类建筑物与构筑物的主要功能是满足生产经营管理和职工生活需要而设置的一系列有关建筑物与构筑物,包括行政办公室、矿灯房、浴室、食堂、礼堂、医务所等。

第二节　矿井地面建(构)筑物设计的一般规定

煤矿地面建筑的建设必须贯彻"适用、经济和在可能的条件下注意美观"的建筑方针以及工业建筑必经贯彻"坚固、适用、经济和技术先进"的建设方针。

"适用"是指建筑物建成后应满足使用的要求,这是建筑的先决条件。为此,工业建筑应以生产工艺要求为依据;民用及行政福利建筑应以人的工作和活动的要求为依据。

"坚固"是指建筑物应有足够的强度、耐久性、耐火性。建筑物或建筑物的某一组成部分必须具有足够的强度以承受荷载的作用。建筑物所用的材料和结构要能抵抗使用过程中各种物理、化学和生物作用的侵蚀,具有符合使用年限的耐久性,还应根据建筑物的使用性质、重要性及生产中的火灾危险程度,使其具有相应的防火性能。

"经济性"是指降低造价、节省投资和最有效地利用三大建筑材料(钢材、水泥和木材)。

讲究经济原则要以建筑的适用性和坚固性为前提,不能有损建筑物的质量。因此,除了注意消除设计不合理而造成的浪费外,还要注意提高施工技术水平,采用先进的施工方法,只有这样才能最终获得经济效果。

新建矿井主要建(构)筑物的结构设计使用年限应与矿井设计服务年限相适应。当矿井设计服务年限不满 50 a 时,其主要建(构)筑物的设计使用年限应为 50 a。矿井建(构)筑物的结构安全等级和抗震设防类别应按表 1-1 的规定采用。

表 1-1　矿井建(构)筑物的结构安全等级和抗震设防类别

序号	工艺系统	主要建筑物或结构物名称	结构安全等级	抗震设防类别
1	提升系统	井架、井塔、提升机房、井口房、天轮架	一级	乙类
2	运输系统	地道、栈桥、转载站、装车站(仓)	二级	丙类
3	储煤系统	筒仓、储煤场、半地下煤仓、挡煤墙、受煤坑、翻车机房、爬车机房、地磅房、地磅沟、选矸楼	二级	丙类
4	通风系统	风井井口房、通风机房、瓦斯抽采泵房	一级	乙类
5	给排水系统	水池、水塔、泵房	一级	乙类
6	供配电系统	地面变电所、配电室	一级	乙类
7	通信系统	通信楼、调度中心	一级	乙类
8	供气供热系统	压缩空气站、空气加热室、锅炉房、烟囱	二级	丙类
9	辅助厂房、仓库	机修车间、锻铆车间、木材加工房、煤样室、化验室、爆炸材料库、雷管库、设备库、材料库、材料棚、油脂库、汽车库、汽修间、电(内燃)机车库	二级	丙类
		临时材料棚、设备棚	三级	丁类
10	行政、公共、居住设施	矿灯房、浴室、任务交代室、办公楼、食堂、职工住宅、娱乐培训设施、单身宿舍	二级	丙类
11	矿山救护及消防设施	救护队车库、仪器库、装备库、值班用房、通信楼、救灾指挥部、保健急救室、消防站	一级	乙类

注:1. 建(构)筑物各类结构构件使用期间的安全等级,应与整个结构的安全等级相同,所有构件安全等级在各阶段均不得低于三级;
　　2. 当设计使用年限超过 50 a 但是不大于 100 a 时,其安全等级应适当提高;
　　3. 井上通风、供配电、给排水、通信系统建筑的结构安全等级应为二级。

矿井地面工业建(构)筑物的火灾危险性分类与耐火等级应符合表 1-2 的规定。

表 1-2　工业建(构)筑物火灾危险性分类与耐火等级

生产或储存物品类别	建(构)筑物名称	耐火等级	适用条件
甲	汽油库、油泵房、抽采瓦斯泵房、蓄电池充电间、煤气站	二	一

表 1-2(续)

生产或储存物品类别	建(构)筑物名称	耐火等级	适用条件
丙	通风机房、主副井口房或井楼、井架、井塔、输送机栈桥和地道、翻车机房、选矸楼、筛分楼、煤仓、矸石仓转载点、储煤场及受煤坑、干燥车间、油脂库	二	—
	木材加工房,器材库、棚(综合材料)	三	—
丁	锅炉房、锻工车间、铆焊车间	二	蒸汽锅炉额定蒸发量小于或等于 4 t/h,热水锅炉额定功率小于或等于 2.8 MW 时为三级;锻工、铆焊车间面积小于 1 000 m² 时应为三级
戊	煤样室、化验室、内燃机车库、汽车库、消防车库、无轨胶轮车库、综采设备库	三	—
	主、副井提升机房	二	不包括井塔提升机大厅
	矿井修理车间、压缩空气站、矿灯房(不包括蓄电池充电间)、空气加热室、矿井消防水泵房、井口浴室、任务交代室	二	—
	电机车库、地面人行走道、水源及水处理建筑物、水塔、防火灌浆站	三	—

注:1. 凡本表未列入的矿井工业建(构)筑物、行政及公共建筑、居住建筑等的类别和耐火等级,应按《建筑设计防火规范》(GB 50016—2014)的有关规定确定;

2. 封闭式储煤场的防火设计应符合《建筑设计防火规范》(GB 50016—2014)中丙类厂房的有关规定。

地面建(构)筑物安全出口的设置应符合下列规定:

(1)一般建筑物安全出口的设置应符合《建筑设计防火规范》(GB 50016—2014)的有关规定;

(2)生产系统厂房安全出口的数量不应少于 2 个;

(3)当每层建筑面积不超过 400 m² 且同一时间的生产人数不超过 15 人、总生产作业人数不超过 30 人时,生产系统厂房可设置一个安全出口,楼梯间可不封闭;

(4)生产系统的井塔、转载站,当每层生产作业人数不超过 3 人且总生产作业人数不超过 10 人时,可用宽度不小于 800 mm、坡度不大于 60°的金属工作梯兼作疏散梯;

(5)栈桥和地道内操作点与安全出口的距离不应大于 75 m。

建筑物内部的水平及垂直交通应布置合理、顺畅贯通。工业建(构)筑物室内通道净宽不应小于表 1-3 的规定值。

表 1-3 工业建(构)筑物室内通道净宽 单位:m

建(构)筑物名称	检修道宽度	人行道宽度		适用条件
		距设备运转部分	距设备固定部分	
筛分楼及煤仓、选矸楼、井楼	0.7	1.0	0.7	—
带式输送机栈桥	0.5	—	1.0	—

表 1-3(续)

建(构)筑物名称	检修道宽度	人行道宽度		适用条件	
		距设备运转部分	距设备固定部分		
带式输送机地道	0.5	—	1.0	—	
矿车、箕斗栈桥	0.7	1.2	—	—	
主、副井提升机房	—	1.5	1.2	—	
井口房	—	1.2	0.7	—	
压缩空气站(单排布置)	0.8	—	1.5	空气压缩机排气量	$<10\ m^3/min$
	1.2	—	1.5		$10\sim40\ m^3/min$
	1.5	—	2.0		$>40\ m^3/min$
通风机房	0.8	1.5	1.5	—	

注:设备运转部分与设备固定部分均为设备的外缘。

第二章 煤矿地面建筑物

第一节 煤矿地面主要生产建筑物

一、井口房

井口房是修建在井筒旁边和井架相依的建筑物,其用途是布置煤和矸石及材料、人员出入矿井所需的提升及运输设备。井口房有时为单独建筑,有时与其他建筑物联合在一起。井口房的尺寸和构造取决于提升和运输设备的布置及操作方法。

在竖井中,采用翻转罐笼或者箕斗提升时,井口房为多层建筑,此时井口房会达到相当大的高度,而在平面上所占的面积相比之下则较小,如果井口房和其他厂房联合在一起,将使建筑物的构造大为复杂,当采用普通罐笼提升时,井口房为单层建筑或两层建筑,建筑物构造较为简单。

在斜井及平硐开采时,井口房通常为单层建筑,构造很简单,在许多情况下还不设置井口房。

井口房必须用耐火材料或半耐火材料修建,因为井口房如有火灾,不但会威胁井口工作人员的安全,而且威胁到井下全部工作人员的安全。

(一)井口房的类型

根据矿井提升方式的不同,一般立井均设置井口房,斜井及平硐则根据需要设置,因此,井口房可以分为以下几种类型。

1. 立井井口房

(1)副立井井口房

副立井井口房也称为立井普通罐笼提升的井口房。在煤矿生产中,通常都在副立井设置普通罐笼提升设备,除服务于少量煤及矸石的提升外,主要是为了升降人员、材料及设备。

该类井口房根据矿井提升能力的大小有单层建筑和双层建筑,井口房内设有矿车运行的窄轨铁道。在入风井的井口房内还设有空气加热室。井口房门应方便材料设备运送和行人。门窗宽度应保证矿车一侧有 0.2 m,另一侧有 0.8 m 的空隙。根据防风要求,在严寒地区有时要在井口房密闭时进出口处增添两个密闭室。密闭室设两道风门,使矿车进出时不致漏风。普通罐笼井口房的高度一般为 5~7 m,其平面尺寸取决于井口设备的布置。图 2-1 为单层建筑普通罐笼提升井口房的构造示意图。

(2)主立井井口房

在煤炭开采中,立井主井用来提升煤炭。因此,在主立井井口房内设置箕斗提升或翻转

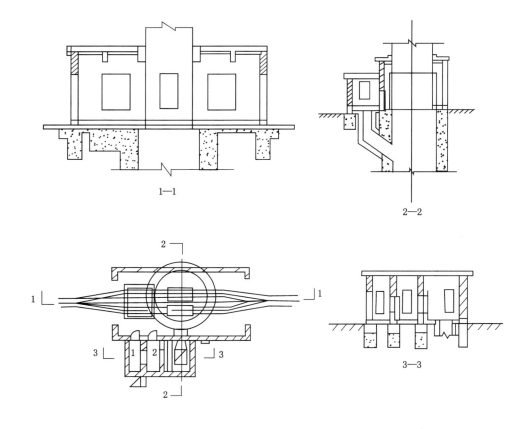

1,2—风硐；3—检查井。

图 2-1　单层建筑普通罐笼提升井口房

罐笼提升设备,用箕斗提升或翻转罐笼提升的井口房,在结构和布置上基本是相同的,不同的只是建筑物底层的设施。用翻转罐笼提升时,底层有供人员乘罐上下井及材料车进出罐的设备,箕斗井的井口房则没有。

该类井口房与普通罐笼提升的井口房相比,结构比较复杂,高度也较高(可达 30 m 或更高)。井口房都是多层建筑,一般为钢筋混凝土框架结构。

该类井口房的高度取决于受煤仓的顶面标高,而受煤仓的顶面标高是根据煤在井口加工的流程及其所有的机器设备来确定的。目前我国煤炭地面生产系统多采用利用煤的自重运输和在井口房中进行初步加工(筛分和破碎)的工艺流程,因此,在井口房中不同高度处布置有各种加工设备,如振动筛、破碎机、洗煤机等。这样井口房各层的高度和平面尺寸根据设备布置及生产系统的特殊要求决定。

该类井口房有以下四种类型:

① 井口房中仅有受煤仓、溜槽、给煤机和煤的初步加工机械设备,煤由井口房运至铁路装车仓或选煤厂。

② 井口房中仅有受煤仓、溜槽、运输机等运转设备,而无煤的加工设备,原煤由井口房

运往铁路装车仓或选煤厂。

③ 井口房中设有大容量的贮煤仓,用以贮存初步加工过的煤,以便供应选煤厂。

④ 井口房下面设置有装车仓,将原煤或经过初步加工的煤经装车仓直接装入火车,我国煤矿以前两种形式用得较多。图 2-2 所示为与筛分楼联建在一起的箕斗提升的井口房,煤在此经初步筛选后运往选煤厂或装车仓。

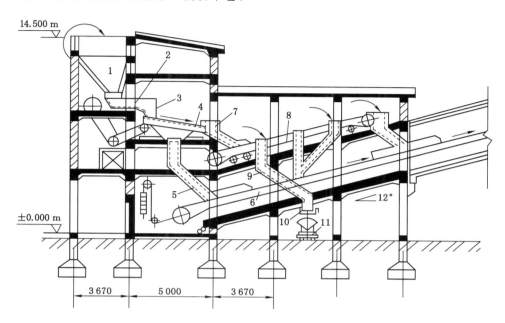

1—受煤仓;2—振动式给煤机;3,5,7,9—溜槽;4—振动筛;
6—胶带输送机;8—低速拣矸胶带输送机;10—放矸闸门;11—运矸矿车(或胶带输送机)。

图 2-2　与筛分楼联建在一起的箕斗提升井口房

2. 斜井井口房

斜井井口房的设置是由斜井的提升方式决定的。斜井的提升方式有三种,即矿车、箕斗和胶带输送机。副井一般采用矿车运输。主井的提升方式则根据井筒的倾角和矿井的产量决定,一般采用箕斗或胶带输送机运输。

副井矿车提升时,一般要设置井口房,井口房内布置矿车运行的车道和翻车机。采用箕斗或胶带输送机提升时一般可不设井口房,因为箕斗可在露天栈桥上直接将煤卸入桥下的贮煤仓。胶带输送机则可由输送机走廊直接通过装车仓或选煤厂,只有当箕斗和胶带输送机卸载点设置在井口附近并须加以围护时,才修建井口房,不过这种井口房很简单,实际上只是一个转速站。

图 2-3 所示为采用矿车提升的斜井井口房,由井筒 1 沿轨道提升来的矿车通过捞车器 2 摘钩后即自动滑行至阻车器 5,再由阻车器分别滑行至翻车机 9 翻转卸载,卸载后的空车分别沿空车线 3 滑行至阻车器 6 处,空车在挂钩后即沿井内车线 11 送往井下,材料车及设备车由通往材料库和机修厂的材料车线 12 进入井口房,各项操作均由操纵台 8 进行远距离控制。

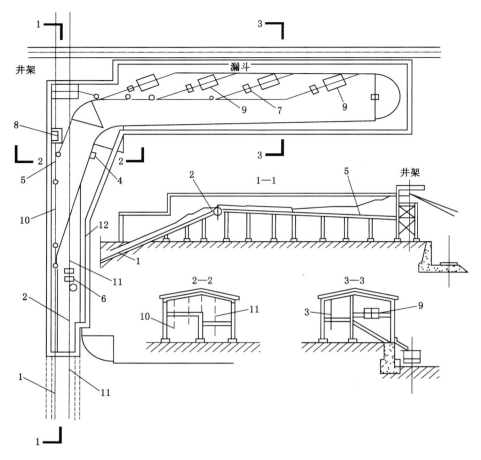

1—井筒；2—捞车器；3—空车线；4—材料车调度绞车；5,6,7—阻车器；
8—操纵台；9—翻车机；10—重车线；11—井内线；12—材料车线。

图 2-3　斜井矿车提升井口房

图 2-4 所示为箕斗提升的井口房,箕斗在这里卸载,将煤卸入收煤仓后再装入矿车运出。

(二)井口房的建筑结构

井口房是矿井的咽喉,防火、防冻和抗震的要求均较高,必须用耐火材料修建并采取相应的抗震措施,同时井口房内要设置消防设施。

副井井口房由于是单层建筑,一般为混合结构,砖墙承重,采用钢筋混凝土肋形屋面板,上面为隔热防水层。

副井井口房的平面尺寸及高度除应满足设备布置要求外,必须考虑长材料下运入井的可能性,长材料一般都按钢轨长度 12.5 m 考虑。

副井井口房的门的规格尺寸,应以该矿井所用矿车及罐笼进出方便、安全为依据。

主井井口房多数为多层建筑,由于布置的设备多、重量大,且需承受设备的动荷载作用,因此,要求建筑物的结构具有足够的强度、刚度和稳定性,该类井口房一般都采用钢筋混凝土框架结构,采用钢筋混凝土十字交叉基础,基础底面在同一标高上,以防止产生不均匀沉

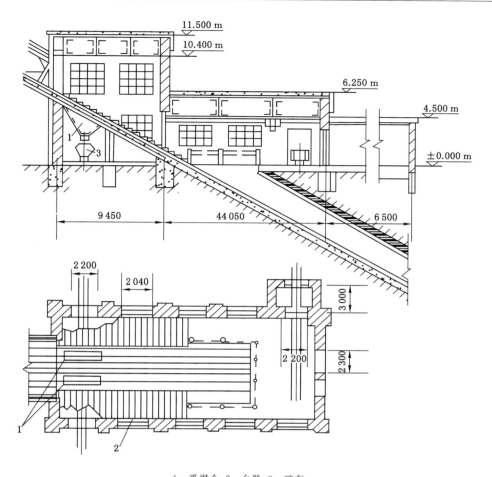

1—受煤仓;2—台阶;3—矿车。

图 2-4 斜井箕斗提升井口房

降。当基础与井口的锁口盘的位置发生重叠时,应将基础削去若干,而不能削弱锁口盘。

楼板采用现浇钢筋混凝土肋形楼板,井口房的底层地面为现浇混凝土地面,底板的标高应与井口标高相同。

为了防止地基产生不均匀沉降,在井口房楼层层数和荷载相差较大的部分应设置沉降缝,同时还应满足本地区的抗震要求。

矿井金属井架的立架和斜架穿过井口房顶盖、楼板和墙壁时应与井口房建筑物隔开,其间隙为100~200 mm。这是由于金属井架振动性很强,对于钢筋混凝土井架,在结构上则与井口房有所联系,以增强井架的稳定性。图 2-5 所示为在一个井筒中同时装有箕斗和罐笼的混合井井口房。

二、提升机房

采用单绳缠绕式提升系统和落地式多绳摩擦式提升系统的矿井,在矿井工业广场内设置提升机房,其用途是在其内安装矿井提升设备及其附属机电设备,此处还装有信号器、深度指示器、操纵台及其他机电设备。

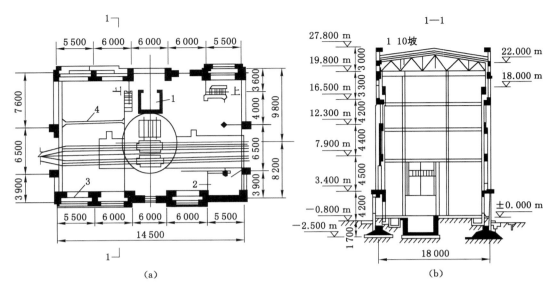

(a)　　　　　　　　　　　　(b)

1—箕斗接收仓;2—控制室;3—加热气间(共8处);4—吊车梁。

图 2-5　混合井井口房

（一）提升机房的布置及平面尺寸

提升机房与井筒的相对位置是由井筒提升设备的布置决定的。考虑相邻荷载的影响,井架基础与提升机房的基础必须保持一定的距离,以免受井架振动影响提升机房基础。

提升机房平面尺寸取决于提升机设备的型号、滚筒直径、机修及人员通行要求。提升机房室内布置及尺寸的确定可参看图 2-6。

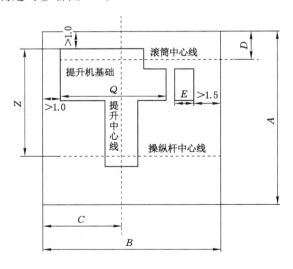

图 2-6　提升机房平面布置图

图 2-6 中 A 为提升机房室内有效长度,B 为提升机房室内有效宽度,Z 为提升机机体最前部至操纵杆轴线长度,Q 为提升机机体宽度,E 为电动机的长度,C 为提升机提升中心线至墙壁间距(双滚筒提升机指左侧滚筒),D 为提升机滚筒中心线至墙壁间距。

在设计中一般规定:提升机固定部分至墙壁通道宽度不小于 1.0 m;提升机活动部分至墙壁通道宽度不小于 1.5 m;操纵杆中心线至墙壁通道宽度不小于 2.5 m。

有效长度:

$$A \geqslant Z + 2.5 + 1.0 \tag{2-1}$$

有效宽度:

$$B \geqslant Q + E + 1.5 + 1.0 \tag{2-2}$$

提升机房的有效高度(屋檐至室内地面的净高)由以下几项尺寸组成:

$$H = h_1 + h_2 + h_3 + h_4 \tag{2-3}$$

式中 H ——提升机房的有效高度。

    h_1 ——地下室深度,一般为 3.5 m,当滚筒直径大于 4 m 时 $h_1 = 4.5$ m。目前我国新设计的提升机房,当条件允许时多数不设地下室。

    h_2 ——室内地坪至吊车轨面的高度,一般为 5~6.5 m。

    h_3 ——吊车轨面至吊车结构上边缘的高度,此尺寸按吊车的规格尺寸采用。

    h_4 ——吊车结构上边缘至屋顶结构最低点的高度,一般不得小于 0.1 m。

提升机滚筒直径大于 3 m 时,为了安装和检查方便,提升机房一般都设置吊车。吊车的起重能力按提升机滚筒直径、提升机最重部件和电动机的重量来决定。提升机滚筒直径小于 3 m 时,为了简化提升机房结构,多采用临时吊车设备(三脚架)或吊装梁。

提升机滚筒直径大于 3 m 及以上的提升机房,可考虑设地下室,以设置电气控制设备,但是这种提升机房的构造比较复杂,而且地下室的通风和采光条件都不好。滚筒直径小于 3 m 时提升机房一般没有地下室。电控设备在室内一角(图 2-6 右下角),并用栅栏或隔墙隔开,电控设备较多时可加大电动机右侧及操作杆中心线到墙边的距离,这样便于操纵管理,改善了工作条件,同时使提升机房的结构变得简单,所以目前我国新设计的提升机房多数不设地下室。

(二)提升机房建筑结构

提升机房结构通常为承重砖墙、木屋架瓦顶及片石基础,也有采用钢屋架(或梁)上铺预制板、卷材防水层或现浇梁板式屋盖的。

地下室顶上的楼板通常为整体式或装配式钢筋混凝土梁式楼板,用水泥抹面。为了防止积灰尘,保持室内清洁可见,即可修筑水磨石地面。设计楼板一般按 1 000 kg/m² 的有效荷重计算,楼板梁系支承在墙和提升机基础上。采用大型提升机时,为了避免震动影响,可以将楼板梁支承在与基础不联系的柱子上。

如地下室采用自然光线照明,则应设置窗口和采光井,提升机房有楼梯通往地下室。如果因楼梯口太小,设备不能通过,则需在楼板上开设安装孔。如果大门事先修好,为了使设备进入室内,还需在墙壁上留出安装孔,供提升机房使用的电缆经过地下室及楼板引入室内,因此需在地下室墙壁上或墙基上开设电缆孔。

为了支持吊车梁,沿墙壁修筑内侧壁柱,吊车的布置与提升中心线相平行,以便工作时不受到提升钢丝绳的影响。

提升机房的屋架一般与提升钢丝绳平行布置,以免屋架构件与提升钢丝绳相交叉。

多数的窗户开设在绞车房的两侧墙壁上,背后的墙壁上开设少数的窗户,而在对着井架的前面墙壁上不开设窗户,这是为了避免阳光照射妨碍司机操作。前面墙壁上开设有通过钢丝绳的窗口,如井架很高,常需在尾顶上开设窗口来通过钢丝绳。

三、压风机房

在煤矿地面上,通常要设置压风机房以布置压风设备。设置压风设备主要是为了井下掘进工作供应压缩空气。

空气压风机房的设备一般包括空气压缩机、拖动装置(包括电机和启动保护装置)、附属装置(包括风包、空气过滤器,冷却水系统)、压缩空气管网四个部分。

(一)压风机房的布置和平面尺寸

目前国内压风机房多采用单层建筑,机房多采用将辅助间和机器间组建在一起的集中布置方式。压风机房的机器设备除风包和冷却水池外,都布置在一所单层建筑物内。压缩机和电动机一般沿着机房的纵向布置。风机的台数根据风机排风量和耗风量经过计算确定,一般考虑工作和备用,可布置3～4台。风包和冷却水池布置在室外,风包应设在无人行道的一侧,并尽可能放在阴面,以免受热压风膨胀,入井后冷却空气使压力降低。

机房的平面尺寸根据压风机和电动机的能力与布置方式决定。机器间需考虑拆装压缩机部件方便并留有适当的检修场地。空气压缩机的可动部分距离墙边不得小于1.2 m,固定部分距离墙边不得小于1 m,相邻两台空气压缩机之间的通道宽度一般至少为1.5～2.0 m。机房内的主要通道应满足设备运输的要求,其宽度根据空气压缩机最大部件来确定,一般取1.5～2.0 m。机房的高度应满足设备和安装的需要,机房的最小高度为3.5 m,大型设备时应设置吊车,此时房屋高度可达5 m以上。电气设备、冷却泵等辅助设施的位

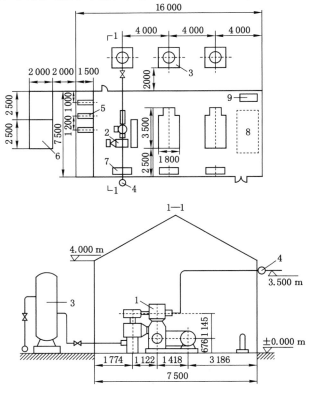

1—压风机;2—电动机;3—风包;4—空气过滤器;5—水泵;6—水池;7—电控设备;8—检修场地;9—钳工桌。

图2-7 压风机房的布置形式

置须便于操作,有利于电缆和电路的铺设,不得妨碍门窗的开启和室内自然采光。

图 2-7 所示为压风机房的一种形式,室内设有 3 台 4L-20/8 型空气压缩机,其他设备的布置及尺寸如图所示。

（二）压风机房建筑结构

压风机房的墙壁可用石材或砖砌筑,基础用片石砌筑。墙壁基础深度根据压风机基础的埋深设置,不应低于压风机基础,以免受机器振动的影响。建筑物的顶盖通常采用木屋架盖瓦或钢筋混凝土屋顶结构。屋面应考虑防寒层,以避免水汽凝结。室内地板修筑成混凝土的,地板下面有许多管线沟道,沟道应用活动盖板,可以取开进行检修。

靠近风包一侧的墙上一般不开窗户,以免风包发生爆炸事故时影响室内安全,如必须开设窗户,则可以开在地板水平 2.5 m 以上处。压风机房振动较大,门窗宜用钢筋混凝土过梁,为了使室内通风散热,可开设通风孔或天窗。

图 2-8 是一布置有两台压缩机的压风机房建筑结构示意图。该压风机房为砖混结构,采用毛石基础;木屋架、四壁均开有窗户;冷却水池采用强度等级为 MU20 的毛石、M2.5 的水泥砂浆砌筑;内衬半砖护壁,并用防水砂浆抹面。

四、通风机房

为了保证煤矿井下生产的安全,改善采掘工作面的劳动环境,在煤矿地面设置通风机房,用以布置扇风机设备向井下源源不断地供应新鲜空气。

矿井地面通风机房的布置根据矿井通风方式决定。采用中央式通风时,通风机房布置在提升井筒旁边;采用对角式通风时,通风机房则布置在工业广场以外的通风井旁。

矿井通风所采用的扇风机有两种类型:离心式和轴流式。扇风机的装置在一般情况下由扇风机、风道、扩散器或吸风器以及传动机构等所组成。

在冬季,为了保证送入矿井的空气不低于 2 ℃,必须使空气经过空气加热室预热后送入井下。空气加热室中布置有金属加热片,由锅炉房输送来的饱和蒸汽通过加热片而使空气预热。

（一）通风机房的布置和平面尺寸

矿井地面通风机房的位置由矿井的通风系统决定,尽量靠近井口。通风机房有风道与井筒相连,风道距地面 2～3 m,为减小通风阻力,风道转弯要少,过渡段要圆滑。

扇风机的机身,尤其是轴流式风机,尽可能布置在室外,扩散器要避免迎向自然风流。离心式扇风机及电动机及其辅助设备可布置在室内,也可以布置在室外。而将电动机及其辅助设备布置在室内,为了便于工作,扇风机设在室内较为合适,但通风机房的面积要增大。

离心式和轴流式通风机房在构造上有一定的区别。轴流式通风机房是将扇风机直接安装在风道内,建筑物内部仅布置电动机及其辅助设备,因而通风机房的面积较小,而离心式通风机房一般是将扇风机布置在室内,面积是轴流式通风机房的 2 倍以上。

通风机房的平面尺寸主要根据扇风机的类型、数量或通风方式等确定。一般通风机房的设备布置应注意以下几点:

（1）扇风机和电动机周围的通道宽度不应小于 1.5 m,并便于检修和最大部件的搬运。

（2）通风机房内靠近设备可动部分的通道宽度不得小于 1.2 m;靠近设备固定部分的通道宽度不得小于 1.0 m;当不用安装梁和吊车时,室内高度不得小于 3.5 m,安设吊车时

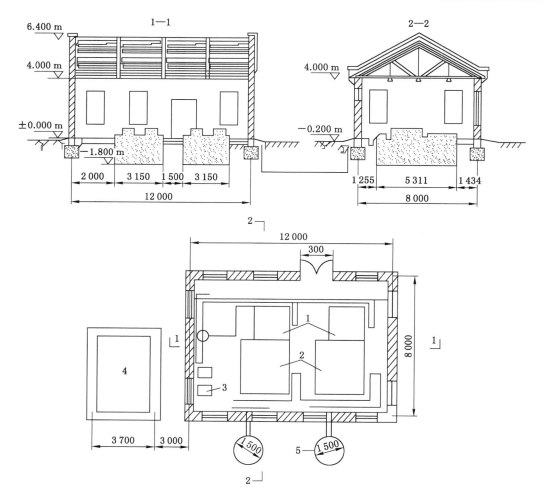

1—电机基础;2—风机基础;3—水泵;4—冷却水池;5—风包。

图 2-8　压风机房建筑结构示意图

室内高度不得小于 4 m。

（3）通风机房应包括风道、扩散器等构筑物的面积。

图 2-9 为轴流式通风机房设备布置图。图 2-10 为离心式通风机房设备布置图。

（二）通风机房的建筑结构

通风机房通常用耐火材料及半耐火材料修建,耐火等级不得低于二级。通风机房一般为单层建筑,采用当地材料（如砖、石）作为主要建筑材料。建筑物的墙壁为一砖半承重砖墙,安有起重梁时,可加修壁柱支承。墙壁基础为片石砂浆砌筑的带形基础,承重的门窗过架采用钢筋混凝土梁,其他门窗过梁可用砖砌钢筋过梁。顶盖可采用钢筋混凝土梁及预制肋形屋面板,并铺盖矿渣等作为防寒层、油毛毡作为防水层。基础梁用钢筋混凝土筑成,室内地面通常筑成混凝土的。

风道是通风机房重要的组成部分,使通风机房具有和其他厂房不同的建筑特征:由于风道在建筑物下面通过,使得墙壁基础加深,一般可达到 3.5～4 m;跨越风道的墙壁,其基础

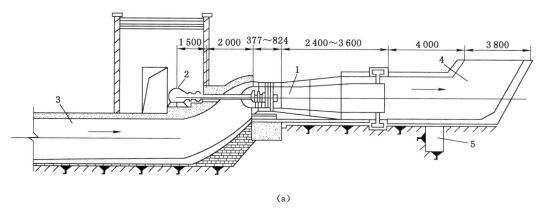

(a)

(b)

1—风机;2—电动机;3—风道;4—扩散器;5—反风道。

图 2-9　轴流式通风机房设备布置图

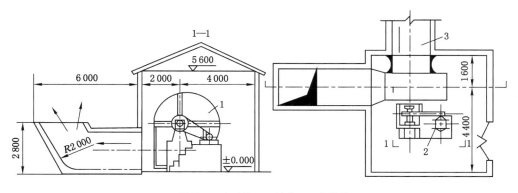

1—风机;2—电动机;3—风道;4—扩散器。

图 2-10　离心式通风机房设备布置图

被隔断,因此必须支承在钢筋混凝土基础梁上;风道通常具有矩形断面,两壁用砖石砌筑,顶面为钢筋混凝土板,底部用混凝土修筑地面。为了减小风流阻力,风道里面应抹光,转弯处应呈曲线。风道内应防止尘土杂物积存,并应具有1%～2%的斜坡倾向井筒或开侧面泄水孔以流出积水,保证风道干燥。室内的采光面积与地板面积的比值为1∶8～1∶10。窗户为双层窗框,不能打开,为此均设有气窗,通风机房内的暖气由广场内的锅炉房供应。

离心式通风机房风道结构如图 2-11 所示。

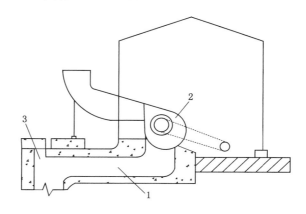

1—风道；2—风机；3—风井。

图 2-11　风道结构示意图

五、洗选厂

原煤中含有一定数量的矸石及其他有害的杂质，为了生产具有一定质量标准的煤炭以满足不同工业及民用的需要，必须对原煤进行洗选加工，一般以特殊的工艺过程在专门的工厂中进行，该类工厂称为洗选厂。洗选的目的是将煤炭中的杂质分离出来，提取出精煤产品。

（一）洗选厂的种类及设备

洗选厂根据厂址和服务对象的不同，一般有矿井洗选厂、群矿洗选厂、中央洗选厂及专用洗选厂（例如焦化工厂）四种，它们的工艺流程和设备大同小异，其厂房结构也大体相似。

现代化选煤方法多采用湿式选煤法，除破碎、筛分、运送等机械设备外，还设置一系列湿式选煤用的机械设备，如跳汰机、槽洗机、浮选机、过滤机、浓缩机、沉淀池、脱水仓、干燥机、调和槽等。这些机械设备具有很大的重量和动力荷载，因此要求厂房的结构刚强稳固。由于煤的转运在很大程度上是依靠重力来进行的，这就要求依照一定的次序沿着高度方向布置机械设备，因此必须修筑一系列的楼层来设置各种机械，这样就形成了洗选主厂房——一座具有相当高度的多层建筑物，其层数可多至 8～10 层，高度可达到 40～50 m。

（二）洗选厂的布置和平面尺寸

洗选厂的建筑是为选煤生产工艺服务的，在利用重力选煤的工艺流程中，一般原煤来料标高都很高（20～30 m），这就要求厂房的高度很高。又由于只有一处进料，因此，整个厂房的立面设计一般呈台阶式且为多层建筑，这是煤矿洗选厂的一大建筑特点，如图 2-12 所示。

重力选煤工艺流程设计的基本原则是充分利用原煤来料的高度，即尽量在同一高度内对煤进行多道工序的加工以节约能源，因而厂房的平面布置在纵向和横向上的尺寸都比较大，洗选厂的横向多层框架通常具有 3～4 跨，常用跨度一般为 6～7 m，这种间距可以便于设备布置和使建筑尺寸统一化。

一座年入洗量为 60 万 t/a 的矿井洗选厂，其平面可布置成沿横向设五跨、纵向设八跨的双向多跨的长方形建筑。由于厂房中各层安装有不同机械设备，因而厂房内各层高度、各

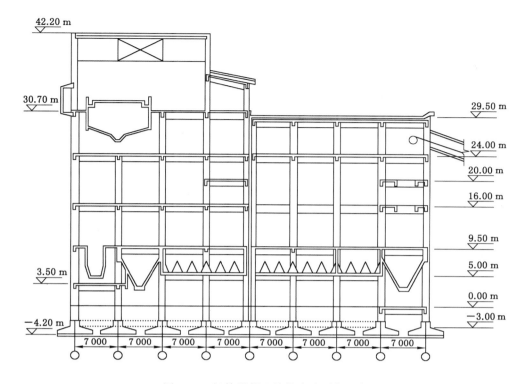

图 2-12　钢筋混凝土结构洗选厂主厂房

种荷载和运转设备各不相同,且厂房各部分的高差较大。为了防止地基的不均匀沉降,应考虑设置沉降缝。厂房内各层净高一般由设备规格性能控制。设备顶部的净空,当设备需定期检修时应不小于 1 m,不需定期检修时应不小于 0.3 m。顶层层高一般为 3.5～6 m,中间层层高一般为 4 m,且由于工艺设备要求往往开有很多孔洞。由于采用湿式选煤法,其楼面需带有 5‰～10‰ 的坡度。机械设备的布置及窗口的位置,使一部分主梁不能沿着柱网轴线布置,而必须离开柱子,以符合设备和窗口的要求。为了安装电动机、扇风机和其他机械,还必须在楼板上修筑钢筋混凝土承座,承座必须由钢筋与楼板联系。

（三）洗选厂建筑结构

由上述洗选厂的建筑特点可知:厂房的层高和总高都很大,厂房内的机械设备多、动力大,大容量的煤仓和水池很多,因此厂房承受的荷载也大,这些都要求厂房结构刚强稳固,在结构选型时应充分注意这个特点。洗选厂厂房结构的最基本的形式是整体式或装配整体式的钢筋混凝土框架结构,特别是在地震区,现浇整体式的钢筋混凝土框架结构采用砖填充外墙,十层左右的工业厂房具有很好的抗震性能。当直径较大的浓缩池设置在厂房的顶层时,其屋盖由于跨度大常采用钢桁架承重,屋盖的结构层常采用大型预制的预应力钢筋混凝土屋面板。

洗选厂的基础可根据工程地质、水文地质资料采用钢筋混凝土单独、交梁、整片或箱形整体基础,其埋置深度不宜小于 1.6 m,同时基底应在原土以下 0.6 m。当在湿陷性黄土上建设洗选厂时,按照有关规范规定设置散水,且沿厂房的周围地面往下做 30～50 cm 厚的灰土或黏土垫层以保护地基。

煤泥浓缩池是一个体积很大的圆形的钢筋混凝土圆盘,其直径可达到 30 m 以上,可布置在主厂房的最上层,或布置在靠近主厂房的单独厂房中,这要看浓缩煤泥如何进一步处理而定。当浓缩煤泥需进一步浮选时,浓缩池一般布置在主厂房最上层,供处理次生煤泥和尾矿用的浓缩池可以布置在单独的厂房中。

圆筒形浓缩池底部呈漏斗形,以便流出煤泥。煤泥是依靠可旋转金属桁架下面装置的刮板移送到漏斗中的,桁架的支柱修筑在浓缩池的中央,是一根空心钢筋混凝土的或金属的支柱,桁架的另一端可以在池壁边缘铺设的钢轨上移动。在这种情况下,浓缩池的中心应正落在厂房的柱子上,如果刮板是以中央传动装置来运转的,则桁架做成固定的,支承在池壁边缘上,在这种情况下,浓缩池的中心应配置在厂房柱子的中间。

浓缩池的底部支承在径向梁或圆梁系统上,而此梁又支承在柱子上,池底的厚度一般为 25～35 cm,由支承它的圆梁系统来决定,池壁的厚度一般为 20～25 cm,根据池壁受力大小计算决定。

当浓缩池布置在离地面 1～3 m 的高度上,池底可支承在圆形的块石墙或砖墙上。

单独修筑浓缩池的房屋,可以是圆形的也可以是方形的。圆形房屋的直径或方形房屋的边长应较浓缩池的内径大 2.7～3.0 m。圆形房屋通常修筑带有天窗的钢筋混凝土圆屋顶,圆尾顶支承在柱子或砖石墙上。方形房屋屋顶采用金属屋架和钢筋混凝土屋面板,并铺有保温和防水层。

当在地震区建设洗选厂时,应根据《建筑抗震设计规范》(GB 50011—2010)(2016 年版)的规定进行设计。

第二节　通用性工业建筑物

一、锅炉房及变电所

(一)锅炉房

锅炉房的设置是为了对矿井空气加热、室内取暖供应蒸汽以及为了洗澡和饮用供应热水,如图 2-13 所示。

矿井、车间及生活采暖供热均采用工业锅炉。目前采用的锅炉类型有立式火管锅炉(LH,也称为考克兰锅炉)、立式水管锅炉(LS)、卧式内燃回火管锅炉(WN)、单筒纵置式水管锅炉(DZ)和快装锅炉(KZ)5 种。锅炉本体是锅炉房的主要设备,其作用是将水加热成热水或蒸汽。

1. 锅炉房的布置、平面尺寸和要求

锅炉房由锅炉间、水泵间、水处理间、办公休息间、浴室兼厕所间以及风机房组成。图 2-14 所示为两台快装锅炉的锅炉房的平面布置。

锅炉间布置锅炉设备及辅助设备,利用机械通风时,布置有抽风机。水泵间一般为地下室,深 3 m 左右,放置锅炉给水泵及采暖循环泵等设备。水处理间放置软化设备。休息间供值班人员休息用,套间内可设厕所和浴室。此外还可以根据具体情况设热交换间,用来将蒸汽变成热水供应化验室、办公室和仓库。

锅炉房的建筑面积是根据锅炉的类型、数量,辅助设备的布置和必要的通道决定的,锅炉房内一般安设 2～4 个锅炉。

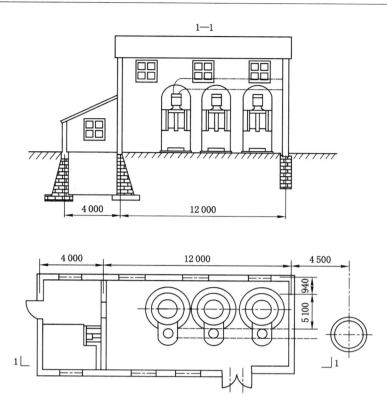

图 2-13　三台考克兰锅炉房设备布置图

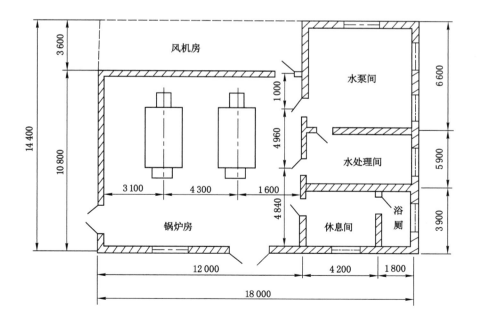

图 2-14　两台快装锅炉的锅炉房平面布置图

根据建筑要求,锅炉房应为一、二级耐火等级建筑,单独建造。锅炉房的尺寸既要符合土建的工艺要求,又要符合土建的通用模数。锅炉房应留有能通过最大设备的安装洞。安装洞可与门窗结合考虑,利用门窗上面的过梁作为预留洞的过梁,安装完毕再封闭预留洞。

锅炉房的地面应高出室外地面 150 mm,以利于排水。锅炉房门口台阶应做成斜坡。锅炉房面积超过 150 m² 时,应至少有两个出口通往室外,分别设在锅炉房的两侧。如果是总宽度(包括锅炉之间的过道在内)不超过 12 m 且占地面积不超过 200 m² 的单层锅炉房,可只设一个出口。

锅炉房的门应向外开,锅炉房内休息间或工作间的门应向锅炉间开。锅炉房内应有足够的光线和良好的通风,在炎热地区应有降温措施,在寒冷地区应有防寒措施。

为了方便工作,在锅炉房中锅炉前端、侧面和后端与墙壁净距应满足操作、检修和布置辅助设施的要求,并应符合下列规定:锅炉正面到墙壁距离不应小于 3 m;在锅炉前铺有轻便铁轨时,此距离不应小于 4.5 m;锅炉到侧墙与后墙或两台锅炉之间的距离不应小于 1.0 m;锅炉至锅炉之间通道宽度不小于 0.7 m;锅炉房结构最低处到锅炉最高操作点的距离应不小于 2 m;屋顶为木结构时应不小于 3 m;卧式快装锅炉的锅炉房一般不宜小于 6 m。

在锅炉房的背面或侧面设置有烟囱,烟囱的底座有烟道与锅炉燃烧室相通。

2. 锅炉房建筑结构

单层建筑的锅炉房一般采用混合结构,砖墙承重,毛石基础,屋顶应当是轻型结构。锅炉一旦发生爆炸,气流能冲开屋顶而减弱爆炸的威力,所以屋顶一般是木结构或钢筋混凝土屋盖。多层建筑的锅炉房,其结构形式多数为钢筋混凝土框架结构。锅炉房的基础应低于锅炉基础。外墙为清水墙,室内墙面 1.2 m 高以下抹水泥砂浆墙裙,上部原浆勾缝,用白灰水刷白,室内为混凝土地面。

3. 烟囱建筑结构及要求

锅炉房的烟囱通常用砖砌筑。砖砌烟囱由烟道、基础、筒身、筒座和顶部组成。烟道从墙壁底部穿过,连通锅炉燃烧室和烟囱,并应在基础底板边缘处设沉降缝。烟道断面为拱形,外壁用普通黏土砖砌筑,内接耐火砖衬砌。烟囱的断面一般为圆形,其高度为 25~40 m。烟囱的基础用素混凝土浇筑,其强度等级不得低于 C15,基础以上 4 m 为筒座,中间部分为筒身。做有挑檐的最高部分称为烟囱的顶部。烟囱自筒座向上断面逐渐收小。烟囱筒壁呈截顶圆锥形。筒壁坡度、厚度和分节高度应符合下列规定:

(1) 筒壁坡度宜为 2%~3%。

(2) 当筒身顶口内径小于或等于 3 m 时,筒壁最小厚度应为 240 mm;当筒身顶口内径大于 3 m 时,筒壁最小厚度应为 370 mm。

(3) 筒壁厚度可随分节高度自下而上减小,但同一节厚度应相同。每节高度不宜超过 15 m。

(4) 筒壁顶部应向外侧加厚,加厚厚度以 180 mm 为宜,并应以阶梯形向外挑出,每阶挑出不超过 60 mm。

砖烟囱内衬的最小高度应为砖烟囱最小高度的一半。当烟气温度大于 400 ℃ 时,内衬应沿全高设置。当烟气温度小于或等于 400 ℃ 时,内衬可在烟囱下部局部设置,但是其最低设置高度应超过烟道孔顶,超出高度不应小于 1/2 孔高。

砖烟囱的内衬厚度由温度计算确定。一般筒座部分衬砌一砖厚耐火砖,其他部分衬砌半砖厚普通黏土砖。

在烟囱的内衬与外壁之间应设置隔热层,以免外壁受热开裂。当烟气温度小于150 ℃时,采用空气隔热层,厚度宜为50 mm。当烟气温度大于150 ℃时,宜采用无机填充材料作为隔热层,料厚度宜为80～200 mm。

烟囱的顶部应装有防雷设施,在筒身的外面离地面2.5 m处设有铁爬梯,在烟囱的底部应设置清灰孔。

（二）变电所

1. 变电所的布置

矿井工业广场一般都要设置35/6 kV的矿井总变电所,用以将电网电压降至6 kV,然后再对井上下变电站及各车间和各用电负荷处进行配备(图2-15)。该类变电所一般分室内及室外两个部分。室外部分设置35 kV高压配电装置、主变压器、隔离开关、油断路器、避雷器、熔断器及传动装置等。而6 kV的配电装置采用室内布置,如图2-15所示,室内部分根据变电所的作用分别设高压配电室、低压配电室、控制室、电容室、值班室等。

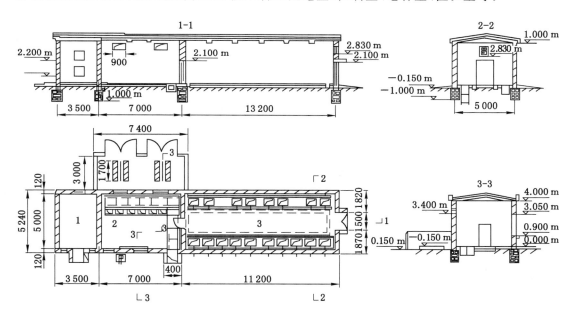

1—电容器室;2—低压配电室;3—高压配电室。

图2-15　矿井6 kV室内变电所

设置变电所时主要应注意:

（1）建筑物耐火等级:控制室、配电室、电容器室等为二级,变压器室为一级。

（2）变电所中一般采用砂箱和化学灭火装置。附近有消防管道的可设消火栓。

（3）控制室、值班室、辅助间一律采用热水或蒸汽采暖。没有条件时允许用火墙或电炉取暖,蓄电池室不应采用明火采暖。室内采暖散热器应用焊接钢管,不应有法兰或螺纹接头和阀门等,室内地面下不应设置采暖通风管道,配电装置室一律不采暖。

（4）变电所建筑物室内地面一般高出室外地面 150～300 mm，变电所区应有排水措施，各地段设计坡度不应小于 0.5％。

（5）高压配电室出口数与配电装置有关，长度小于 7 m 时设一个出入口，超过 60 m 时两端各设一个，中间增加出口，使相邻两个出口间距不超过 30 m。低压配电室装置走廊出口数，走廊长度小于 6 m 时设一个；6～15 m 时两端各设 1 个；大于 15 m 时两端各设 1 个，中间增加 1 个出口，使相邻两个出口间距不超过 15 m。

变电所面积和平面尺寸主要根据所内变电、配电设备的容量、规格型号和数量而定。

2. 变电所建筑结构

室内式变电所是将所有的高压及低压电气设备均安设在由耐火材料建筑的房屋内。矿井变电所通常为单层建筑。区域变电所为室内式的多修建为两层楼房。

区域变电所常为露天式的，将 35 kV 的配电装置放在室外。如变压器、油开关、断路器及传动装置等笨重的设备安设在室外砖石或混凝土基础上，而将较轻便的装置安装在室外钢筋混凝土构架上，室内仅装设低压电气设备及 6～10 kV 的配电盘和配电装置，此时建筑物可修筑为单层的。

变电所一般采用砖混结构，砖墙承重，毛石基础，钢筋混凝土屋面板并设有隔热层及卷材屋面防水层，室内为混凝土地面，电缆沟的沟壁用砖砌筑而成，沟底用强度等级为 C10 的混凝土铺筑，顶盖采用预制钢筋混凝土盖板。

矿井变电所室内用横隔墙把房屋分成高压配电室和低压配电室两个部分，中间设有一个连通门，两室还各有对外出口，变电所至少要有两个以上出口，门都要向外开启，高压配电室的门内侧必须包铁皮。

矿井变电所室外部分的变压器等设备放在露天中，必须用高度为 1.7～2.2 m 的两墙防护。

二、矿井机修厂及仓库

（一）矿井机修厂

在煤矿地面要设置矿井机修厂，用来担负矿井机电设备的小修和部分中修工作。机电设备的大修和难度大的中修工作，一般由矿区中央机修厂完成。

1. 矿井机修厂的组成与布置

矿井机修厂一般由锻铆车间、机钳车间、电修车间（电气车间）、铸造车间（铸工车间）、工具室、材料库和办公室等组成，能够完成钳、锻、铆、焊、电修、铸造、机修等工作。图 2-16 为 60 万～100 万 t 矿井机修厂布置图。

锻铆车间分为锻工和铆焊两个部分。锻工车间设有空气锤、锻钎机、锻炉及附属设备等。铆焊车间设有电焊机、乙炔发生器、焊接工作台及其他铆焊工具与设备。机钳车间（机械修理与装配车间）设有各种车床、刨床、钻床及钳工用具，电修车间设有电机检验设备、电器干燥箱、绕线工作台及装配工作台等。

矿井机修厂的规模根据矿井的井型大小、施工方法、机械化程度、机械设备多少及服务对象而定。中、小型矿井的机修厂，各车间多联建在一起，如图 2-16 所示。内部以墙隔开，机修厂的总平面呈长方形，厂房的面积可参考表 2-1。

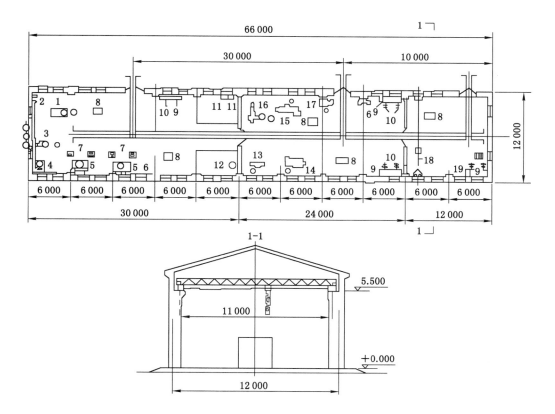

1—250 kg 空气锤;2—鼓风机;3—锻钎机;4—小锻炉;5—大锻炉;6—砂轮机;

7—铁钻子;8—铁平台;9—双人钳工台;10—虎钳;11—弧焊机;12—乙炔发生器;

13—小型普通车床;14—大型普通车床;15—铣床;16—牛头刨床;

17—摇臂钻床;18—吊车;19—台式钻床。

图 2-16　60 万～100 万 t 矿井机修厂布置图

表 2-1　矿井机修厂厂房面积

矿井设计年产量/万 t	9～15	21	30～45	60	90	120～150	180	240～300
厂房面积/m²	160	200	270	470	640	860	1 000	1 200

注:敞棚面积未计算在内。

厂内的布置一般是把铆、锻、焊车间布置在厂房的一端,与其他车间之间必须有防火隔墙。电机修理车间布置在厂房的另一端,中间为机钳车间,各车间不仅有互相连通的入口,而且还有各种出口,出口的大门都应向外开启。各车间分别有窄轨铁道与广场内的窄轨铁路相连接。室内纵向设置窄轨铁道连通各车间,供检修的矿车和设备平板车出入。

大型矿井的机修厂,各车间可以单独建筑,中型以上的矿井机修厂,在机钳车间及电修车间内应安设吊车,用以起吊大型设备。

机修厂的房屋净高(吊车轨面以下):设有吊车设备时不得低于 4.5 m,无吊车设备时不得低于 3.5 m。

锻铆车间因工作时会产生大量烟气,室内温度也较高,故必须开设天窗或在屋顶加设通风帽。屋顶可以不设防寒层。

2. 矿井机修厂建筑结构

矿井机修厂房的结构多为单层排架结构和混合结构,对有吊车设备的机钳车间和电修车间一般采用单层排架结构,锻铆焊车间多采用混合结构。排架结构为排架柱和砖墙共同承重。混合结构为砖墙承重,采用毛石基础,在基础之上和屋架之下均设置钢筋混凝土圈梁。屋顶可采用木屋架或钢筋混凝土结构。室内隔墙均采用 240 mm 厚砖墙。

室内地面,铆、锻、焊车间因受锻锤冲击,并有耐火要求,应夯实并铺设灰土地面,其他车间均采用混凝土地面。

建筑物墙基通常用块石砌筑,墙用当地材料修筑,如石、砖、矿渣石。砖墙的厚度至少为一砖半,否则,要在墙上加筑半柱与扶壁来增大其稳定性。工厂由许多隔墙分为若干车间,隔墙最好用耐火材料修筑,这种要求对锻工车间与蓄电池室来讲更有必要。窗户要保证工厂有均匀的照明,窗户面积与地板面积之比不得小于 1:8,除了锻工车间外所有房室的窗框均为双层的,可以打开。

外门与工厂大门均应修筑门廊,除锻工车间与蓄电池室的顶盖必须用耐火性材料修筑外,其余各车间的顶盖允许用可燃性材料修筑。耐火性顶盖沿金属屋架铺筑钢筋混凝土或泡沫混凝土装配板而成。

屋面盖料通常为石棉水泥板或油毛毡。

屋顶要开设通风斜窗;锻工车间要修筑通气天窗。

锻工锅炉车间的地板通常用黏土、混凝土或铺砖的;机械装配车间与电气装配车间的地板用方木块铺砌;蓄电池室的地板应为混凝土的。

(二)仓库和油脂库

1. 仓库

矿井仓库是存放生产必需的材料、设备、器材工具、劳保用品等的建筑物,一般包括水泥库、材料库、设备库、劳保库等。这些仓库的设置应满足各种材料、设备存放的不同要求。仓库的面积主要取决于存放材料设备的类型、数量及所用装卸设备的类型,同时要考虑材料验收、分类,发放场地,办公室,运输或人行通道,设置的纵、横道路的面积。

仓库的建筑物耐火等级不应低于三级,并应有消防设施。建筑结构应能满足防潮、通风等要求。设备库内部高度应满足起重设备运行的要求。库房门的宽度、高度要满足存放的最大设备或拆装的最大部件和各种车辆通行的需要,所有库房均设高窗,窗台高度不低于 1.5 m,并装有铁栏杆。

为了合理地利用库房的有效面积,提高管理水平,保证材料设备的质量,库房内可根据需要设置货架,货架之间留人行通道。如果搬运的材料、设备不需要太宽时,行人通道宽度为 0.9~1.0 m。

库房一般都是单层建筑,混合结构,砖墙承重,毛石基础。屋顶为木屋架或钢筋混凝土组合屋架。仓库的外墙面为清水墙,室内可用水泥砂浆抹 1.2 m 高的墙裙。库房内一般为混凝土地面。室内外地面标高不同时,出入口应设坡道。

2. 油脂库

矿井油脂库是矿井存放油料的建筑物。油脂库一般分为地下式、地上式及半地下式三种,常用地上式,油脂库设置时应注意:耐火等级不得低于二级,建筑物主要部件应采用难燃烧体材料和非燃烧体材料;油脂库内外应设有消防灭火设施;油脂库应有良好的通风隔热措施;寒冷地区地上式油脂库,冬季室内应设保温装置,防止油脂冻结,一般采用热风或采热器采暖,严禁用火炉或其他明火采暖;油脂库内人工照明应采用防爆及外露式照明。

油脂库的面积主要根据贮油量确定。

油脂库一般是单层建筑,砖混结构,砖墙承重,采用毛石基础。屋顶为钢筋混凝土屋面并设有隔热防水层。室内地面一般为混凝土。为了防止铁桶与地面摩擦产生火花,可以在地面上铺一层细砂或者在混凝土垫层上铺盖 20 mm 厚的沥青。

第三节 非生产性建筑物

矿井非生产性建筑物是指服务于煤炭生产的一些民用建筑物,包括行政福利建筑和居住区建筑。

一、行政福利建筑

行政福利建筑是矿井为生产人员和经营生产提供服务的建筑,可供计划、调度、生产、安全、检验、统计、供销、财务,党团、教育、宣传等部门使用,包括行政管理办公室、技术业务办公室、任务交代室(候班和班会室)、矿灯房、医务室、浴室、更衣室、井口食堂及礼堂、会议室等,是矿井地面建筑的重要组成部分。该类建筑的造价占整个矿井工业建筑造价的 10%~20%。

(一)行政福利建筑的布置及平面尺寸

矿井地面行政福利建筑,通常都布置在工业广场的厂前区内,修建成 1~3 所包括各种不同用途房间的建筑物。目前,大、中型矿井多采用联合建筑的形式,把各种房屋都包括在一所建筑物中,而形成"行政福利大楼"。这种形式的联合建筑把行政福利建筑组合在一起,这样既可以缩小占地面积,又便于管理,但建筑费用较高。在小型矿井中,为了降低建筑标准,多把行政福利建筑分建成两三所建筑物,行政办公室建成一所,任务交代室、区队所在地建成一所,灯房、浴室组合为一所。这些建筑都可以修成平房,造价较低,且可以充分利用地形条件。

各房室组合、布局的原则是使用方便,因此需要将行政办公室和声音嘈杂的灯房、浴室分开,将区队长的办公室和任务交代室连接在一起。灯房、浴室连接在一起,方便工人上下班。班前、更衣、浴室、灯房等用房,都应以走廊或地下通道与副井井口房相连,作为人行专用道。

行政福利大楼的层高和建筑面积,根据矿井的年产量、使用人数和地形条件决定。通常把灯房、浴室布置在 1~2 层,任务交代室和区队长办公室布置在 2~3 层,行政、技术业务办公室布置在 3~4 层,党、工、团办公室可设在最上面。

行政福利建筑物层高一般为 3.3 m,由室内地板到凸出结构底部的高度不低于 2.8 m,平房的檐高为 3.4~4 m,其平面尺寸取决于各房室的尺寸,柱网尺寸为 6.3 m×6.3 m,常用跨度为 15~18 m。联合建筑多采用钢筋混凝土框架结构,分建建筑可采用混合结构。行政福利建筑中各室的建筑面积根据使用人数和使用性质决定,其取值标准可参看表 2-2。

表 2-2　矿井行政及公共建筑面积指标

项目名称		单位	指标	备注
行政办公室		m²/人	0.7～0.9	党、工、团、行政业务及电话
任务交代室		m²/人	0.55～0.66	室,包括区队办公室
浴室	更衣室	m²/人	0.5n	n为不均匀系数,大型矿井
	浴室	m²/人	0.3n	n=1.2;中型矿井 n=1.25;
	其他	m²/人	0.25n	小型矿井 n=1.3
矿灯房		m²/人	0.3	
食堂		m²/人	0.65	
招待所		m²/人	0.2	
保健站 (急救)	60 万 t 以下	m²	40～60	
	90～150 万 t	m²	100～120	
	180 万 t 以上	m²	180～200	
简易俱乐部	21 万 t 以下	m²	800	
	30～60 万 t	m²	1 300	
	90～150 万 t	m²	1 500	
	180 万 t 以上	m²	1 800	
图书室	21 万 t 以下	m²	100	
	30～60 万 t	m²	140	
	90～150 万 t	m²	180	
	180 万 t 以上	m²	240	
小卖部	60 万 t 以下	m²	40	
	90～150 万 t	m²	60	
	180 万 t 以上	m²	100	
门卫室		m²	20～30	
自行车棚		m²/人	0.15～0.20	
公厕		m²/人	0.2	

注:全部人数按矿井原煤生产在籍人数计。

(二)行政福利建筑结构

行政福利建筑通常采用砖墙、片石基础、木屋架盖瓦、钢筋混凝土楼板、混凝土地面。墙壁厚度根据地区气候条件决定,外墙为1～2砖厚,承重墙一砖厚、非承重墙半砖厚,屋顶通常采用圆木人字形屋架或木桁架盖瓦,也可以采用钢筋混凝土屋面板。

楼板一般做成整体或钢筋混凝土的或装配式钢筋混凝土空心楼板。厕所因管路复杂,宜采用整体式楼板,浴室部分的空心楼板必须做油毡防水层。

浴室地面应做成水磨石的或其他水泥地面。灯房的充电室、修理室等地面宜用易清洗和防酸碱的建筑材料制作面层,其他房室地面均做成混凝土的。

二、居住区建筑

煤矿设计规范规定:职工的居住、休息和业余娱乐活动的建筑设施必须离开矿井一定距离(一般不超过 2～3 km)。单独建筑在一个区域内,这个区域习惯上称为生活区。在生活区内修建有各种类型的住宅和公共事业建筑,筑有公路与矿井及市镇相通,并有各种卫生、体育和文化娱乐设施。生活区的设计目的是给劳动者创造一个舒适、完善、环境优美的生活和居住环境。

矿井生活区要根据"全面规划、分期兴建"原则,分期分批按整体规划建设,且规划出必要的绿化区、公园、道路、上下水道、输电网、广播站等,同时考虑扩建的可能。

矿井生活区的建筑面积的规模取决于矿井的规模及矿井所在地区省市的有关规定。职工的带眷系数一般根据矿区新老工人的来源、井型、服务年限、与原有城镇的关系等确定。带眷系数一般为 4 左右(每户按 4 人计算)。

(一)居住建筑面积

住宅建筑面积指标:单身宿舍每人居住面积为 3.5～4 m^2,家属住宅每户 19～21 m^2。居住面积系数(居住面积与建筑面积的比值)一般为 0.5～0.65,也可以参照各省、市、自治区规定的指标。

(二)居住区人口构成

单身职工的人数按矿井在籍人数的 30% 计算。带眷职工的人数按矿井在籍人数的 70% 计算。

生活区人口的总数＝矿井在籍人数×3.1。系数 3.1 是由单身职工与带眷职工比例 3:7、带眷系数 4 换算得来的,即

$$\frac{30}{100} + \frac{70}{100} \times 4 = 3.1$$

(三)公共建筑面积

为了照顾两地分居职工来矿探亲,还要设置探亲房。探亲房按每百户单身职工设置 4～5 间考虑,每间面积为 14～17 m^2。

居住区公共福利建筑面积按生活区人口总数计算。建筑面积指标见表 2-3。

$$建筑面积 = \frac{人口总数}{1\ 000} \times 千居民指标 \times 单位建筑面积$$

表 2-3 公共建筑面积指标

名称	千居民指标	单位建筑面积/m^2	名称	千居民指标	单位建筑面积/m^2
托儿所	80～100 名儿童	6	招待所	8～10 张床位	10
幼儿园	80～100 名儿童	5	邮电所	1～2 人	6
小学	100～200 个座位	2.5	储蓄所	1～2 人	6
中学	80～100 个座位	3.5	理发室	3～5 座位	5～6
敬老院	30～40 张床位	8～10	缝纫社	4～5 人	4～5
门诊所	38 次/人	3	食堂	60～80 个座位	2
医院	8～10 张床位	30～40			

表 2-3 是控制建筑面积和投资的最基本指标。对于较大的居住区,还应考虑商业网点、影剧院、体育场等。

矿井生活区的用地面积包括建筑面积、道路用地面积及绿化用地面积等。用地面积一般按总人口数来计算,平均每人 25～35 m²。用地比例约为:居住建筑面积占 50%,公共建筑面积占 20%,道路用地面积占 20%,绿化用地面积占 10%。

属于行政福利系统和居住区的全部建筑物,都可以划归为一般民用建筑。在设计和建造这些建筑物时,除了在使用功能方面须满足煤炭生产的特殊要求外,其他如建筑结构、建筑构造以及采暖、通风、给排水等,都可以用一般民用建筑的工程技术方法处理。

第四节 矿井其他工业建筑的功能及设计要点

一、矿井工业场地施工总平面布置

矿井工业场地施工总平面布置是保证矿井顺利施工的重要条件,布置合理与否,直接影响矿井建设质量、速度、经济效益和环境保护。矿井工业场地施工总平面布置与永久工业场地平面布置相比,具有难、杂、变的特点。难,即影响布置的因素多,除了与永久工业场地布置有关外,还取决于地面建筑物、构筑物、各种设施及井筒的施工。在多个施工单位同时施工时,如果施工图纸不统一,则更增加施工布置的难度。杂,即需要布置的内容庞杂,种类多、分散,有永久的也有临时的,彼此交错,相互影响。变,即矿井工业场地施工总平面布置贯穿整个建井工期,从准备期到建成移交,工业场地施工总平面布置在不同时期有不同的特点和要求。因此,矿井工业场地施工总平面布置是一项动态的复杂的系统工程,是矿井能否顺利建成的关键。

矿井工业场地施工总平面布置设计,就是在矿井工业场地总平面布置图上标明矿井地面所有临时与永久建筑物、构筑物及设施的位置、占地尺寸、建设时间。我国的矿井施工企业属于劳动密集型,生活用建筑及设施在矿井工业场地施工总平面布置中占据重要地位。矿井工业场地施工总平面布置可以分为工业用建筑和生活用建筑两类。如果将生活用建筑布置在工业场地内,虽然具有方便职工、建设队伍进点快、便于管理的优点,但是往往需要大量临时建筑,占用大面积场地,严重影响工业场地内永久工程的建设和场地平整,矿井工业场地布置杂乱、环境保护差。如果在工业场地外另设临时生活区或利用矿井永久居住区,则可以大幅度减少矿井工业场地内临时建筑物的布置,同时由于利用了永久生活福利设施,可以节约投资,并为职工创造良好的生活环境。

近年来,随着井型的不断加大以及对矿井建设高效、优质、文明施工要求的不断提高,我国在矿井工业场地施工总平面布置方面,通过优化施工组织设计、加强施工管理、大力提高文明施工,使场容、场貌不断改观,为职工创造了良好的生产、生活环境。

(一)煤矿地面建筑物与构筑物的发展

煤矿地面建筑物与构筑物的布置方式、数量、密集程度、结构形式及其外表形象是一个矿井生产管理水平、经营方式及其经济效益的外在体现。几十年来,我国矿井地面总体设计一直未能突破传统的模式和格局。矿井分散经营、自成体系的布置方式和管理体制,致使地面建筑物、构筑物在布置上比较讲求整个场区的平面图形,注重形式上的对称、规整,强调横平竖直与建筑的南北朝向。在结构形式上,以单层结构为主,从而造成数量多、占地多。在外观上对建筑美学没有引起足够的重视。

近年来,为了适应煤炭工业由生产型向生产经营型的转变,改变煤矿的形象,通过矿井地面布置改革,从矿井工业场地的总图布置,到建筑物与构筑物结构形式的优化设计,以及环境美化等方面都积累了很多经验。

（1）工业场地功能分区明确,相对集中。吸取了国外矿井地面布置的经验,按照集中统一、专业协作和提高管理效能的原则,进行了全面规划和统筹安排。把生产、生产服务和生活服务设施从总体布置上分开。20世纪80年代初设计的山东济东矿区、河南永城矿区等,均按上述原则进行工业场地布置。

（2）地面建筑物向多层、高层、联合建筑的方向发展。同体与多层达到最佳效果是近几年来我国煤矿地面建筑新的发展目标。为了改变以往矿井工业场地内单层建筑结构形式,近几年来,在几个新建大型矿区所属矿井,采用同体联合建筑,出现了大量建筑组合。建筑外观、结构形式、材料及色彩均为之一新,对改变矿区形象起到了良好作用。绿化、美化环境也成为矿井工业场地布置的重要环节。

20世纪80年代初设计的安徽顾桥矿井,采用同体建筑。矿井的立面处理采用以主井井塔为中轴线,东西两座较低的副井井塔作为对称陪衬建筑。厂前区十层大楼的指挥调度中心与六层采区办公楼高低错落布置,层次分明。建筑物装饰应注意色彩明朗,线条轻快。绿化布置要求规格严谨,厂前区设有绿化带,以达到分隔人流、货流和美化环境的目的。整个矿井工业场地布置紧凑,地面建筑物与构筑物从结构到外观均给人以轻松之感。

（3）建筑施工技术的提高促进了煤仓、井塔等主要构筑物的发展。我国从20世纪60年代开始采用筒式储煤仓,随着施工技术的不断提高,煤仓向大容量发展。例如,由于预应力钢筋混凝土筒仓施工技术的引进和发展,我国目前最大的无黏结预应力钢筋混凝土筒仓是大同云岗矿选煤厂煤仓,其容量达40 000 t,内径达40 m,高达52.37 m。大容量煤仓的广泛采用,可以大幅度减少原煤的露天储存量和对工业场地的环境污染。

井塔是矿井建设和生产中井下与地面衔接的重要构筑物。20世纪50年代,矿井采用钢井架和落地提升机提升。随着井型和井深的增加,60年代发展为多绳轮提升机井塔提升。随着滑模施工及预建平移建筑的发展,我国井塔的高度也不断增大,但同时显示出许多弊端,如占用井口时间长、影响建井工期等。因此,近年来,钢结构井架、落地多绳提升系统在许多大型矿井中得以采用,不仅大幅度缩短了建井工期,还使得工业场地的面貌得到改观。

总之,近十几年来,我国煤矿地面建筑物与构筑物已逐步实现精减数量,讲求联合实用,发展高层、大容量建筑。煤矿建筑美学问题也逐步得到重视,对地面建筑物与构筑物的结构形式、平面立面布局、外观色彩、线条装饰等方面,更加强调协调,真正体现了生产与美化环境并举。

（二）矿井工业场地施工总平面布置

1. 布置内容

建井期间需要布置的临时建筑及设施主要包括工业建筑物（如提升机房、压风机房、变电所、混凝土搅拌站、材料加工厂、运输设备和施工机械停放场、材料库等）,施工用行政、公共建筑（如办公室、食堂、宿舍、洗衣房等）以及场地运输线路与给排水、压风、供暖、通信、供电等管、线、缆。

工业场地内临时建筑及设施的数量和分布,取决于场地内永久地面建筑的数量、井筒数量、分布及相应的施工技术。我国矿井工业场地永久建筑数量,由20世纪60年代以前的二三十个增加到目前的六七十个,远远超过国外同类型矿井。从80年代开始,我国在一些新建矿区逐步推行地面布置改革,积极推广同体联合建筑,实行矿区集中化,大幅度减少了矿井工业场地内建筑物数量。如河南永城矿区、山东济东矿区所属各矿,工业场地内永久建筑数量与其他同类型矿井相比减少一半以上,为简化工业场地施工平面布置创造了有利条件。但是由于矿井地质条件复杂,井筒施工多采用特殊施工方法,相对增加了施工场地内的建筑及设施,如果场内有多个施工单位,则建筑物及设施的重复更严重。因此,在新的条件下如何精减临时建筑物数量和优化施工总平面布置,仍是目前摆在我国矿井建设者面前的关键问题。

2. 布置依据

矿井工业场地施工总平面布置的主要依据是矿井初步设计中的工业场地总平面布置图及有关说明,还应根据矿井施工组织设计中有关工业场地内永久建筑物与构筑物施工年度计划及主要施工方案,场地施工井筒数量,井筒施工方法及地面提绞布置,工业场地地形及平整计划,各种器材的供应、运输、存放、库房、加工厂房设置情况,矿井施工前准备情况,前期工程的安排及大型临时工程项目计划等进行综合考虑,科学安排。

3. 布置方法

(1) 生活用临时建筑的布置

在布置位置的选择上应特别注意错开永久建筑位置,且尽可能采用工业场地永久标高。在建筑规模上应在满足矿井初期建设队伍需要的前提下尽可能压缩。在保证不影响建井工期的前提下,应最大限度地安排单身宿舍、食堂、办公楼、汽车库、机修厂等永久工程优先开工,为施工队伍进点创造良好条件。如20世纪70年代始建的大屯矿区所属姚桥、孔庄等矿井,由于建设单位精心组织、施工,在矿井准备期内建成3万 m² 永久建筑,大临工程费用仅为0.63元/t煤。而1984年开工的另一个矿井,则因施工征地困难,开工前未能建成可利用的永久工程,打乱了施工顺序,大临工程费用高达5.00元/t煤。

矿井工业场地内永久建筑密集系数大、要求高,为争取早开工和保证矿井地面建筑如期建成,可将部分生活用临时建筑布置在工业场地以外,并相对集中,形成临时居住区。例如西常村矿,由于矿井工业场地初期平整量大,在场外建成临时建筑群约3 500 m³。这种布置方式,除增加部分临时征地费用外,具有简化工业场地施工总平面布置,有利于场内地面建筑尽早开工,并为后期进点队伍创造良好居住、办公条件等优点。

在矿井工业场地允许的情况下,我国绝大多数矿井的建设和生活用临时建筑均布置于工业场地内,并尽可能利用工业场地的边角区域。当多个施工单位同时承建一个矿井时,可分别集中布置,并提倡共用有关福利设施,以减少临时建筑数量。由于临时建筑需要拆除,因此应根据临时建筑的服务对象和年限,采用多种结构形式。如采用冻结法施工的井筒,由于施工期较短,可以推广采用装配式活动板房。

河南永城矿区陈四楼矿主、副、风井都在一个工业场地内,在表土段均采用特殊法施工,由于施工单位多且中间变换施工队伍,在建设单位的精心管理与组织下,工业场地内5个施工单位的生活用临时建筑布置比较合理,其特点主要表现在以下几个方面:

① 各施工单位的生活用临时建筑相对集中,形成完整的临时建筑群,在布置上避开永久建筑及设施,大多数选用工业场地的边角场区,施工期较短的单位适当布置在后期开工的永久建筑区。

② 该矿是我国煤炭系统首次采用工程监理制的试点单位。实践证明,工程监理制的引入,不但是保证工期、质量、投资三大控制的一种有效手段,而且确实能保证各施工单位从进入工业场地到矿井竣工的一切工程活动都能严格按照计划与合同进行。监理单位既起到对施工单位占用场地的监督作用,又起到了协调各施工单位之间以及施工单位与建设单位之间的关系,从而实现了矿井工业场地的优化布置与实施。

③ 针对临时建筑的服务对象和年限,采取了多种类型结构。例如,建井初期采用砖墙、轻钢架石棉瓦顶结构临时建筑用作临时食堂等,采用保温结构装配式活动房屋用作打钻、冻结施工队伍职工宿舍。

（2）工业用临时建筑及设施布置

工业用临时建筑主要包括提升、材料加工、电力设施用临时建筑及材料库等。在布置上,应尽可能靠近施工场地,便于运输和管理。除材料库、变电所等可以远离井口以外,其他建筑应尽可能围绕井口附近布置。

如混凝土搅拌站,由于必须满足各个生产时期需要的砂、石堆放场地以及水泥库,占用场地较大,布置时应特别注意紧凑。近几年来,推行了矿井场地布置改革,一些大型矿井施工中已广泛采用砂石贮料仓、自动冲洗、胶带上料、自动计量以及散装水泥贮运等新技术和新设备,不仅大幅度降低了工人的劳动强度,提高了生产效率,保证了混凝土质量,还布置紧凑,占用场地少,如图 2-17 所示。

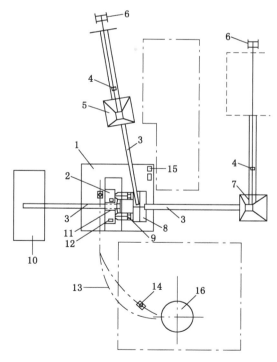

1—搅拌站;2—搅拌机;3—胶带输送机;4—扒斗;5—砂仓;6—扒斗绞车;7—石子仓;
8—贮料斗;9—上料斗;10—水泥库;11—水泥溜槽;12—计量水箱;
13—窄轨;14—吊桶运输车;15—外加剂配制室;16—井筒。

图 2-17　矿井工业场地混凝土搅拌站平面布置图

国外矿井施工中,通常采用场外混凝土供应方式,即商品混凝土,因此工业场地内不存在搅拌站的布置问题。我国在许多市内建筑中已采用场外混凝土搅拌、供应系统。在矿井建设中,在短期内虽然不能大量发展混凝土场外供应方式,但在矿建、土建同时施工和多个施工单位共建一个矿井时,可以推广集中布置,发展小范围的商品混凝土,以减少搅拌站的重复设置,简化工业场地布置。

临时运输线路应尽量减少有轨运输和力求形成环形道路且避开永久工程。矿井建设期间,材料、设备的运输量大,过去由于对场内道路布置及标准无统一规定和要求,往往是随用随铺,质量较差,严重影响场内通过能力。近十几年来,我国煤矿基本建设主管部门对施工场地运输线路布置及规格提出了明确的要求,提倡文明施工,在绝大多数矿井建设中,已基本做到一次形成场内主要永久运输线路,在场内平整量大的情况下,能充分利用建井矸石有计划地进行回填。如济宁二号井在施工准备期内已将主要运输干线一次达标。潞安常村矿在工业场地平整量大的情况下,也一次形成场内外永久公路2.9 km;永城陈四楼矿做到了有计划地运用主、副井早期建井矸石,首先填平主要运输线路,逐步达到永久标准。

工业场地内临时供水、供电、通信等管网的布置与施工,都应在矿井施工准备期内完成。但是由于"五通一平"很难真正一次全部实现,通常是在矿井施工过程中逐步完成,特别是当一个矿井由几个独立的施工单位进行施工时,往往各搞一摊,相互干扰,严重影响矿井施工和职工生活。因此,应进行统筹规划,合理安排,并尽量提前利用永久设施。近十几年来,在许多大型矿井建设中,加强与设计部门的密切配合,保证提前完成有关永久管线网,使永久管线网的利用率不断提高。例如,永城陈四楼矿工业场地低于永久标高,但是采取局部充填保护措施,保证了永久供排水管网的利用。

(三)矿井工业场地施工总平面布置实例

1988年始建的年生产能力为400万 t 的济宁二号矿井是国家进行井上下配套改革的济宁东部矿区的第一对矿井,国家要求将该矿区建成一个技术先进、机械化水平高、工期短、效率高、出煤快、投资省、经济效益好的中国式现代化新型矿区。济宁二号矿井工业场地内生产性建筑与生活建筑分开布置,采用副井同体联合建筑,场内不设矸石场,工业场地布置紧凑,并充分发挥矿区建筑与设施集中的优势,工业场地内建筑物减少了30%～40%,工业场地占地仅 27 万 m²,占地指标仅为 0.69 hm²/10 万 t(1 hm² = 10⁴ m²),达到国际先进水平。

工业场地施工总平面布置,本着充分利用永久工程和减少临时工程的原则统筹安排,合理确定矿区内外全部工程项目的建设顺序和进度,在矿井开工前全面完成前期准备工作,真正实现五通(供电、道路、供水、排水、通信)一平(工业场地平整)。工业场地内仅保留直接用于施工的大临工程,其余生产、生活服务临时工程和设施均布置在场外济东新村。矿井开工前已部分完成矿区永久基础工程、集中居住区和必要的辅助企业工程,开工后又相继建设了一批永久建筑物、构筑物及设施(表 2-4),供建井期间使用,场内临时工程(表 2-5)降到最低。工业场地施工布置合理、规范,保证了矿井的建设质量、速度、经济效益和环境保护,同时为井下工作人员的生命安全提供了必要的保证。

表 2-4　济宁二号井工业场地永久建筑一览表

图中编号	工程名称	结构类型	工程量	
			单位	数量
1	主井井架	钢筋混凝土	m³	23 615
2	副井井口房、提升机房、配电室	排架混合	m²	2 003
3	副井井架	钢	t	243
4	矸石翻车机房	砖混	m²	136
5	矸石绞车机房	砖混	m²	153
6	通风机房	混合	m²	440
7	压风机房、风包棚	混合、钢筋混凝土柱	m²	164
8	变电所	混合	m²	847
9	深井泵房(6座)	砖混	m²	132
10	供水工程(净化站、泵房、配电室等)	砖混	m²	2 152
11	污水泵房	混合	m²	40
12	供热工程(锅炉房、鼓风机房等)	混合、框架	m²	2 265
13	污水处理系统建筑	混合	m²	147
14	防火灌浆系统建筑	砖混、钢筋混凝土	m²	2 752
15	防火系统堆土场	泥结碎石	m²	3 500
16	机钳修配及综采维修车间	钢筋混凝土排架	m²	2 788.3
17	矿车修理、锻、铆、焊及拱形支架制修联合车间	钢筋混凝土排架	m²	858.8
18	材料库	钢筋混凝土排架	m²	3 603
19	材料棚	钢筋混凝土排架	m²	1 664
20	坑木加工房	混合	m²	380.4
21	油脂库	砖混	m²	219
22	机车修理及铲车库	混合	m²	101
23	办公楼	框架	m²	3 487
24	会议室	砖混	m²	800
25	采区办公楼	框架	m²	3 066
26	班中餐食堂	框架	m²	783
27	灯房、浴室、等候室	框架	m²	7 830
28	厕所	砖混	m²	120
29	门卫室	砖混	m²	200
30	汽车库、自行车棚	钢筋混凝土、轻钢	m²	664
31	茶炉房	砖混	m²	80
32	选煤厂建筑	框架	m²/m³	4 128/20 318
33	铁路装载车仓	钢筋混凝土	m³	42 218
34	准备车间	钢筋混凝土	m³	1 707
35	原煤仓	钢筋混凝土地坪	t	54 000
36	窄轨铁路		km	2.4

表 2-5　济宁二号井工业场地大型临时工程一览表

图中编号	工程名称	主要内容	工程量	
			单位	数量
1	主井井口房	井口房、采暖等	m²	408
2	主井主提升机房	提升机房及设备基础	m²	280
3	主井副提升机房	提升机房及设备基础	m²	150
4	主井凿井绞车房	凿井绞车房及设备基础	m²	420
5	主井通风机房	通风机房及设备基础	m²	60
6	副井井口房	井口房、采暖等	m²	408
7	副井副提升机房	提升机房及设备基础	m²	150
8	副井主提升机房	提升机房及设备基础	m²	280
9	副井凿井绞车房	凿井绞车房及设备基础	m²	420
10	副井通风机房	通风机房及设备基础	m²	60
11	风井井口房	井口房、采暖等	m²	408
12	风井主提升机房	提升机房及设备基础	m²	280
13	风井副提升机房	提升机房及设备基础	m²	150
14	风井凿井绞车房	凿井绞车房及设备基础	m²	420
15	主、副井混凝土搅拌站	土建、平台、基础、料仓等	m²	300
16	风井混凝土搅拌站	土建、平台、基础、料仓等	m²	250
17	压风机房	压风机房、水池、冷却塔等	m²	400
18	35 kV 变电所	土建、围墙、排架等	m²	223
19	6 kV 变电所	土建、围墙、排架等	m²	200
20	冷冻站	厂房、水池、机修、测温房等	m²	1 029
21	锅炉房(图中未表示)	土场、煤场等	m²	500
22	地面炸药库(在场外)		m²	200
23	临时供水管路(图中未表示)		m²	2 145
24	临时供热管路(图中未表示)		m²	1 270

(四)矿井工业场地平面布置的改革

矿井工业场地平面布置是矿井施工临时建(构)筑物及设施的重要依据,同时是反映矿井综合生产效益的一个重要指标。我国以往乃至目前部分矿井的地面布置仍沿用以矿井为主体,分散经营、自成体系的模式。矿井工业场地设施庞杂,"大而全""小而全",布置分散,占地多,压煤多。如 20 世纪 50 年代全国煤矿平均占地指标为 0.905 hm²/10 万 t;70 年代为 1.69 hm²/10 万 t;80 年代根据对 17 对大型矿井的统计,平均占地指标为 1.46 hm²/10 万 t,超过设计规范规定指标的 32.7%,远高于国外同类型矿井占地指标。为了缩短我国矿井地面布置的方式和管理体制与先进的工业化国家之间的差距,1986 年 7 月 18 日原煤炭工业部以(86)煤基字第 503 号文颁发了《关于煤矿地面总体布置改革的若干规定(试行)》,并以河南永城矿区、山东济东矿区为试点。

山东济东矿区、河南永城矿区工业场地布置的改革,使矿区成为具有比较完备的生产服务和生活服务系统的综合生产经营型企业,达到了节约投资、提高效率、缩减占地面积和提高综合效益的目的,占地指标已达到国际先进水平,并为改进工业场地总平面布置、提高大临工程的共用率、改变施工场地的场容场貌提供了条件。

（1）合理简化、集中地面设施

合理简化、集中可以充分利用矿区设施，避免重复设置，在矿井工业场地布置上应力求紧凑，减少周转环节和设备数量，提高效能。其中包括改革矿区机修体制，采取设备租赁制及实行集中修理，取消矿井修配厂和综采修理车间；改革矿区设备、材料的供应管理系统，矿区设总库，提供完善的材料加工供应基地，提高存取机械化程度，各矿只设供应站，以减少库房面积和储存场地面积；合理集中居住区和生产、生活服务设施，改变我国几十年来"矿办社会"的旧格局，使煤矿的生产、生产服务和生活服务三条线明显分开。在这个方面国外发展较早，如据苏联 1975 年统计，在煤炭系统由于设置了 133 个矿区总坑木场、156 个发放矿井材料的机械化仓库和 40 个器材供应基地，加工、包装、供应和运输实现了机械化、集中化，使劳动量降低了 40%，同时大幅度简化了矿井工业场地的设施布置。英国许多大型矿区也设有集中的机修和供应基地。

（2）推行同体联合建筑，简化矿井地面窄轨铁路运输

随着煤炭生产技术的发展，矿井工业场地内设施相应增加，采用联合建筑可尽量将相关设施和建筑合并靠拢，以充分利用空间，减少建筑物数量。同时，尽可能按合理的人流和货流布置，以达到减少转换环节的目的，如再配以无轨运输设备，就可以大幅度简化地面窄轨铁路布置。

我国 20 世纪 50 年代初，鸡西小恒山、双鸭山岭西和淮南谢家集二、三号矿井等均采用行政、福利联合建筑的方法，但这些矿井在投产后又进行了大量扩建。虽然采用联合同体建筑存在一定的缺点，如建设工期长、施工期间难于利用永久建筑等，但仍是一种很有前途的建筑形式。我国自 20 世纪 80 年代开始在一些新建矿区逐步推行联合同体建筑。如河南永城矿区车集矿，采用了主井联合建筑、副井联合建筑、行政生活联合建筑，减少了建筑物数量和占地面积，地面窄轨铁路与改革前同类型矿井相比减少了 80%（图 2-18）。

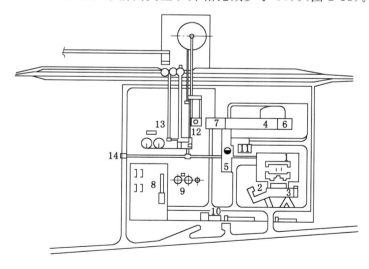

1—生活室；2—行政办公楼；3—采区办公室等；4—设备维修间；5—副井井口房；6—材料供应站；

7—汽车库；8—变电站；9—水池；10—综采设备存放室；11—副井提升机房；12—主井；13—选煤厂；14—矸石仓。

图 2-18　车集矿矿井工业场地布置示意图

二、提升机房

(一)建筑特点

矿井提升机房的位置是由提升系统图决定的,与井筒的最小距离应考虑立井井架斜腿基础与提升机房基础之间保持一定的距离,以免受井架提升时振动的影响。

提升机房内一般安装有矿井提升机、电机减速器、配电装置、运动指示器等有关机械设备及装置。

一般情况下,每台矿井提升机均必须建立独立的机房,当同一井筒的同侧采用两套提升系统时,两台提升机分别设在同一机房中的两间房内,并以隔音墙隔开,以免两台提升机音响信号互相干扰。

提升机房一般多数为单层建筑,其平面尺寸及建筑高度与提升机滚筒直径有关,当滚筒直径较大(大于 3 m 者)时,往往必须设地下室,以安置电气设备及部分机械设备,这时机房内应设置梯子通到地下室。滚筒直径大于 4 m 的提升机房,可设置检修用吊车。人工操作的吊车的起重量有 5 t、10 t、15 t,电动吊车的起重量有 20 t、30 t、48 t、50 t 等。可根据所需最大起重量来选定。由于检修用吊车使用次数不多,也可不设置,而在机房屋盖下安设悬吊钢梁(工字梁),检修时安装临时吊装设备进行吊装检修。目前一般提升机房均在滚筒主轴平面内安装这种简易设备,方便检修和加快检修进度。

矿井提升机房室内(包括地下室)总净高可由下式计算:

$$h = h_1 + h_2 + h_3 + h_4$$

式中 h_1——地下室深度,由地下室楼板面到地下室地面的距离,m;

      h_2——机房地面到吊车轨顶的距离,m;

      h_3——吊车高,由轨顶到桥式吊车最上缘的距离,m;

      h_4——吊车最高点到屋架下弦底面间的距离,m。

机房有地下室时,室内地面应高出室外地面 0.8～1.2 m,这样有利于地下室采光。当有地下水或土壤较硬时,可以把地下室的地板提高到地下水面之上或硬土壤以上。

提升机房的平面尺寸可根据工艺布置和设备规格来决定(图 2-19)。我国根据提升机

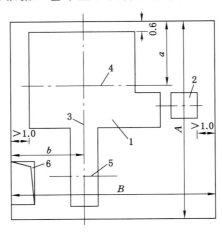

1—提升机基础;2—电动机基础;3—提升中心线;4—滚筒中心线;5—操纵杆中心线;6—人梯孔。

图 2-19 提升机房平面图

滚筒直径及数量,按设备规格和工艺布置进行了提升机房的系列设计,并绘制出标准图可供采用。其平面尺寸可参考表2-6。

表 2-6　提升机房平面尺寸

提升机规格/m	内部尺寸/m				吊车起吊能力/t
	a	b	A	B	
2×2.5×1.0	3.6	4.3	11.0	11.5	5
1×2.5×1.0	3.6	3.8	11.0	11.5	5
2×3×1.3	3.9	4.6	12.0	12.5	5
1×3×1.3	3.9	4.0	12.0	12.5	5
2×4×1.7	4.5	5.0	13.5	14.5	10
1×4×1.7	4.5	4.1	13.5	14.5	10

机房的采光系数为 $1/7 \sim 1/8$,窗只能布置在与提升轴线相平行的两侧墙上,面向井架的墙上只留绳孔而不能设窗,远离井架的墙上预留安装孔,其尺寸根据滚筒规格由工艺设计确定。

提升机房地面一般可以在混凝土垫层上加水磨石面层,地下室可做成混凝土地面加水泥砂浆面层。

（二）结构选型

矿井提升机房可采用砖混结构,即砖墙承重、钢筋混凝土梁板屋盖、片石条形基础(应与设备基础分开)。需要时再以砖扶壁柱加强墙体。当屋盖承重结构采用钢木屋架时,屋架必须平行提升方向布置,以免影响钢丝绳运行。但是目前钢木屋架很少采用。当设置地下室时,楼板梁可支承在砖墙及提升机块体混凝土基础上,当提升机振动很大时,楼板梁则应支承在专门设置的柱子上,而不能支承在提升机基础上。当提升机房设置吊车时,吊车梁应安装在平行提升方向两侧的砖扶壁柱上,这时吊车轨顶标高处的砖墙内必须设置一道封闭圈梁。但是在地震区建设提升机房时,不论其是否有吊车和地下室,承重砖墙内应按《建筑抗震设计规范》(GB 50011—2010)(2016 年版)增设圈梁、构造柱及有关抗震构造措施。

三、通风机房

（一）简述

矿井的通风是保证矿井安全生产的命脉,其通风原理是利用空气压力差使两端开口容器中的空气流动。因此矿井通风有抽出式和压入式之分。造成矿井中这种压力差的设备就是通风机及其配套的风道等。而用以安装通风机的建筑物即通风机房。根据通风方式的不同,矿井地面通风机房可以布置在提升井筒的旁边,称为中央式通风系统。当通风机房布置在工业场地以外的风井(这时矿井有主井、副井和风井三个井筒)时,称为角式通风系统。二者均可以采用压入式或抽出式通风方式。

矿井通风所采用的通风机有离心式和轴流式两种,整套设备包括通风机、风道、扩散器或吸风器以及电机减速器等。以前我国矿井使用最多的是轴流式通风机(其工作轮直径有1.2 m、1.8 m、2.4 m 及 2.8 m)且多数为抽出式通风方式,但是由于轴流式风机主轴为超静定结构(有三支点固定),其制造和安装的精度都要求较严,稍有不慎达不到精度要求时,将在运行中引起轴瓦过热甚至死轴停机事故,因此目前我国中小型矿井多采用离心式通风机。《煤矿安全规程》规定,生产矿井主要通风机必须装有反风装置,即能从矿井中抽出空气,也能在 10 min 内改抽出式为压入式通风状态。

为保证送入井下的新鲜空气温度不低于+2 ℃,必须在进风井口房中设置空气加热室将新鲜空气加热后送入井下,一般可采用蒸气加热或电热风。为了保证送入井下的新鲜空气不致污染,绝对不容许将有可能散发灰尘特别是煤尘的主井作为进风井。

(二)建筑特点

通风机房的平面尺寸主要取决于工艺布置、设备规格以及外形尺寸。进行平面布置时,必须保证室内具有必要的通道及足够的检修间隙。设备固定部分最外边缘与墙体间的通道宽度不应小于 1 m,设备活动部分的通道宽度不得小于 1.2 m。机房的高度通常为 3.5 m,当设有悬吊梁时不应小于 4 m。风道的尺寸应由计算确定,其长度应尽量缩短以减小阻力。风道地面应有 1‰~2‰ 斜向井筒的坡度以排出积水。

通风机房的门应朝外开,窗一般为双层固定钢窗,设计时应预留安装孔。机房的地面为混凝土或沥青地面。通风机房为二级耐火等级,因此为应用耐火材料或半耐火材料建筑。

(三)结构选型

通风机房一般为单层的砖混结构,即砖墙承重,设置超重梁时可以由壁柱加强。片石条形基础,现浇或预制钢筋混凝土屋面梁板及保温防水层。跨风道及门窗过梁时均可用现浇或预制钢筋混凝土梁。风道一般为矩形截面,砖墙及预制钢筋混凝土盖板,混凝土底板,内墙面要求抹光;风道转弯处做成光滑曲线,但是应保证有效断面。设备基础(单独基础)为混凝土块体式或配构造钢筋。

不论是离心式还是轴流式通风机房,其各种规格都有标准系列成套设计图纸可供采用。在地震区建造通风机房时,墙体内应增设构造柱及圈梁,并应按《建筑抗震设计规范》(GB 50011—2010)(2016 年版)对机房和风道采取相应的抗震构造措施。

五、空气压缩机房

(一)简述

空气压缩机房是生产压力为 0.8 MPa 空气的厂房,为井下供应高压空气作为动力。随着井型的大小不同,机房内的空气压缩机台数应由计算确定。煤矿应用的空气压缩机规格一般有生产量为 10 m³/min、20 m³/min、40 m³/min、100 m³/min 等,矿井地面空气压缩机房常安装 2~4 台立式或卧式空气压缩机。空气压缩机组设备包括:空气压缩机、电动机、传动装置、风包、配电装置、水泵和冷却水池等。一般冷却水池和风包设在机房外。

(二)建筑特点

除风包设在室外阴凉处,冷却水池设在室外地下或半地下外,空气压缩机组的各个设备均布置在单层机房内。其建筑平面尺寸及立面高度应根据压缩空气的生产工艺布置和设备规格来决定。设备固定部位距墙边的距离不应小于 1 m,设备活动部位距墙边距离不应小于 1.2 m,两个相邻空气压缩机之间的通道宽度不应小于 1.5 m。机房的最小高度为 3.5 m,当设有吊车时,其高度可增至 5 m 或更高。

机房的双扇门应向外开,一般只有三面设窗,靠北的一面室外设风包,因而不开窗或仅开小高窗(距地板 2.5 m 以上),屋面设防寒层以防蒸汽凝结,可设天窗或在墙上设通风孔以利通风。地面可做混凝土、沥青或瓷砖面层,严寒地区应采暖。机房内地下管沟较多,应设活动板方便检修。墙上预留安装孔,其尺寸由工艺布置提供。内墙应抹灰并可油漆。

（三）结构选型

空气压缩机房一般为单层砖混结构或砖木结构,即砖墙承重,设置起重梁时应以壁柱加强,外石带形基础,其埋置深度不应低于设备基础以免受振动影响。屋面可采用钢筋混凝土梁板或钢木屋架黏土瓦。门窗过梁宜采用钢筋混凝土过梁。室外水池可用不低于 200 号片石以 M2.0～M5 混合砂浆砌筑,内衬砌半砖护壁、底垫砌 1/4 砖,内用 1∶2 水泥砂浆掺 3% 防水粉抹面,砖与石砌体之间设二毡三油防水层。

在地震区建设空气压缩机房时,墙体内应增设钢筋混凝土构造柱和圈梁,并应按《建筑抗震设计规范》(GB 50011—2010)(2016 年版)对机旁和水池结构采取相应的抗震构造措施。

第三章　　煤矿地面构筑物

为了满足现代化煤炭生产的需要,在煤矿地面要修建许多具有特殊用途的构筑物,称之为煤矿地面工程构筑物。例如,为配套煤矿提升系统而修建的矿井井架和井塔;用以安装和支承运输设备的胶带运输机走廊(栈桥)和贮装煤炭的煤仓等。

矿井地面工程构筑物必须满足安全、经济、结构合理三个方面的要求。其应具有足够的强度、刚度和稳定性,同时要满足生产工艺过程的要求和一些特殊设计要求。在经济上要在尽可能的情况下降低成本,从而达到结构合理、安全、经济、满足煤炭生产要求的目的。

第一节　　井　　　架

生产井架用来支承各种提升和卸载设备,从事各种提升工作。在矿井生产期间,井架主要用来提升矿物与矸石,往井下输送机械设备、坑木、材料以及上、下人员,因此井架是现代化矿井主要的提升设备,也是矿井地面最重要的构筑物之一。国内许多矿山大多数采用钢井架作为竖向提升设备的载体。

井架的主要功能是支承天轮。天轮则是提升钢丝绳的转向大滑轮,钢丝绳经过天轮转向后,缠绕在地面提升机的滚筒上,依靠提升机的动力完成升降的提升动作。我们把支承天轮并承受各种提升荷载、卸载设备和进行提升、卸载工作,并起维护作用的矿山工程构筑物称为矿井井架。随着开采深度的不断增加,提升荷载不断增大,促使井架结构进行适应性改革。

一、井架的用途和类型

矿井井架的设置是由矿井的提升系统决定的。矿井的提升系统视提升机的类型而定,目前国内生产和使用的提升机可分为两大类:一类是单绳缠绕式提升机,有单滚筒和双滚筒两种。相应的土建结构是井架及地面提升机房。另一类是多绳摩擦式提升机,有塔式多绳摩擦式提升机和落地式多绳摩擦式提升机,相应的井架类型是单绳缠绕式井架(或塔式井架)和落地多绳摩擦式井架及地面提升机房。

还可以从其他方面来对矿井井架进行分类。

按用途不同,矿井井架可分为:

① 生产井架,也称为开采井架或永久井架,用于煤炭生产时期的矿井提升。

② 凿井井架,也称为掘进井架或临时井架,用于建井时期的矿井提升。

③ 生产、凿井两用井架,此类井架既用于煤炭生产时期的矿井提升,也用于建井时期的矿井提升。

按矿井开拓方式不同,矿井井架可分为:

① 竖井井架,建造于井口位置。

② 斜井井架,也称为斜井天轮架,建造于井口与提升机房之间。

按建造材料不同,矿井井架可分为:

① 钢井架,用钢材通过焊接而成的结构物,钢材强度高,容易做成复杂、高大的形式,在我国应用较为普遍。

② 钢筋混凝土井架,耐久性与耐火性较高,节省钢材,不需要经常维修。但是当没有与立架刚性连接的斜架时,对地基条件要求较高,基础稍有不均匀沉陷,就会引起很大的附加应力。

③ 砖井架,用砖砌体建造的结构物,其优点是便于就地取材、易施工,缺点是重量大、抗拉强度较低。

④ 木井架,因为木材易腐易燃,过去用于临时性的凿井井架或服务年限不长的小型矿井的生产井架,目前已很少采用。

竖井生产井架高度为 25 m 及以下时,一般采用钢筋混凝土结构;高度超过 25 m 时,经过经济、技术比较,可采用钢筋混凝土结构或钢结构;高度为 15 m 及以下时,服务年限较短的罐笼井,也可以采用砖石结构。

（一）单绳井架

1. 井架结构形式及其组成

（1）钢井架

目前我国煤矿使用的钢井架多数为桁构斜撑式的,称为斜撑式钢井架。它的几种形式如图 3-1 所示。单斜撑一个天轮平台是常见的结构形式,以开滦荆各庄煤矿主井井架为例,其结构布置如图 3-2 所示。

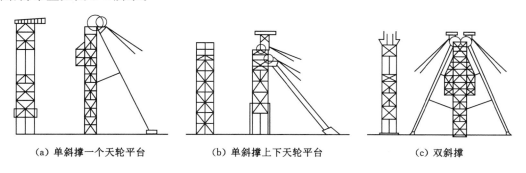

(a) 单斜撑一个天轮平台　　　(b) 单斜撑上下天轮平台　　　(c) 双斜撑

图 3-1　钢井架的典型形式

钢井架结构包括以下几个部分:

① 头部,是井架的上部结构,包括天轮托架、天轮平台、天轮起重架及防护栏杆等。

② 立架,是井架直立的那一部分空间结构,用来固定地面以上部分的罐道、卸载曲轨等,并承受头部下传的荷载。

③ 斜架,是位于提升机一侧的倾斜构架,用来承受大部分的提升钢丝绳荷载,并维持井架的整体稳定性。

④ 井口支承梁,是井口支承立架的梁结构。

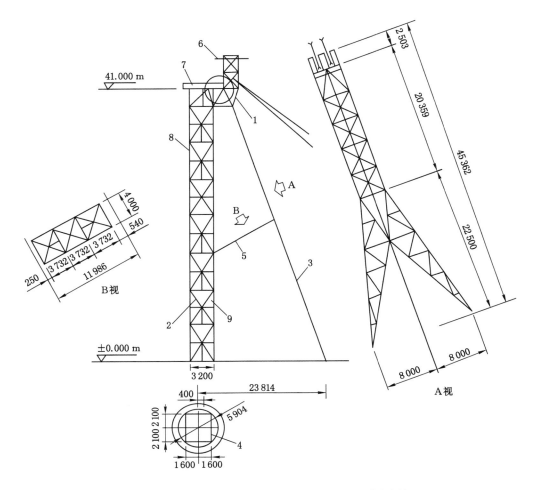

1—天轮托架;2—立架;3—斜架;4—井口支撑梁;5—横向支撑;

6—起重梁;7—天轮平台;8—前面桁架;9—后面桁架。

图 3-2　斜撑式钢井架结构布置

⑤ 斜架基础,斜架承担的荷载将全部通过斜架基础传到地基上。

（2）钢筋混凝土井架

目前我国煤矿使用的钢筋混凝土井架以六柱斜撑式和四柱悬臂式为主。图 3-3 和图 3-4 所示为六柱斜撑式井架,前者立架与斜架顶部铰接,后者为刚接。图 3-5 所示为四柱悬臂式钢筋混凝土井架。

钢筋混凝土井架在很多情况下,立架直接支承于锁口盘上,这时六柱斜撑式井架包括头部、立架、斜架及斜架基础,四柱悬臂式包括头部及立架。

（3）砖井架

砖井架形式比较多,图 3-6 所示为其中一种,称为直立式砖井架。

砖井架的结构组成包括头部、架身（相当于立架和斜架）及基础。上述直立式砖井架是以井口锁口盘作为基础。

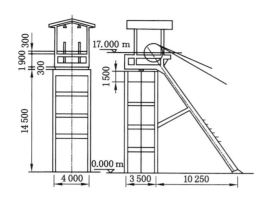

图 3-3 红工一矿 2 号井架

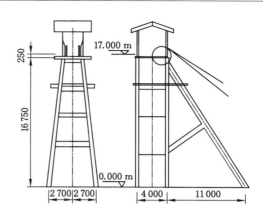

图 3-4 广州市四矿井架

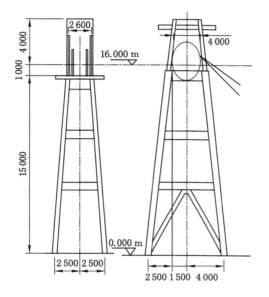

图 3-5 红工四矿 2 号井架

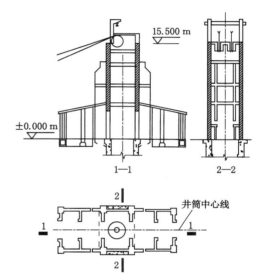

图 3-6 直立式砖井架

2. 井架布置

（1）井架高度

天轮中心至锁口盘顶面的距离称为井架高度。图 3-7 为井架高度分段示意图。

井架高度 H 按式（3-1）计算。

$$H = h_1 + h_2 + h_3 + h_4 \tag{3-1}$$

式中 h_1——自锁口盘顶面至出车轨面或自锁口盘顶面至接货仓上部边缘的高度。

      h_2——容器全高，由容器底至连接装置最上面绳卡的距离。

      h_3——过卷高度，《煤矿安全规程》规定：对于罐笼提升，当提升速度 $v < 3$ m/s 时，$h_3 \geqslant 4$ m；当 $v \geqslant 3$ m/s 时，$h_3 \geqslant 6$ m；对于箕斗提升，$h_3 \geqslant 4$ m。

      h_4——对于不密闭井架，$h_4 = 0.75R$；对于密闭井架，$h_4 = R + 0.5$ m。

天轮如果为上下布置，两个天轮中心的垂直距离至少应为天轮直径 +1 m。

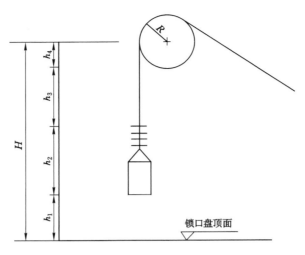

图 3-7　井架高度分段示意图

（2）头部布置

钢井架头部的结构布置与天轮的布置有关,根据提升系统的要求,天轮可并列布置在同一水平上,也可以上下布置在同一竖直方向平面内。下面叙述几种常用情形,单套提升天轮布置在同一水平上的情形,如图 3-8(a)所示。此时出车或容器卸载方向平行于正面桁架,井架较低,头部只占一个节间,构造相对比较简单。

单套提升天轮布置在同一竖直方向平面内的情形,如图 3-8(b)所示。这种情形时,头部占有三个节间,其结构比较复杂,井架较高。但是因为出车方向或卸载方向与正面桁架垂直,运输线路布置与井口房的扩展比较方便。

双套提升机呈 180°天轮布置在同一水平上的情形,如图 3-9 所示。4 个天轮设于同一水平上可使头部结构相对简单,减小井架高度。它只便于双套箕斗提升。

正面桁架对应井架头部的部分通常不直接支承天轮,受力较小,其结构形式与天轮托架基本相同。

天轮托架与正面桁架上弦杆之上,需铺设网纹或带孔钢板作为天轮平台地板。平台外

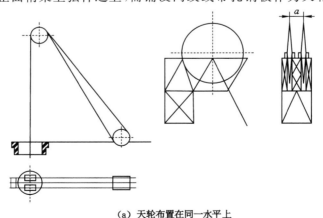

（a）天轮布置在同一水平上

图 3-8　单套提升钢井架头部布置

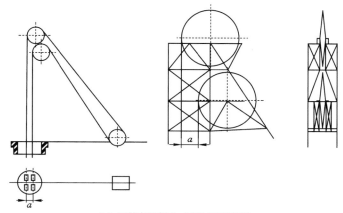

（b）天轮布置在同一竖直方向平面内

图 3-8（续）

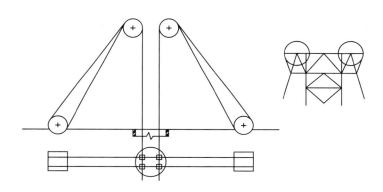

图 3-9　双套提升机呈 180°时钢井架头部布置

围设置 1.0～1.1 m 高的栏杆。

在天轮起重架上设置起重梁，供检修和安装天轮用。为便于检修，起重梁宜位于天轮永久位置同一竖直平面内。

（3）立架布置

井架立架是平面为矩形的空间杆件体系，由四片平面桁架组成，其弦杆为四个立柱。当为斜撑式井架时，立架的主要承重结构为与提升轴线相平行的两榀桁架，一般称为正面桁架。前后两榀桁架保证立架结构的整体性和承受侧向风荷载，称为前面桁架和后面桁架。

立架桁架在容器出入井架的地方需设置孔口。对于孔口节间，因为腹杆被拿掉，必须将立柱加劲做成框形节间，以保证结构的稳定性。

立架的平面尺寸取决于提升容器的尺寸、数量及其布置。布置时须保证容器间以及容器与井架杆件之间的必要净空。如图 3-10 所示，当布置一对容器时，平面尺寸按下式确定：

$$\begin{cases} l_1 = m + 2c + 2e \\ l_2 = a + n + 2c + 2e \end{cases} \tag{3-2}$$

式中　l_1，l_2——立架各柱轴线距离。

c——容器最外边缘与立架杆件内侧边缘的距离。当用刚性罐道时，$c \geqslant 120$ mm；当

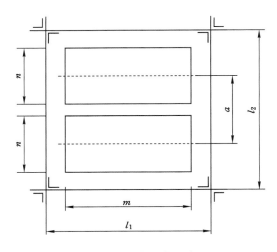

图 3-10　立架水平截面布置

用钢丝绳罐道或有制动钢丝绳防坠设备时，$c \geqslant 200$ mm。

e——立架构件轴线至内侧边缘的距离。

a——两容器中心线之间的距离。

m——在平面内，容器外形的长度。

n——在平面内，容器外形的宽度。

为了使立架有足够的刚度，立架最小边尺寸还应不小于井架高度的 1/10。

（4）斜架布置

斜架不但承担了大部分提升荷载，而且保证钢井架的横向稳定。因此斜架的两腿都横向叉开，斜架底脚叉开的宽度不应小于井架高度的 1/3。

（二）多绳井架

1. 多绳井架的特点

（1）施工占用井口时间短

井塔施工方法的改革虽然能加快施工进度，但是塔内各层楼板还需在井口逐层施工，摩擦轮、导向轮以及各种电气设备也必须在井塔施工完成之后逐一安装，因此占用井口时间较长。占用井口的时间随着结构形式和施工方法不同，各不相同，一般需 6～15 个月。

多绳井架，由于土建施工和设备安装的工程量小，占用井口的时间很短，一般只需 3～5 个月，提升机房的施工和安装不受井口设施的影响，因此可按工程排队情况，提前或与井架同时施工，从而缩短整个矿井建设工期。

（2）由于井架重量轻，对各类地基适应性较强

多绳井架与单绳井架一样，提升机房及其设备（除天轮外）均不在井架上。所需平面尺寸比井塔小，并且除了天轮平台及其他工作平台外，井架内不需设置楼层。因此，井架的重量远小于井塔。

由于井架结构重量轻，对各类地基的适应性较强，基础设计和施工也较井塔简易。在选择提升系统方案时，对于表土层土质较差的矿井，考虑这个特点是重要的。

（3）由于井架重量轻，有利于结构抗震

　　唐山大地震证实井架的抗震性能优于井塔。因此,在地震烈度较高的地区,采用多绳井架,对于保证矿井安全生产有着重要意义。

　　(4)占用场地面积

　　由于井塔提升机安装在塔身顶层,井架提升机设于地面提升机房内,还由于单绳缠绕式提升机卷筒中心至提升容器中心的水平距离一般情况下大于落地式多绳摩擦提升机摩擦轮中心至提升容器中心的水平距离,因此,多绳井架占用场地面积多于井塔而少于单绳井架。

　　2. 多绳井架的形式

　　我国已建的多绳井架多为钢井架,主要有以下两种形式:

　　(1)櫈式

　　櫈式钢井架如图 3-11 所示。立架各杆件一般为型钢或型钢组合截面,4 个弦杆底端固定于井口支承梁上。斜架主要杆件为钢板焊接而成的箱形截面,通过牛腿铰接于立架顶部,天轮即安装在斜架上部的天轮梁上。

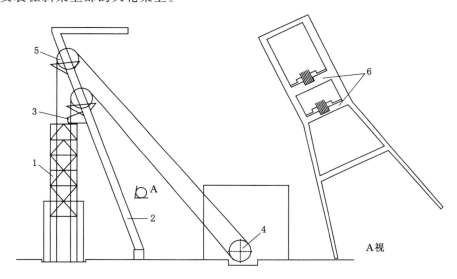

1—立架;2—斜架;3—牛腿;4—摩擦轮;5—天轮;6—天轮梁。

图 3-11　櫈式钢井架

　　(2)斜柱式

　　国内已建的斜柱式井架均为四斜柱式。井架主体是一个空间框架,杆件截面为箱形,立架可悬吊于框架横梁或支承于井口支承梁上。如果为双套提升,井架主体也可以做成两侧对称的形式。

二、井架荷载

　　(一)单绳井架

　　1. 自重

　　单绳井架自重包括头部、立架、斜架、井口支承梁等的钢井架自重,设计时应根据构件预选尺寸计算。这一项工作可以利用程序完成。当需要近似计算时,钢井架自重标准值 G 可按以下经验公式估算:

$$G = \gamma H \sqrt{S} \qquad (3\text{-}3)$$

式中 H——井架高度;

S——提升钢丝绳的拉断力;

γ——自重系数,单斜撑井架 $\gamma=0.2$,对于双斜撑井架 $\gamma=0.3$。

井架的总重力确定后按一定比例分配给各个部分,每个部分的自重再分配给各个节点。斜撑式井架各部分自重分配比例为:头部 $0.25\sim0.35$,立架 $0.35\sim0.40$,斜架及横向支撑 $0.25\sim0.30$,井口支承梁 0.05。四项总和应等于 1.00。

井架密闭板的重力作用不包括在上述公式计算的自重内。通常密闭板可采用 3 mm 厚的钢板,其自重约为 250 N/m²。其他材料按实际资料计算。

天轮(包括天轮本身和轴承)自重按实际资料计算。

2. 提升钢丝绳荷载

(1) 工作荷载

进行提升时,绕过天轮的钢丝绳的竖直部分和倾斜部分的拉力是相等的,称为提升钢丝绳工作荷载,二者的合力经天轮轴承传到井架上。

钢丝绳工作荷载是容器载重,容器、钢丝绳等的自重,惯性力,罐耳与罐道之间的摩擦力及空气阻力的总和。当设有尾绳时,其标准值按式(3-4)和式(3-5)计算。

$$S_1 = (Q_n + Q_m + qL)\left(1 + \frac{a}{g}\right)\alpha \tag{3-4}$$

$$S_2 = (Q'_n + Q_m + qL)\left(1 - \frac{a}{g}\right)\frac{1}{\alpha} \tag{3-5}$$

式中 S_1——上提容器时工作荷载标准值;

S_2——下放容器时工作荷载标准值;

Q_n——上提容器载重;

Q'_n——下放容器载重,箕斗提升 $Q'_n=0$,罐笼提升 $Q'_n=(0.8\sim1.0)Q_n$;

Q_m——容器自重;

q——钢丝绳单位长度的自重;

L——钢丝绳最大悬垂长度;

a——提升加速度;

g——重力加速度;

α——提升容器与罐道间摩擦及空气阻力引起钢丝绳拉力增大的系数,一般取 $\alpha=1.06$。

对于无尾绳的情况,上述公式可参考使用。

考虑提升过程中的动力影响,工作荷载应乘以动力系数 1.25;在结构计算中可只传至天轮托架(天轮梁)及天轮托架支承梁。

(2) 断绳荷载

当提升容器以高速提升时,可能因某种原因使运行受到阻碍,钢丝绳被急剧张拉以至断裂。当一根钢丝绳拉断时,与其共轭的另一根钢丝绳,由于卷筒的制动而使该钢丝绳以及它所悬吊的容器也被骤然制动,此时因为惯性作用,容器对绳端产生巨大冲力。在已往设计中,断绳荷载标准值取一根提升钢丝绳的整根钢丝绳拉断力及另一根钢丝绳的 2 倍工作荷载标准值。

当双套提升时,认为不会有 2 根钢丝绳同时被拉断。当一套提升中一根钢丝绳被拉断,共轭钢丝绳产生 2 倍工作荷载时,另一套提升 2 根钢丝绳均为工作荷载。在设计计算时,应按最不利那一根钢丝绳被拉断考虑。

(3) 提升钢丝绳荷载的合成与分解

上述钢丝绳拉力通过天轮作用在井架上。现针对图 3-12 所示天轮布置在同一水平上的情形,计算钢丝绳合力及其竖向分力与水平分力。

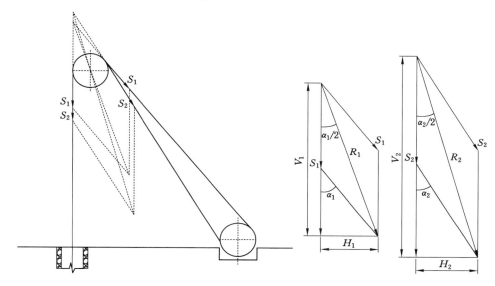

图 3-12 钢丝绳合力及其分力分布图

设 S_1 与 S_2 分别为第一根与第二根钢丝绳的拉力,α_1 与 α_2 分别为第一根钢丝绳二肢间与第二根钢丝绳二肢间的夹角,则两根钢丝绳合力分别为:

$$\begin{cases} R_1 = 2S_1 \cos \dfrac{\alpha_1}{2} \\ R_2 = 2S_2 \cos \dfrac{\alpha_2}{2} \end{cases} \tag{3-6}$$

将上述 S_1、S_2 分别投影于水平方向和竖直方向,则得到水平分力 H_1、H_2 及竖直分力 V_1、V_2 为:

$$\begin{cases} H_1 = S_1 \sin \alpha_1 \\ V_1 = S_1 (1 + \cos \alpha_1) \\ H_2 = S_2 \sin \alpha_2 \\ V_2 = S_2 (1 + \cos \alpha_2) \end{cases} \tag{3-7}$$

在分析结构荷载效应时,应首先分别算出 $S_1 = 1$ kN 及 $S_2 = 1$ kN 情形时的荷载效应。由已知单位荷载效应乘以相应荷载数值,则可求得 S_1、S_2 任意取值的荷载效应。

3. 钢丝绳罐道工作荷载

钢丝绳罐道工作荷载标准值为钢丝绳拉紧力与钢丝绳自重之和,作用在井架固定钢丝绳的节点上,钢丝绳拉紧力由工艺设计提供。

4. 防坠制动钢丝绳荷载

(1) 工作荷载

防坠制动钢丝绳工作荷载标准值取为防坠制动钢丝绳的拉紧力、制动钢丝绳以及固定在井架上的缓冲装置和缓冲绳等的自重之和。

(2) 制动荷载

提升钢丝绳断裂后,罐笼坠落的瞬间,抓捕器握紧制动钢丝绳而悬挂在其上。由于钢丝绳的弹性及缓冲器的缓冲作用,使制动有一定的行程,以保证减速度合乎要求。在制动时引起制动钢丝绳的很大拉力,此项拉力称为防坠钢丝绳制动荷载。

防坠钢丝绳制动荷载标准值,由工艺设计提供。如无资料时,可按下述方法计算:当为满载罐笼时,采用绳端荷载的 3.5 倍;当为空载罐笼时,采用绳端荷载的 6 倍。满载罐笼的绳端荷载为罐笼及其抓捕器的自重,加上矿车自重及矿车载重;空载罐笼的绳端荷载为满载罐笼荷载减去矿车自重和矿车载重。

5. 活荷载

天轮平台、检修平台的活荷载标准值取 2 kN/m²;扶梯活荷载标准值取 1.5 kN/m²。

6. 风荷载

作用于井架各处的单位面积风荷载标准值按式(3-8)计算。

$$W_k = \beta_z \mu_{stw} \mu_z \omega W_0 \tag{3-8}$$

式中　　W_k ——单位面积风荷载标准值;

　　　　W_0 ——基本风压,按《建筑结构荷载规范》(GB 50009—2012)中全国基本风压分布图所注数值乘以 1.1 取用;

　　　　μ_z ——风压高度变化系数;

　　　　β_z ——高度 z 处的风振系数;

　　　　μ_{stw} ——用于井架的风荷载整体体型系数。

以下着重对风荷载整体体型系数的含义与取值做进一步说明。

(1) 钢井架

当计算立架及头部时,风荷载整体体型系数按下式确定:

$$\mu_{stw} = \mu_{st}(1 + \eta) = \mu_s \varphi (1 + \eta) \tag{3-9}$$

式中　　μ_{st} ——单根桁架的体型系数,$\mu_{st} = \mu_s \varphi$;

　　　　μ_s ——杆件的体型系数,$\mu_s = 1.3$;

　　　　φ ——桁架的挡风系数,$\varphi = A_n / A$;

　　　　A_n ——桁架杆件和节点挡风的净投影面积;

　　　　A ——相应于 A_n 的桁架轮廓面积;

　　　　η ——其含义与取值见《建筑结构荷载规范》(GB 50009—2012)。

为便于计算,记 $\Phi = \varphi(1 + \eta)$,根据设计经验,对不密闭立架及头部可取 $\Phi = 0.6 \sim 0.7$。当立架密闭时,取 $\Phi = 1.0$,即 $\mu_{stw} = \mu_s$。

对于斜架,横向来风(垂直于提升方向)时,取

$$\mu_{stw} = 2\mu_s \tag{3-10}$$

纵向来风(平行于提升方向)时,取

$$\mu_{stw} = \mu_{st} = \mu_s \varphi \tag{3-11}$$

根据设计经验,可取 $\varphi = 0.5$。

节点风荷载按有关节点 W_k 值及所负担迎风轮廓投影面积计算。

（2）非密闭钢筋混凝土井架

式（3-8）中 μ_{stw} 以 $\mu_s = 1.3$ 代之。

节点风荷载按各节点 W_k 值及相应杆件迎风面积计算（前后杆件应分别计算）。计算中要适当考虑罐道系统及设备等受风的影响。

（3）砖井架

取

$$\mu_{stw} = \mu_s = 1.3$$

按 W_k 值及墙面受风面积进一步计算风荷载。

（二）多绳井架

1. 提升钢丝绳荷载

（1）工作荷载

进行提升时,绕过天轮钢丝绳的竖直总拉力和倾斜总拉力称为工作荷载。工作荷载标准值按下列公式计算。

箕斗提升时,

$$\begin{cases} S_1 = S_{max}\left(1 + \dfrac{a}{g} + f\right) \\[2mm] S_2 = S_{min}\left(1 - \dfrac{a}{g} - f\right) \end{cases} \tag{3-12}$$

罐笼提升时,

$$\begin{cases} S_1 = S_{max}\left(1 + \dfrac{a}{g} + f\right) \\[2mm] S_2 = S_{min}\left(1 - \dfrac{a}{g} - f\right) \end{cases} \tag{3-13}$$

式中　S_1——上提容器时工作荷载标准值；

　　　S_2——下放容器时工作荷载标准值；

　　　S_{max}——天轮一侧全部钢丝绳最大静张力,$S_{max} = Q_n + Q_m + Q_l$,$Q_m$ 为容器自重,Q_n 为容器载重,下放箕斗取 $Q_n = 0$,Q_l 为天轮一侧提升钢丝绳总重及尾绳总重之和；

　　　S_{min}——天轮一侧全部钢丝绳最小静张力,$S_{min} = Q_m + Q_l$；

　　　f——运行阻力系数,可取 $f = 0.1$。

取 $a = 1 + f$,式（3-12）、式（3-13）可由式（3-4）和式（3-5）导出。考虑提升过程中的动力影响,对工作荷载应乘以动力系数 1.3。

（2）断绳事故荷载

断绳事故荷载标准值按断绳天轮作用全部钢丝绳拉断力总和及另一天轮作用全部钢丝绳拉断力 35% 计算,分别考虑上天轮断绳和下天轮断绳两种情形。当双套提升时,按一套提升发生断绳事故,另一套提升正常工作考虑。

2. 活荷载

天轮平台、检修平台的活荷载标准值取 $2\ kN/m^3$,扶梯活荷载标准值取 $1.5\ kN/m^2$。

3. 风荷载

单位面积风荷载标准值按式(3-8)计算。关于风载体型系数,槽式钢井架立架与单绳钢井架立架计算公式相同;槽式钢井架斜架及斜柱式井架,与单绳钢筋混凝土井架计算方法相同。

三、地震作用及效应组合

(一)一般规定

(1)井架属于乙类建筑,按本地区设防烈度计算地震作用,抗震措施按设防烈度提高一度考虑。

(2)抗震验算应采用空间振型分解反应谱法。

(3)计算地震作用时,重力荷载代表值按下列规定采用:

① 恒荷载,取 100%。

② 平台活荷载,取 50%。

③ 雪荷载较大地区尚应计入雪荷载 50%,一般地区不考虑。

(4)当设防烈度为 6 度、7 度时,钢井架可不做抗震验算,但应符合抗震措施要求。

(二)空间振型分解反应谱法

将井架质量集中于各节点则形成具有节点集中质量的空间杆系模型。下面介绍仅有一个方向地震输入时空间振型分解反应谱法的计算公式。不失一般性,假定地震输入为 x 轴方向,第 r 振型参与系数 γ_{rx} 按式(3-14)计算。

$$\gamma_{rx} = \frac{\sum_{i=1}^{n} m_i \mu_r(i)}{\sum_{i=1}^{n} m_i [\mu_r^2(i) + \nu_r^2(i) + \omega_r^2(i)]} \tag{3-14}$$

式中　$\mu_r(i)、\nu_r(i)、\omega_r(i)$ ——自由振动第 r 振型 i 质点 x、y、z 轴方向的位移增幅;

m_i ——与重力荷载代表值相对应的 i 质点的集中质量;

n ——模型中质点的个数。

地震反应第 r 振型 i 质点相对位移增幅 $\tilde{\mu}_r(i)、\tilde{\nu}_r(i)、\tilde{\omega}_r(i)$ 按式(3-15)计算。

$$\begin{cases} \tilde{\mu}_r(i) = \mu_r(i)\gamma_{rx}\alpha_r g/\omega_r^2 \\ \tilde{\nu}_r(i) = \nu_r(i)\gamma_{rx}\alpha_r g/\omega_r^2 \\ \tilde{\omega}_r(i) = \omega_r(i)\gamma_{rx}\alpha_r g/\omega_r^2 \end{cases} \tag{3-15}$$

式中　ω_r ——第 r 振型圆频率;

α_r ——相应于周期 T_r 的地震影响系数,$T_r = \dfrac{2\pi}{\omega_r}$;

g ——重力加速度。

第 r 振型 i 质点地震作用 $P_r(i)$ 按式(3-16)计算。

$$P_r(i) = m_i \mu_r(i)\gamma_{rx}\alpha_r g \tag{3-16}$$

已知 $\tilde{\mu}_r(i)、\tilde{\nu}_r(i)、\tilde{\omega}_r(i)$ 或 $P_r(i)$,即可进一步计算相应于第 r 振型的内力。按式(3-15)和式(3-16)所得数值均属于标准值。

地震作用效应(应力、位移)最大值 S,应采用完整二次项组合法(CQC 法)计算。

$$S = \sqrt{\sum_j \sum_k S_j \rho_{jk} S_k} \tag{3-17}$$

式中　S_j，S_k——相应于第 j 振型、第 k 振型的地震作用效应；

ρ_{jk}——第 j 振型与第 k 振型的耦连系数；

$$\rho_{jk} = \frac{0.02(1+\lambda_T)\lambda_T^{3/2}}{(1-\lambda_T^2)^2 + 0.01\,(1+\lambda_T)^2\,\lambda_T} \tag{3-18}$$

$$\lambda_T = T_k / T_j \tag{3-19}$$

T_k、T_j——第 j 振型、第 k 振型的自振周期。

多绳橹式钢井架 T_1、T_2 接近，必须考虑耦连影响。

采用空间振型分解反应谱法分析时，在仅有一个水平方向地震输入的情形时，有的资料建议：对于单绳斜撑式钢井架可取前 3 个振型进行组合，对于多绳橹式钢井架可取前 5 个振型进行组合。

（三）基本自振周期的经验公式

单绳斜撑式钢井架的基本自振周期可按下列经验公式计算。

$$\begin{cases} T_x = 0.014\,5H \\ T_y = 0.007\,9H \end{cases} \tag{3-20}$$

式中　T_x——井架横向基本自振周期；

T_y——井架纵向基本自振周期（按空间振动考虑，可能是第二周期）；

H——井架计算高度，自井口支承梁顶面至天轮平台面。

因经验公式是根据微幅振动实测数据统计整理得到的，使用时应乘以修正系数 1.3～1.5。以上公式适用于单斜撑带有一个横向支撑的钢井架，计算高度为 18～43 m，斜架倾角为 54°～66°。对于单绳斜撑式钢井架的其他情形，上述公式也可以参考使用。

（四）荷载效应组合和地震效应组合

对井架进行整体分析时，建议按表 3-1 进行荷载效应组合，按表 3-2 进行地震作用效应组合。

表 3-1　井架荷载效应组合及分项系数

组合名称	恒荷载	平台活荷载	提升钢丝绳工作荷载	钢丝绳罐道工作荷载	防坠钢丝绳工作荷载	断绳事故荷载	防坠钢丝绳制动荷载	风荷载	附加说明
工作荷载组合	1.2	1.4	1.4	1.4	1.3	—	—	—	
风荷载组合	1.2	[0.5] 1.2	1.2	1.2	1.2	—	—	1.4	
断绳事故荷载组合	1.1	[0.5] 1.1	—	1.0	1.0	1.0	—	—	
断绳事故荷载及风荷载组合	1.1	[0.5] 1.1	—	1.0	1.0	1.0	—	[0.2] 1.4	全高 50 m 以上的井架考虑
防坠制动荷载组合	1.1	[0.5] 1.1	—	1.0	1.0	—	1.2	—	

注：1. 表中所列后三项组合，针对一套提升情形。

　　2. 方括弧中所注数字为组合系数，未注明时组合系数均取 1.0。

　　3. 当竖向荷载效应（提升钢丝绳荷载不属于竖向荷载）对结构承载能力有利时，相应分项系数取 1.0。

表 3-2　井架地震作用效应组合及分项系数

组合名称	重力荷载	提升钢丝绳工作荷载	钢丝绳罐道工作荷载	防坠钢丝绳工作荷载	水平地震作用	竖向地震作用	风荷载	附加说明
水平地震作用组合	1.2	1.2	1.2	1.2	1.3	—	—	
竖向地震作用组合	1.2	1.2	1.2	1.2	—	1.3	—	9 度抗震设计时考虑
两向地震作用组合	1.2	1.2	1.2	1.2	1.3	[0.4] 1.3	—	9 度抗震设计时考虑
水平地震作用及风荷载组合	1.2	1.2	1.2	1.2	1.3	—	[0.2] 1.4	全高 50 m 以上的井架考虑
两向地震作用及风荷载组合	1.2	1.2	1.2	1.2	1.3	[0.4] 1.3	[0.2] 1.4	全高 50 m 以上的井架 9 度设计时考虑

注:1. 表中所列后三项组合,针对一套提升情形。

　　2. 方括弧中所注数字为组合系数,未注明时组合系数均取 1.0。

　　3. 当竖向荷载效应(提升钢丝绳荷载不属于竖向荷载)对结构承载能力有利时,相应分项系数取 1.0。

四、钢井架构件及连接计算

生产井架建筑结构安全等级,大、中型矿列为一级,小型矿井列为二级。

结构构件及连接计算应符合下列各式的要求。

荷载效应基本组合(工作荷载组合及风荷载组合):

$$\gamma_0 S \leqslant R \tag{3-21}$$

荷载效应偶然组合(断绳事故荷载组合及防坠制动荷载组合):

$$S \leqslant R \tag{3-22}$$

地震作用效应组合:

$$S \leqslant R / \gamma_{RE} \tag{3-23}$$

式中　γ_0——结构重要性系数,大、中型矿井 $\gamma_0 = 1.1$,小型矿井 $\gamma_0 = 1.0$;

　　　　S——荷载效应组合或地震作用效应组合设计值;

　　　　R——构件或连接的抗力设计值;

　　　　γ_{RE}——构件及连接承载能力抗震调整系数,按表 3-3 采用。

表 3-3　构件及连接承载能力抗震调整系数

构件或连接类别	受弯梁、偏压柱	构件焊缝、普通螺栓连接
γ_{RE}	0.8	1.0

五、斜架基础设计

（一）概述

通常基础底板为长方体,放坡部分做成斜顶面及底面为矩形的不规则六面体。基础顶面高出地坪 $0.8\sim1.0$ m,基底埋置于地坪下 $2.5\sim3.5$ m,埋入天然地面不宜小于 1.5 m(浅岩地基要做到风化面以下 0.5 m 左右)。斜架柱轴线正交于斜顶面中心,斜顶面与斜架柱脚底面主轴重合,斜架柱脚通过 4 个地脚螺栓紧固于基础上,计算中假定铰接,认为柱脚不承受弯矩。

对于大、中型矿井(井架安全等级为一级),地基计算应包括以下三项内容:① 承载力计算;② 变形计算;③ 抗滑稳定性验算。其承载力的确定必须通过荷载试验、理论公式计算及其他原位试验方法确定。对于小型矿井(井架安全等级为二级),是否进行变形验算及地基承载力确定方法,按《建筑地基基础设计规范》(GB 50007—2011)的要求处理。

（二）地基承载力计算

基础形状及受力情况如图 3-13 所示。设在某种荷载组合作用下,柱脚对于基础斜顶面中心 C 的作用力各分量设计值为 F_x、F_y、F_z。F_x、F_y、F_z 可由上部结构内力分析得出。上述作用力对底面中心 O 取矩,则有:

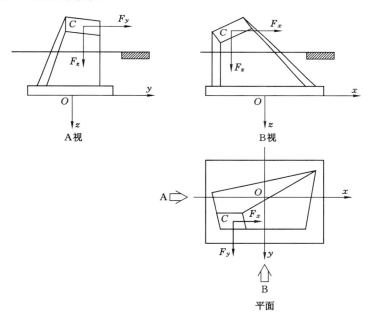

图 3-13　斜架基础形状与受力

$$\begin{cases} M_x = y_C F_z - z_C F_y \\ M_y = z_C F_x - x_C F_z \end{cases} \tag{3-24}$$

式中　　M_x,M_y ——上述作用力关于 O 点力矩的 x、y 轴分量设计值(绕 x 轴、y 轴力矩设计值);

　　　　x_C,y_C,z_C ——C 点 x、y、z 坐标。

基础自重和上覆土重对基底所产生的偏心作用很小,计算中不计其影响。基础底面任一点 (x,y) 的压应力设计值 $p(x,y)$ 可表示为:

$$p(x,y) = \frac{G+F_z}{A} + \frac{M_x}{J_x}y + \frac{M_y}{J_y}x \tag{3-25}$$

式中　G——基础自重和上覆土重设计值之和，可近似按平均重度 20 kN/m³ 计算；

A——基础底面面积，m²；

J_x——基础底面关于 x 轴的惯性矩，m⁴；

J_y——基础底面关于 y 轴的惯性矩，m⁴。

由式（3-25）可算得基底平均压应力设计值 $\overline{p}$ 及基底边缘最大压应力 p_{max}，对地基进行承载力计算时要求满足以下两个式子：

$$\overline{p} \leqslant f \tag{3-26}$$

$$p_{max} \leqslant 1.2f \tag{3-27}$$

式中　f——地基承载力设计值，即深宽修正后的承载力值。

如果有软弱下卧层，尚需进行下卧层承载力验算，这里不再赘述。

（三）地基变形计算

为了防止在生产过程中引起过大的不均匀沉降，应对相邻柱基（包括斜架柱基与立架柱基之间）的沉降差加以限制，只需验算工作荷载组合情形。建议此项沉降差容许值取 $L/1\,000$，L 为相邻柱基中心距，柱基沉降量按《建筑地基基础设计规范》（GB 50007—2011）计算。

（四）抗滑稳定性验算

柱脚对基础斜顶面的作用下传到基础底面，除引起竖向力及弯矩外，还有对地基的水平力，斜架倾角越小，该项水平力越大。对于断绳事故荷载组合，应当验算地基抗滑稳定性。

抗滑稳定性可近似地按式（3-28）验算。

$$K = \frac{\mu(G_k + F_{kz})}{\sqrt{F_{kx}^2 + F_{ky}^2}} \geqslant 1.2 \tag{3-28}$$

式中　F_{kx}，F_{ky}，F_{kz}——斜架柱脚对于基础斜顶面中心作用力 x、y、z 轴分量标准值；

G_k——基础自重和上覆土重标准值之和，仍可取平均重度 20 kN/m³；

μ——斜架基底与地基土体之间的摩擦系数，按《建筑地基基础设计规范》（GB 50007—2011）取值；

K——抗滑安全系数。

六、钢井架构造要求

为了增大结构刚度，避免因天轮运转时引起过大振动，对各杆件的极限长细比 λ 的取值有如下建议：

（1）对于主要受压杆件（立架支柱、斜架弦杆、顶梁斜杆、天轮托架压杆等），$\lambda = 100$。

（2）对于次要受压杆件（除上述者外及横向支撑的压杆），$\lambda = 130$。

（3）对于主要受拉杆件（立架及斜架中的主要腹杆），$\lambda = 200$。

（4）对于次要受拉杆件（除上述者外及构造杆件），$\lambda = 300$。

由于提升出的矿物常带有地下水，容易将井架构件弄湿，使金属杆件锈蚀。因此，对于钢井架除了在使用中必须及时涂油防锈蚀外，对构件截面的最小尺寸也有一定的要求，一般应符合下列规定：由角钢组成的受力构件，角钢截面尺寸不应小于 63 mm×8 mm。焊接构造构件（不受力的）截面尺寸不应小于 50 mm×5 mm；铆接构造构件截面尺寸不应小于 63 mm×6 mm。连接受力构件的节点板厚度不小于 8 mm。连接构造构件的节点板厚度不小于 6 mm。

第二节　井　塔

一、概述

井塔是矿井工业场地内的重要塔式工业结构物。随着开采深部矿藏的需要和提升容积大量增加的技术发展，在国内外为适应多绳摩擦轮提升系统而建造的井塔已得到广泛应用。

井塔在井口上承受由矿井提升设备产生的钢丝绳静张力和对提升容器（箕斗或罐笼）起导向作用，这与单绳提升的井架相同。其更显著的特点是多绳提升机置于井塔内的顶端上，井塔承受提升机设备荷载。

井塔材料可由钢筋混凝土、钢或砖石做成。钢筋混凝土井塔可以是现浇、预制、预应力和非预应力结构。目前我国以整体浇筑的钢筋混凝土承重墙式井塔应用最为广泛。其截面有矩形、圆形、多边形等，其中以矩形为最普遍。

多绳提升井塔与单绳提升井塔相比，除摩擦轮自身是一种摩擦保护装置和悬挂数根钢丝绳增大提升能力和深度外，还有以下优点：

（1）由于提升机的尺寸相对小而紧凑，安装在井塔的顶端，因而井塔具有井架、提升机房（大厅）和部分井口房的特征和功能，为此，井塔又称为塔式井架。与此同时，取消了提升机的基础工程，减小了建筑安装工程量和矿井的地表占地面积，给地面生产系统布置创造了良好条件。

（2）由于钢丝绳布置在井塔内，因而排除了受室外大气的影响，并避免了因滚筒缠绕而造成的钢丝绳迅速磨损。

（3）如果能与施工单位密切配合，将凿井设备临时安装在井塔的下层，在凿井的同时继续建造井塔的上部，就有可能取消凿井用的凿井井架等。

但井塔也有其缺点：建造井塔时占用井口时间较长；自重大；井塔地基处理比较复杂；对井塔结构和施工技术要求较高；需要装设专门的起重设备和电梯；提升机和钢丝绳安装与检修等工作比较困难；地震区的影响等。因而近期以来，有些开采深部矿藏的大型矿井，尤其是主井，为了避免因建造井塔所带来的一些问题及有利于抗震，采用了落地式多绳提升井架。当然这种井架也有其缺点：耗钢量大，总成本略高；提升钢丝绳外露受大气、雨、雪的不利影响；钢丝绳弯曲次数增多，对其寿命不利；地面拥挤，使平面布置复杂等。

结合我国的实际情况，井塔的优越性还是很大的，特别是在节省钢材和耐久性方面更显示出其经济合理性。

设计井塔的建筑结构时，除了应了解一般性资料，如工程地质、地震烈度、气象、水暖卫生要求、施工方法等，还应取得有关提升系统工艺、设备布置图、井筒平面布置图及深度；提升容器简图、自重、载重；单容器时还应有平衡锤资料；箕斗提升时应有箕斗卸载曲轨，卸煤标高，受煤仓容量、位置及仓口尺寸，给煤设备，胶带输送机布置；罐笼提升时，应有上、下人的平台，下长材料方式，井口操作设备布置图，井口摇台或支罐机的安装关系图；井塔与井口房的关系；有关罐道系统的资料，包括罐道类型、尺寸及其安装固定方式；钢丝绳罐道的悬挂装置及调绳装置，提升速度、过卷高度、过卷安全装置（楔形木罐道、防撞梁等）；提升机型号、钢丝绳规格、钢丝绳根数、终端荷载；提升机及其主要部件——主轮、制动器、减速机、导轮、油站等的安装图；主电动机型号及其安装图；电气设备布置及其安装尺寸，设备最大轮廓尺寸、最大部件重量及安装起吊方式;电梯安装资料;矿井通风方式;对井塔有无密闭要求等。

多绳提升井塔早在 20 世纪初就已出现,20 年代开始在西欧各国大量建造的主要是敞开式钢结构井塔。50 年代起在苏联及一些东欧国家较多采用钢筋混凝土井塔,井塔高度最低为 25 m,最高已超过 100 m,平面尺寸最小为 6 m×7 m,最大达 36 m×36 m 以上。

在矿井工业场地内井塔占有显著地位而引人注目。因此,必须精心设计井塔,科学计算,合理选用材料和结构形式,尽量节约钢材,做到技术先进,经济合理,安全适用,确保质量和美观大方。

二、井塔的组成和布置

(一) 井塔的组成

井塔由提升机大厅、塔身和基础三个部分组成,形成一座直立的高耸空间结构。

提升机大厅位于井塔头部,一般除安装必需的提升机、减速机、电动机和其他电控设备外,还装有供安装、操纵和检修用的吊车和电梯,因此是平面布置的关键,而塔身其他各层则必须协调地兼顾到,特别是井口平面层,提升机大厅的平面形状、尺寸及结构形式可以与塔身一致,必要时也可以不一致。

塔身是指从基础顶面至提升机大厅下面的一段结构,是井塔的主体结构。通常可以做成矩形或圆形的钢筋混凝土箱形结构或外箱形内框架等结构。塔身内部是多层结构,除了井口平面层外,还有包括导向轮层在内的安放电气设备及有关设施的其他各层,各层均设有梯子和电梯间。

基础应根据井塔要求和工程地质条件经综合对比确定其结构形式,一般分为与井筒脱开的基础和设置在井筒上的井颈基础。与井筒脱开的基础可埋置在天然地基、加固地基或各种桩基上,有带形基础、箱形基础及筏形基础等。井颈基础有倒锥壳、倒锥(方形或圆形)台及悬挑牛腿等结构形式。

(二) 竖向布置

井塔竖向布置首先要确定井塔高度,而主要是确定提升机主轮轴中心高度、提升机大厅高度、导向轮层高度以及底层和中间各层高度。这些都取决于工艺设计提供的提升系统图,同时要考虑井塔内的各种罐道系统,电控设备布置,提升容器在安装、检修或更换时进出井塔的方式。对主井箕斗用的井塔,应考虑备用箕斗存放位置;对副井罐笼用的井塔,必须考虑往井下运送长材料的方式;对用作回风井的井塔,还要顾及因要求密闭而引起井塔竖向布置上的问题。

1. 提升机主轮轴中心高度的组成

有导向轮的提升装置,其井塔内提升机主轮轴中心高度 H_1(自井口算起)基本上由五个部分组成(图 3-14):由受煤仓卸煤溜槽上口(主井)或出车轨面高、提升容器高度、提升容器在事故时的过卷扬段、防撞梁底面至导向轮轴中心及导向轮轴中心至提升机轮轴中心的距离等各段高,可用式(3-29)确定。

$$H_1 = h_1 + h_2 + h_3 + h_4 + h_5 \qquad (3-29)$$

式中 h_1——罐笼提升时井口至出车轨面的高度。多层出车时应是底层出车轨面。通常出车轨面均为地面,$h_1 = 0$;箕斗提升时,h_1 为井口至受煤仓卸煤溜槽上口的高度,即卸煤标高,m。

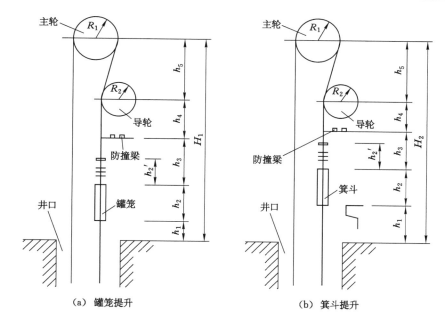

图 3-14　井塔提升机主轮轴中心高度组成示意图

h_2——提升容器(箕斗、罐笼)自身的高度,m。

h_3——事故过卷高度,即提升容器正常停放位置时其上缘至防撞梁底面的距离,m。

h_4——防撞梁底面到导向轮轴中心的距离(当无导向轮时则为到提升机主轮轴中心)。应满足:$h_4 \geqslant h'_2 + (0.75 \sim 0.9)R_2$(或 R_1)。h'_2 为提升容器上缘至悬挂装置绳卡上缘的距离;R_1、R_2 分别为提升机主轮及导向轮的半径,在小直径时采用系数的较大值,反之采用较小值,m。

h_5——导向轮轴中心至主轮轴中心的高度,m。

2. 提升机大厅的高度

提升机大厅的高度 H_2 是指由室内地面到屋顶承重结构下表面的距离,除要考虑提升机主轮、基础台及桥式吊车自身要求的高度外,还要顾及起吊、起重绳扣及吊车最上缘所需的净空高度,具体由式(3-30)确定(图 3-15)。

$$H_2 = L_1 + L_2 + L_3 + L_4 + L_5 + L_6 \tag{3-30}$$

式中　L_1——地面上部提升机基础台的高度,取 $0.2 \sim 0.5$ m。

L_2——吊车运行时起吊高度,取 $0.2 \sim 0.5$ m。

L_3——提升机主轮的最大高度,m。

L_4——吊车起重绳扣的计算高度,取 $1.0 \sim 1.5$ m,根据被吊设备大小而定。

L_5——桥式吊车要求的高度。

L_6——桥式吊车最上缘与屋顶承重结构下表面的净空,主要考虑施工偏差及屋面构件挠度等因素,最小值取 0.2 m。

$$L_5 = m_1 + m_2$$

式中　m_1——吊钩处于上部极限位置时由吊钩中心至吊车梁轨面之间的距离,m。

m_2——吊车梁轨面至桥式吊车最上缘之间的距离,由吊车规格表查得,m。

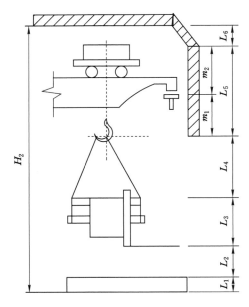

图 3-15　提升机大厅高度的确定

在确定提升机大厅的高度时,为了便于吊装重物并保证安全,设计中务必选择好安装孔或吊装大门的位置,使重物的吊装尽量避免跨越已安装的设备。当必须跨越时,应使重物与设备之间的净空不小于 0.5 m。此时式(3-30)中的 L_1 与 L_2 应按实际数值计算,并核算 L_3 值是否满足要求。

另外,当电梯间位于吊车行走范围内时,应使桥式吊车本身与电梯间顶部的电梯驱动装置和电控设备之间的净空不小于 0.2 m。如果采用其他简易方法起吊,提升机大厅的高度可根据实际情况参照上述方法确定。

3. 导向轮层的高度

导向轮层的高度 H_3 除要考虑导向轮轴中心至该层楼面的高度外,还要考虑导向轮的安装、更换以及提升机支承大梁所需要的空间。导向轮层的高度的组成(图 3-16)见式(3-31)。

$$H_3 = Z_1 + Z_2 + h_{4b} = Z_1 + Z_3 \qquad (3-31)$$

式中　Z_1——提升机支承梁的实际高度,m。

Z_2——导向轮轴承的安装检修高度,一般不小于 0.5 m。

Z_3——提升机支承梁底面至导向轮层楼面的高度,应满足导向轮安装和更换的需要,一般 $Z_3 \geqslant 2R_2 + 0.5$ m。

h_{4b}——导向轮轴中心至导向轮层楼面的高度。它可以根据具体情况采用将导向轮轴承座固定于支架上或直接放在楼板支承梁上两种固定方式。用支架抬起的方式,可以使楼板不开大孔洞,仅设置若干出绳孔,以利于密闭。

导向轮层高 H_3 一般取 5~7 m。当导向轮层布置有机电设备时,尚应满足机电设备对层高的要求。

防撞梁底面至导向轮层楼面之间的距离 h_{4a} 与罐道类型及防撞梁的装设方式有关。当为刚性罐道时,可将防撞梁直接设在导向轮层的梁底;当为钢丝绳罐道时,因需要考虑安装检修钢丝绳固定装置和人行通道,防撞梁顶面与导向轮层的梁底之间应有不小于 1.7~2.0

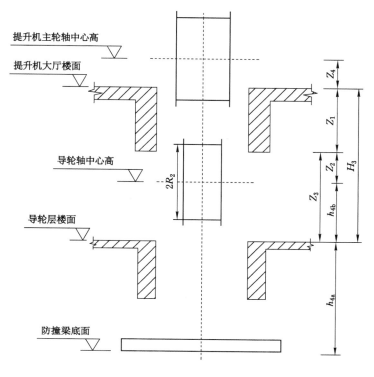

图 3-16 导向轮层的高度

m 的净空。当有其他设备布置时,通常设置单独的楼层,否则可仅设局部的平台。

提升机主轮轴中心至大厅楼面的距离 Z_4,可根据具体情况采用将提升机轴承座嵌进支承梁或放在支承梁之上两种构造方式。前者相应要下降减速机和电动机的底座,并在其下部楼板开大孔洞;后者则构造简单,不需开孔,但 Z_4 值较大。

4. 井塔底层和中间各层的高度

在井塔底层的生产工艺布置确定之后,底层高度主要取决于提升容器安装和更换时所需要的净空,在设计中应力求最小。采取将提升容器平卧进入井塔并随进随在其一端吊起,逐步起立的安装方法,降低井塔大门洞高度及楼层高度,目的是使底层承重结构的计算高度减小,提高其稳定性,改善受力状态。另外,有的矿井将备用箕斗存放在井塔底层,以便缩短更换时间。这种方式使底层局部面积上的层高增加,但充分利用了井塔底层面积。

其他中间各楼层无特殊要求,其高度可根据设备布置、楼梯、开窗、套架分段固定要求以及塔身结构的稳定性等确定。层高一般为 4.0~8.0 m,并应尽量使各层高度相同,避免相差悬殊。

(三)平面布置

井塔各层平面布置,主要应满足各种工艺设备合理布置的要求,并全面、综合地紧密联系和考虑竖向剖面、建筑立面以及井筒位置、垂直交通、吊装孔等,创造满足生产和使用的工作条件。另外,由于井塔顶端内提升机大厅的功能可相当于井架头部及提升机房,往往支配着井塔的其他各个部位,因而提升机大厅的布置就成为整个井塔平面布置的关键,在确定提升机大厅平面的同时必须兼顾井塔的其他各层,特别是井口平面层,这样才能从整体上获得协调的布局。

1. 提升机大厅的平面布置

在提升容器中心(提升钢丝绳中心)既定的条件下,提升机滚筒的位置应与提升容器的位置相对应,滚筒两侧的提升钢丝绳中往往有一侧还要通过导向轮,然后才与提升容器悬挂装置相连接。提升机的传动装置和驱动装置(包括减速机和电动机)可以放在滚筒(主机)的左侧或右侧,半自动或手动操作的司机台可以灵活地布置在主机前后,但是最好不要与导向轮放在同一侧,以免相互干扰。

当有两台或两台以上提升机时(图 3-17),提升机大厅的布置就复杂些。应进行方案比较,确定采用同层布置或分层布置。同层布置可降低井塔高度及共用一台安装检修吊车,但要增大这一层的面积,并有信号相互干扰现象。分层布置虽然可克服上述不足,但是需增加井塔高度,且下层提升机无法使用桥式吊车,两台提升机同层布置方案如图 3-18 所示。

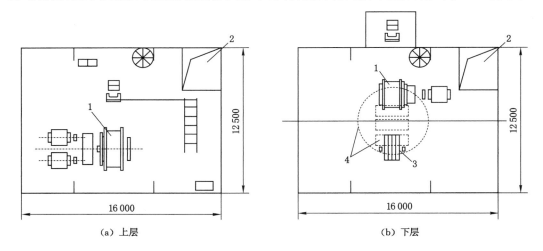

(a) 上层	(b) 下层

1—提升设备;2—电梯;3—上层提升机的导向轮;4—虚线表示井筒及提升容器位置。

图 3-17　两台提升机分层布置方案

提升机大厅的平面设计应考虑电梯间、楼梯位置、设备安装方式、安装路线及检修场地等。电梯间一般布置在塔体内靠墙一角,其出入口方位应避开设备检修吊装位置。辅助楼梯位置应力求在同一垂直面并尽量靠近电梯间,以方便人行。对于井塔高度在 25 m 以下而不设电梯时,应单独设楼梯间,楼梯可以是钢的也可以是钢筋混凝土的。

为设备升降用的吊装孔可以有以下三种布置方式:

(1) 塔内吊装孔,在塔内各层楼板同一部位设预留大孔,平时盖紧洞口加栏杆,可供各层设备的吊装。

(2) 侧墙安装孔塔外吊装,在提升机大厅侧墙上开孔,设置屋面挑出的起重梁,吊装设备经过侧墙平移入内。

(3) 提升机大厅利用悬挑部分开水平吊装孔,设备从塔外吊装。

此外,主要设备外缘与建筑物墙面之间应留有 1.0~1.2 m 通道。司机台背后允许通过时一般不小于 0.8 m,电动机端部与墙面之间的净距最好能满足检修电机抽芯的要求,其他电气设备与墙面之间应保持 0.8 m 以上的净距。

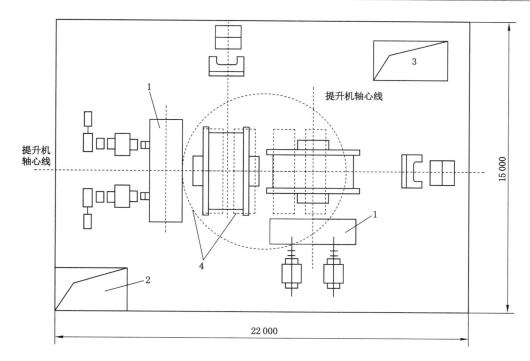

1—提升设备;2—电梯;3—安装孔;4—虚线表示井筒及提升容器位置。

图 3-18　两台提升机同层布置方案

提升机大厅的平面尺寸一般要比塔身的其他各层大,因而大厅平面往往两侧悬挑出井塔塔身以外,但是为了降低施工的复杂程度,可以局部悬挑来满足设备布置要求。

2. 井口平面层的布置

井口平面层(井塔底层)与提升容器的种类有关,一般是主井用箕斗提升矿物,副井用罐笼升降人员和材料。由于用途不同,其布置分叙如下:

(1)主井井塔的井口平面要考虑运载煤炭或其他矿物的胶带输送机尾部所在的房间宜与井口其他房间隔断,需开设供安装箕斗用的大门洞,并直接与箕斗间相连通或留出安放备用箕斗的空间,井口除了提升容器通过的地方以外,都必须以活动的或固定的盖板加以遮盖。

(2)副井井塔的井口平面要考虑人员上、下罐笼的路线,布置井口平台,为了安装和维修井口操车设备(进车侧为推车机,出车侧为阻车器),往往设有半地下层,信号室一般布置在进车侧,并应使其有良好的视野和隔音措施。当有空气加热设备时,尚须在井塔的下部留出冷热风室的地方,一般电梯间、吊装孔设在出车侧,底层平面应与井口房的设计相结合。

3. 其他各层的平面布置

在井塔的其他各楼层内,除导向轮外大部分空间被电气设备所占用。一般情况下,凡是在运转中发出噪声(如电阻器开关、通风机等)或发热量较大的机电设备,应尽量远离提升机大厅的司机台,而布置在隔一层的楼层内。为减少噪声干扰和振动,变流机组应尽量布置在井塔的下部或外部,其他与提升机相关的机电设备应尽量布置在靠近提升机大厅的楼层内和同一垂直面上,以方便管理和节省电缆管线,塔身各层平面图如图 3-19 所示。

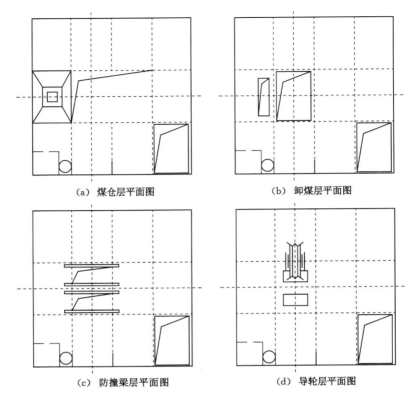

（a）煤仓层平面图　　　　　　　　（b）卸煤层平面图

（c）防撞梁层平面图　　　　　　　（d）导轮层平面图

图 3-19　A 型经塔塔身各层平面图

三、井塔结构形式与选型

井塔结构形式的确定要根据具体情况因时因地加以对比分析,因为它的影响因素较多,如平面布局、高度、工艺设备布置、矿井通风方式、气候条件、地震烈度、地基条件、服务年限、材料供应、施工技术与工期等。

井塔可采用钢筋混凝土结构,也可以采用钢结构。国内外经验都表明:用滑动模板施工的钢筋混凝土井塔是比较经济合理的。

塔身部分是井塔的主体结构,井塔结构的基本形式和优缺点分述如下:

（1）钢筋混凝土箱形（矩形）结构是目前井塔广泛采用的形式。其优点是设备布置方便,面积利用率高,承载能力及刚度均较大,结构安全度较高,滑模施工方便。

其缺点是风载体型系数较大,对基础受力不利,特别是当基础采用井颈基础时,由于井塔平面是矩形,井颈为圆形,给基础设计带来一定的困难。

由于具有上述优点,设计选型时,可优先考虑采用箱形结构,特别是在井塔有密闭或防寒要求、井塔地基不良以及抗震设防烈度大于或等于 8 度情况下。

（2）钢筋混凝土圆筒形井塔的优点是在面积相同情况下,圆形平面的塔身材料消耗比矩形平面少 10%～15%,圆形井塔各向刚度均匀,对承受任意方向的地震作用较为有利,风载体型系数小。在不良地基情况下采用井颈基础时,圆筒形结构与井颈协调较好,基础构造较简单,采用滑模施工较方便。

它的缺点是对设备布置限制较多,不如矩形方便,建筑面积难以充分利用。特别是当提升机大厅采用悬挑结构时,结构处理和施工难度较大。

根据以上情况,圆筒形井塔可用于以井颈作为基础及地震烈度大于 8 度的地震区。

（3）钢筋混凝土框架结构,可以在生产允许不设围护结构时采用,但是也可以根据情况设合适的填充墙。

它的优点是较箱形结构省料,结构延性较好,设备安装方便,下部开敞,对井下水气逸散有利,对提升机大厅悬挑结构设计与施工均较方便。它的缺点是刚度较差,振动较大,滑模施工较困难。

（4）钢筋混凝土外箱内框结构是塔身外部为钢筋混凝土箱形结构,内部由框架构成。箱筒与框架之间由钢筋混凝土梁板整体连接,形成箱框混合结构。

这种结构主要使用于箱形井塔平面尺寸较大时,减小楼面主梁跨度,从而减小主梁内力,并解决主梁跨度大、滑模施工困难等问题。在井塔内根据结构设计需要,设置一定数量的附壁墙柱形成内框架系统。此框架系统可作为罐道系统的套架使用,内框架将承担部分垂直荷载,水平荷载全部由外箱负担。这种结构的优缺点和适用范围基本与钢筋混凝土箱形结构相同。但是在结构设计中要使井塔外箱与设在井筒上的内框架的地基沉降相等,以避免楼面梁与井塔壁板由于沉降不均匀而引起的附加内力。该结构适用于岩石地基,钢筋混凝土箱形、筏式基础及井颈基础等情况。

（5）钢筋混凝土外框内箱结构。当生产仅要求井塔套架部分封闭,其他部分允许敞开时,可考虑将套架做成封闭的箱形结构,其他部分设计成框架形式,形成外框内箱或称框筒结构。外框内箱可以是内外均为矩形、内外均为圆形与外圆内矩形。

四、井塔建筑要求和处理

井塔是采矿工业场地的主要建筑物,不仅要求其适用、经济,还宜利用一定的物质技术手段,在可能的条件下使立面美观。设计中应注意结构的体型和外形比例、门窗的合理组合和墙面的恰当划分,在满足功能技术条件的前提下,尽可能调整得既整齐统一,又富有节奏变化和雕塑感,并注意材料质感和色彩的选配。

井塔既然是为煤炭生产服务的,在内部功能使用上就必须满足生产工艺对建筑提出的要求。提升机大厅和电控设备室为了能保证室内的洁净和卫生要求,其楼面一般采用水磨石或其他面砖,内墙面抹灰粉刷并设油漆墙裙。当提升机大厅高度大于 25 m 时,宜设水冲式厕所,厕所也可以设在大厅的下一层。炎热地区井塔要注意隔热通风,提升机大厅屋面应有隔热层,墙厚不能满足隔热要求时需设隔热层,对设备发热量较大的楼层应设置机械通风。其他楼层的地面可用水泥砂浆抹面,墙面刷白。整流机组在运转过程中会发出较大的噪声,为了减少噪声的影响,对设置直流发电机组的楼层应考虑采取隔音和通风措施。

井塔的门窗,在底层的大门宜采用钢木大门或卷帘门,多雨地区宜用钢窗,提升机大厅、电控设备室可考虑设纱窗。窗孔面积要大于房间面积的 1/5,其他房间窗孔面积宜为房间面积的 1/5～1/6,提升机大厅窗孔应避免正对人工操纵台。

要注意井塔内联系各层的垂直交通,当井塔设置电梯时,楼梯便是辅助通道,坡度可取 60°,仅在经常有上下人的层间取较缓的坡度,宽度不宜小于 700 mm。井塔不设电梯时,楼梯是主要通道,坡度不宜大于 45°,宽度不宜小于 850 mm,楼梯可采用普通钢梯、钢筋混凝土现浇、预制楼梯或螺旋式钢梯,并可以考虑设置单独的楼梯间。

对不要求通风密闭的井塔,为了防止井筒内的潮气上升结露和矿石粉尘污染,应在设置主要电气设备的楼层和卸矿楼层采取隔离措施,如在相应楼层处将套架封闭或将主要电气设备间封闭。

井塔室内的采暖温度和墙面保温。寒冷地区提升机大厅、电控设备室(包括可控硅变流装置室)、候罐室、井口讯号室宜设采暖设施,采暖温度取 15 ℃左右,其他房间为 5 ℃以上,井塔内墙面宜设保温层,保温材料可采用 1∶5 水泥蛭石或 1∶10 水泥珍珠岩,厚度按热工计算决定。

照明与防雷设施。提升机大厅除一般照明外,为了增加操纵台和提升机大厅的局部亮度,可设投射式照明。在井塔顶端应设避雷针,接地引下线不少于 2 根,接地电阻不大于 10 Ω,高度大于 40 m 的井塔应设安全讯号标志灯。

安装检修提升容器的起重设备,在井塔底层为了安装检修箕斗或罐笼,必须有起重设备,配合工艺要求,根据容器大小及起重方式采用相应的起重设备与建筑结构上的措施。

五、井塔的荷载作用

井塔结构设计的各项荷载取值,针对井塔的特点,除按本节补充叙述的内容外,均按《建筑结构荷载规范》(GB 50009—2012)的有关条文取值。

井塔的结构设计应考虑下列荷载:

(1) 永久荷载(恒荷载):井塔结构自重、内套架自重、设备自重。

(2) 可变荷载(活荷载):提升钢丝绳最大静张力产生的荷载、导向轮荷载、提升容器在起动和制动时作用在导向内套架上的荷载、提升机制动时产生的荷载、起动力矩产生的荷载、电磁引力产生的荷载、钢丝绳罐道荷载、煤仓荷载、吊装荷载、楼(屋)面活荷载、风荷载、雪荷载等。

(3) 偶然荷载:提升容器向上运行发生卡罐或碰撞时产生的特殊(事故)荷载、过卷时容器撞至防撞梁荷载、防坠装置制动荷载、防撞梁下楔形罐道上的荷载、碰撞及断绳后容器作用至罐托荷载、地震作用、支座沉陷等。

作用在井塔上的全部荷载可以按静力计算假定为静荷载,动力作用的影响一般可以通过引入动力系数或采用提升机制造厂家提供的数据来考虑。

为计算简捷,作用在井塔上的荷载可分为工作荷载和特殊荷载,对于工作荷载状况,应考虑提升机正常工作时可能出现的各类荷载的组合,同时必须对安装阶段和特殊工作状态(如挂绳、换绳及支座条件变化等)出现的荷载进行验算,只有在特殊状态时才可能出现特殊荷载。也就是说,工作荷载指的是在正常提升时的工作状态,矿井提升设备(箕斗或罐笼)作用在井塔上的荷载,包括所有自重和可变荷载;特殊荷载是指提升容器在井筒中向上运行时发生卡罐或碰撞时产生的荷载。

(一) 井塔结构自重、主要设备自重及内套架自重

1. 井塔结构自重

井塔结构自重的精确值,应按井塔梁板柱及壁板等结构的实际断面进行计算。但是由于井塔的结构形式和生产工艺要求不同,计算结果出入比较大。下面介绍两种近似的估算方法供设计时参考。

按建筑体积:

$$G = kV \tag{3-32}$$

式中　G——井塔结构自重，kN；

　　　　V——井塔总建筑体积，m^3；

　　　　k——荷载系数，按表 3-4 选用，kN/m^3。

表 3-4　井塔自重荷载系数 k

结构形式	建筑材料	$k/(kN/m^3)$
箱形、圆筒形结构（包括矩形、圆形、八角形）	钢筋混凝土	3～4
框架结构	钢筋混凝土	2～3

注：表中钢筋混凝土框架结构未包括围护结构重力。

按建筑高度，井塔的每米高度重力详见表 3-5。

根据井塔的平面形状和位置、提升机大厅的悬挑、受煤仓容量及其偏心等情况，井塔结构自重对井筒中心的偏心距一般可取 0.4～1.0 m。

表 3-5　井塔每米高度重力

井塔类型	高度/m	提升机台数	每米高度重力/(kN/m)
箕斗提升井塔	≥40	1	400～600
		2	500～700
罐笼提升井塔	≤40	1	600～800
		2	800～1 000

2. 主要设备自重

主要设备包括提升机、减速机及电动机等机电设备，其重力由产品样本或工艺提供。重力不大的设备，其荷重已包括在楼面活荷载中（表 3-6），不需要另外计算。

表 3-6　井塔楼面均布活荷载

楼层名称	提升机直径/m	楼面均布活荷载/(kN/m²)	附注
提升机层	≤2.25	10	1. 用于正常工作情况下的楼板、次梁和主梁的计算；
	2.8,3.25	15	2. 当有两台以上的提升机时按较大的一台取值；
	3.5,4.0	20	3. 用于发生事故情况下的提升机，减速机和电动机支承梁的计算设备同上
	各种直径	2	
		4	
导向轮及有重设备的楼层	各种直径	6	
有凿井设备的楼层或井口楼（地）面	各种直径	10	
有一般设备和人群的楼层	各种直径	4	

注：1. 计算壁板、框架和基础梁时，各楼层均按 4.000 kN/m² 取值，而不再分层折减。

　　 2. 计算大厅次梁时要考虑重型设备的重力有可能同时集中作用在 2 根梁上。

3. 内套架自重

内套架按形式可分为分段式和整体式；按材料可分为钢结构和钢筋混凝土结构。自重按下式计算：

$$G = nH \tag{3-33}$$

式中　G——内套架自重,kN;

　　　H——内套架高度,m;

　　　n——内套架荷载系数按表 3-7 选用,kN/m。

表 3-7　内套架自重荷载系数

结构形式	建筑材料	$n/(\text{kN/m})$
分段式	钢	3～4
整体式	钢	4～5
整体式	钢筋混凝土	20～30

注:表中 n 值适用于 1 台提升机的井塔;当井塔上为 2 台提升机时,表中 n 值应乘以 1.5。

(二)楼面和屋面活荷载

1.楼面活荷载

井塔楼面均布活荷载的标准值按表 3-7 选用。

2.屋面活荷载

通常上人的平屋面考虑该项荷载,取均布活荷载的标准值为 1.5 kN/m²,但如果屋面有设置起重设施的可能时,就还要按实际的荷载进行验算。

(三)风荷载

井塔属于高耸结构物,风荷载作用显得十分重要。风从不同方向吹向井塔,因而使井塔构件产生不同的内力,计算时应取最不利的情况作为依据。为方便计算,可先将风荷载按坐标系 x 轴方向风载和 y 轴方向风载计算。

根据《建筑结构荷载规范》(GB 50009—2012)的规定,作用在井塔表面上的风荷载 W 应按式(3-34)计算。

$$W = \mu_s \mu_z \beta_z W_0 \tag{3-34}$$

式中　W_0——基本风压。考虑到井塔在矿井生产中的重要性,重现期由 30 年提高为 75 年的基本风压值,应按《建筑结构荷载规范》(GB 50009—2012)中全国基本风压分布图的规定值乘以 1.15。

　　　μ_s——风载体型系数,可查荷载规范。敞开式的框架形井塔,应考虑在生产后期是否有增设围护结构的可能性,选取其相应的风载体型系数。

　　　μ_z——风压高度变化系数,按地面粗糙度分为 A、B、C、D 四类,按《建筑结构荷载规范》(GB 50009—2012)表 8.2.1 采用。

　　　β_z——高度 z 处的风振系数。其计算步骤为:先分别计算 x、y 轴方向井塔的基本自振周期 T,当 $T \geqslant 0.25$ s 时,就需考虑脉动风压和空间相关性等的影响,分别查表并计算风振系数 β_z,此时可仅考虑第一振型的影响;当井塔的质量、刚度沿高度分布极不均匀时,则要考虑多个振型的影响,此时应先求出各振型风力作用的各截面内力,然后确定总内力。

(四)井塔上主要设备的荷载

1.主要设备的工作荷载

(1)提升机主轮作用于楼盖的荷载

提升机是井塔内最主要的设备,是由主摩擦轮、轴承及底座等部分组成的。提升机属于低频旋转设备,转速一般均在 200 r/min 以下,可不做动力计算,其重力应根据型号确定,计算自重时应乘以动力系数 1.1。设备在支承梁上的荷载分布情况一般由设备制造厂提供。

① 提升机主摩擦轮的工作荷载。

a. 罐笼提升时,考虑上升与下降容器均为满载的最不利情况。

$$N = 1.5(S_{max} \times 2) \tag{3-35}$$

b. 箕斗提升时,

$$N = 1.5\left[2S_{min} + q_4\left(1 + f + \frac{a}{g}\right)\right] \tag{3-36}$$

式中　f——运行阻力系数,取 0.1;

　　　a——提升加速度,m/s^2;

　　　g——重力加速度,m/s^2。

上面两式中,N 为提升钢丝绳工作荷载,作用于主摩擦轮的中心,根据其与两侧轴承的不同距离分配到两侧底座,1.5 为动力系数。S_{max} 与 S_{min} 分别为提升钢丝绳的最大静张力和最小静张力,一般由工艺按式(3-37)和式(3-38)计算得出。

$$S_{max} = q_1 + q_2 + q_3 + q_4 \tag{3-37}$$

$$S_{min} = q_1 + q_2 + q_3 \tag{3-38}$$

式中　q_1——提升钢丝绳自身的重力(根数×长度×每米绳重),kN;

　　　q_2——平衡尾绳自重(根数×长度×每米绳重),kN;

　　　q_3——提升容器自重,kN;

　　　q_4——提升容器最大载重,kN。

在提升机运行时,主摩擦轮两侧上升、下降的罐笼,实际上存在着与罐道之间的摩阻力和加速度的惯性力,但是因考虑上升侧与下降侧相互抵消,故在式(3-35)中不予计入。然而在提升与下降箕斗时,箕斗与罐道间的摩阻力和惯性力则要按式(3-36)计入。箕斗提升也可以近似按式(3-35)计算,这样计算可以简便些,但偏安全。

② 提升机主摩擦轮的紧急制动荷载。

提升机紧急制动时,主摩擦轮上制动闸作用于其底座下支承梁上的最大制动力 P_1 (图 3-20)按式(3-39)计算。

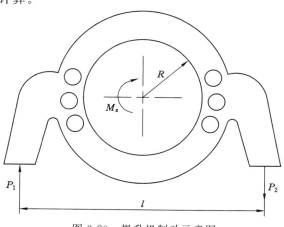

图 3-20　提升机制动示意图

$$P_1 = \pm \frac{M_z}{l} \tag{3-39}$$

式中 M_z——最大制动力矩,由制造厂提供。当无数据时,可按 $3M$ 考虑(M 为主摩擦轮工作静力矩)。$M = (S_{\max} - S_{\min})R = q_4 R$,kN/m。

R——主摩擦轮半径,m。

L——主摩擦轮制动器底座着力点之间的距离,m。

式(3-35)、式(3-36)、式(3-39)均不包括提升机主摩擦轮自重。

(2)减速机的正常工作荷载

当提升机正常运转时,由于减速机与主摩擦轮紧密相连,作用于支承梁上的荷载,除设备自重外,还有主轮上的工作静力矩在减速机支承梁上引起的作用力(图 3-21)。

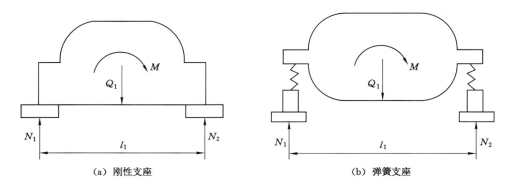

（a）刚性支座　　　　　　　　　　（b）弹簧支座

图 3-21　减速机示意图

$$N_1(N_2) = \frac{K Q_1}{2} \pm \frac{M}{l_1} \tag{3-40}$$

式中 N_1,N_2——减速机作用于支承梁上的反力,kN。

Q_1——减速机设备自重,kN。

l_1——减速机支座间的距离,m。

K——动力系数,弹簧支座取 1.3,刚性支座取 1.5。

M——提升机主摩擦轮工作静力矩(启动时的转矩),由工艺提供,kN/m。

(3)电动机的正常工作荷载

电动机及发电机组(直流驱动时)因转速均在 400 r/min 以上,属于中频旋转,故其支承梁除进行静力计算外,还宜进行动力验算。

电动机作用于支承结构上的荷载,一般按厂家或工艺提供的基础图上的数据取值。在没有上述数据时可按式(3-41)计算(图 3-22)。

$$N_3(N_4) = \frac{1.3 Q_2}{2} \pm \frac{M_A}{l_2} \tag{3-41}$$

式中 Q_2——电动机设备自重,kN;

l_2——电动机支座间的距离,m;

M_A——电动机的额定扭矩,kN/m。

2. 主要设备的特殊(事故)荷载

(1)提升机主轮的特殊荷载

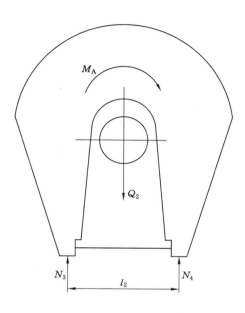

图 3-22 电动机示意图

这里所说的特殊荷载指的是事故荷载,即在提升容器全速提升过程中,意外地受到包括罐道、罐道梁或井壁等不正常结构突出的某种阻碍,而使提升容器突然卡住,或者由于电控失灵,引起容器过卷而被楔形罐道和防撞梁卡住。这时由于巨大的减速使容器产生很大的动力,导致一侧钢丝绳被"拉断",并引起另一侧的荷载增大。因此事故荷载的取值,无论采用何种方法,都宜大于提升侧全部钢丝绳的拉断力。可见,事故荷载对支承结构的设计起着控制作用。目前在我国,提升机主摩擦轮的事故荷载大多数按式(3-42)计算。

$$P = (1.25 \sim 1.5)T \tag{3-42}$$

式中 P——提升机主摩擦轮作用于支承结构的总事故(特殊)荷载,kN;

T——主摩擦轮一侧所有钢丝绳的破断力总和(取整根钢丝绳破断力),kN;

1.25~1.5——断绳系数,到目前为止国内外尚缺乏对断绳系数的统一取值,建议采用 1.33。

事故荷载是一个瞬间动力荷载,由于动能的迅速衰减,其传力限制在一定的范围内。在实际设计中,事故荷载对直接支承提升机的梁(含框架梁)按 100%,直接支承柱按 70% 计算,但不传至其他层的梁柱上。箱形井塔只考虑传至支承提升机的梁端板壁上,而不传至下部结构。

(2)减速机的事故荷载

当提升机发生事故时,主摩擦轮的全部事故扭矩传给减速机,此时减速机的事故荷载按式(3-43)计算。

$$N_{1s}(N_{2s}) = \frac{KQ_1}{2} \pm \frac{M_s}{l_1} \tag{3-43}$$

式中符号意义与正常工作荷载相同。M_s 为主摩擦轮的最大事故扭矩(摩擦轮打滑时的数

值),即

$$M_s = S_{\max}(e^{\mu\alpha} - 1)R \tag{3-44a}$$

式中　$S_{\max}$——钢丝绳最大静张力,kN;

　　　R——主摩擦轮的半径,m;

　　　α——钢丝绳与主摩擦轮之间的围抱角,rad;

　　　μ——钢丝绳与衬垫材料之间的摩擦系数,取 0.2～0.6;

　　　e——自然对数的底。

但由于难以取得 μ 的精确值,因此也可以按式[3-44(b)]计算。

$$M_s = \frac{1}{2}TR \tag{3-44b}$$

式中　T——一侧所有钢丝绳的破断力总和,kN。

(3)电动机的事故荷载

$$N_{3a}(N_{4s}) = \frac{1.3\,Q_2}{2} \pm \frac{2.5\,M_A}{l_2} \tag{3-45}$$

式中符号意义与正常工作荷载相同。

(五)井塔上主要设备的荷载效应组合

井塔结构设计应根据使用过程中在结构上可能同时出现的荷载,按承载能力极限状态和正常使用极限状态分别进行荷载效应组合,并取各自的最不利组合进行设计。

1.提升机主摩擦轮的荷载效应组合

当计算提升机支承结构时,应考虑下列两种荷载效应组合情况,其中事故情况往往是起控制作用的。

① 正常工作及紧急制动情况下的荷载效应组合应包括:结构自重、1.1 倍设备自重、正常工作荷载 N、楼面均布活荷载($4.0\ \text{kN/m}^2$)、制动闸的制动力 P_1、减速机支承梁传来的工作荷载 N_1 或 N_2。

② 偶然事故情况下的荷载效应组合应包括:结构自重、1.1 倍设备自重、0.8 倍提升机事故荷载($0.8 \times 1.5T$)、楼面均布活荷载($2.0\ \text{kN/m}^2$)、0.8 倍减速机支承梁传来的事故荷载 N_{1s} 或 N_{2s}(1.1 为动力系数,0.8 为组合系数)。

当有 2 台以上的提升机时只需考虑 1 台有事故情况,其余各台为正常工作情况。

2.减速机(或电动机)的荷载效应组合

① 正常工作情况:由结构自重、减速机(或电动机)正常工作荷载 $N_1(N_2)$[或 $N_3(N_4)$]和楼面均布活荷载 $4.0\ \text{kN/m}^2$ 组成。

② 偶然事故情况:由结构自重、80% 减速机(或电动机)事故荷载 $N_{1s}(N_{2s})$[或 $N_{3s}(N_{4s})$]和楼面均布活荷载 $2.0\ \text{kN/m}^2$ 组成。

(六)导向轮荷载

考虑到钢丝绳的动态影响,导向轮设备自重 Q_3 应乘以动力系数 1.1,垂直作用于支承结构上,提升钢丝绳对导向轮的作用力应按事故荷载 P 考虑,提升钢丝绳作用于导向轮、摩擦轮中心的水平荷载 P_x 和竖向荷载 P_y(图 3-23),分别按式(3-46)和式(3-47)计算。

$$P_x = P\sin\theta \tag{3-46}$$
$$P_y = P - P\cos\theta = P(1 - \cos\theta) \tag{3-47}$$

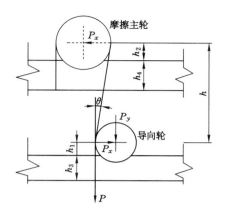

图 3-23　导向轮荷载

式中　P_x——作用于导向轮轴承中心的水平荷载,kN;

　　　P_y——作用于导向轮底座上的竖向荷载,kN;

　　　θ——钢丝绳与垂直线之间的夹角,(°)。

　　当 θ 较大时,水平荷载 P_x 对不同的支承构件和结构分别引起的弯矩(图 3-24)计算如下。

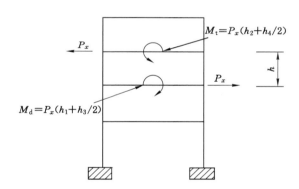

图 3-24　导向轮弯矩图

　　(1)水平荷载作用于导向轮支承梁的弯矩 M_d

$$M_d = P_x\left(h_1 + \frac{h_3}{2}\right) \tag{3-48}$$

式中　h_1——导向轮轴承中心至楼面高度,m;

　　　h_3——导向轮支承梁高度,m。

　　(2)水平荷载作用于提升机支承梁的弯矩 M_t

$$M_t = P_x\left(h_2 + \frac{h_4}{2}\right) \tag{3-49}$$

式中　h_2——主摩擦轮轴承中心至楼面高度,m;

　　　h_4——主摩擦轮支承梁高度,m。

　　(3)水平荷载作用于导向轮层以下塔身的弯矩 M_G

$$M_G \approx P_x h \tag{3-50}$$

式中 h——摩擦轮轴承中心至导向轮轴承中心的距离，m。

（七）罐道系统的荷载

在井塔内套架的结构上，为供提升容器导向，需设置罐道系统。通常有刚性罐道和钢丝绳罐道，还有防撞梁及其以下的楔形罐道等，其工作荷载和特殊荷载情况分述如下。

1. 工作荷载

（1）钢丝绳罐道支承梁的工作荷载

钢丝绳罐道固定在井塔支承梁上并用拉紧装置拉紧（图 3-25）。根据钢丝绳的拉紧方式（有重锤拉紧和弹簧拉紧两种，现采用前者较多）及安装位置，作用在井塔支承梁上的工作荷载 P_2（表 3-8）向下作用于支承梁而传至井塔结构，P_2 是井塔内除提升机外较重的荷载。表中 F 为拉紧荷载，q_{sh} 为每米绳重。

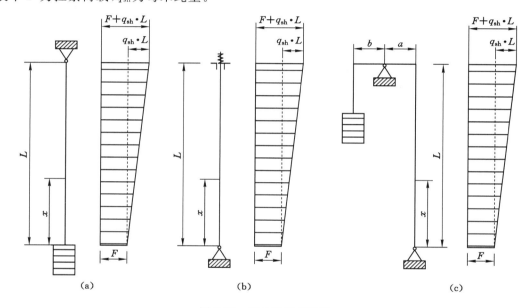

图 3-25　钢丝绳罐道荷载

表 3-8　井塔支承梁上的荷载

拉紧方式及安装位置	作用在井塔支承梁上的荷载 （P_2 以 kN 计，q_{sh} 以 kN/m 计，L 以 m 计）	图号
重锤、弹簧，在井底拉紧	$F+q_{sh}L$	图 3-25(a)
弹簧或螺栓，在井塔支承梁上拉紧	$F+q_{sh}L$	图 3-25(b)
重锤杠杆方式，在井塔支承梁上拉紧	$\left(1+\dfrac{a}{b}\right)(F+q_{sh}L)$	图 3-25(c)

考虑到提升容器的动态影响，P_2 宜乘以动力系数 1.4，钢丝绳罐道支承梁有时还兼作防撞梁。

（2）提升容器在启动和制动时作用在导向装置上的工作荷载

固定导向装置的每一个结构构件均应考虑在提升容器上升到最高工作位置时，在进出车方向作用着水平代换荷载,其值为提升容器重的 1/12。

在安装检修时,经常将提升容器悬挂在罐道梁上,故罐道梁除考虑构造要求外,尚应按悬挂提升容器(包括平衡尾绳)的荷载来计算。

2. 特殊荷载

(1) 提升过卷时提升容器与防撞梁相撞时的事故荷载

不论何种罐道系统,在其上部一般均设防撞梁装置,提升容器向上冲击防撞梁,其冲力传到井塔支承结构。此过卷荷载按静力考虑的下列经验公式计算:

$$P_3 = 4Q \tag{3-51}$$

式中　P_3——向上作用于对称布置的两根防撞梁上的冲力,每根梁承受 $P_3/2$,但若考虑不均匀系数 1.15,则每根梁受力为 $0.575P_3$,kN;

　　　　Q——容器自重加载重,kN。

(2) 防撞梁下楔形罐道上的荷载

过卷时,作用在每一个楔形罐道上且使其破坏的荷载,宜取进入该楔形罐道的提升容器加提升物的重力。

(3) 碰撞及断绳后提升容器作用在罐托上的荷载

此时,罐托承受的荷载等于提升钢丝绳最大静张力的 5 倍。

(八) 吊装荷载

当采用地面上起吊提升机和减速机等的大部件时,安设在井塔上的滑轮组产生的荷载,应按滑轮组的数量及布置进行计算,并乘以动力系数 1.3。

(九) 凿井荷载

对兼作临时凿井用的永久井塔,设计中应根据施工工艺提出的凿井机械设备布置等资料,考虑作用于井塔上的凿井荷载,并对有关若干楼层及塔身进行验算复核,尽可能不改变原结构设计,采用临时加固措施,凿井完毕予以拆除。

由于凿井提升机一般都布置在地面上,因而对井塔作用着水平荷载,其最不利情况应考虑吊桶钢丝绳的拉断力和另一侧钢丝绳的 2 倍工作荷载,对有关楼层和塔身进行验算。

六、塔身结构的静力计算

塔身承重结构有多种形式,不同的结构形式有不同的计算方法。本节以钢筋混凝土箱形为重点阐述塔身结构的计算方法,其楼盖可按井式梁的计算方法查阅有关的书籍和手册。其他结构形式的塔身计算仅予以简述。

(一) 箱形结构井塔塔身计算

箱形结构井塔的塔身是一个空间结构,潜力较大,鉴于应用一般筒体结构理论较难用微型计算机分析其受力状态,通常在工程实践中要做一些假定。这里介绍一种简便的"悬壁箱形梁"分析方法。将整个箱形塔身看作底端嵌固于基础上的悬壁箱形梁进行计算,计算中忽略各层楼板对塔身的约束作用,由于孔洞及其他因素的影响,横截面及其形心沿整个塔高(梁长)是变化的,并符合平面假定,正应力为直线规律分布,可按材料力学公式计算应力。

1. 塔身的整体截面计算

门窗洞口对塔身壁板的截面内力是有影响的。根据分析,当壁板开孔(图 3-26)特征值在下列判别式的范围内,即

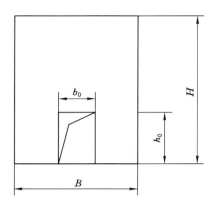

图 3-26　壁板开孔影响有关尺寸图

$$\begin{cases} b_0/B \leqslant 0.4 \\ h_0/H \leqslant 0.6 \end{cases} \tag{3-52}$$

或
$$p = \frac{开孔面积}{壁板面积} \leqslant 0.4 \tag{3-53}$$

式中　b_0——洞口宽度；

　　　B——壁板宽度；

　　　h_0——洞口高度；

　　　H——壁板全高。

则可以认为截面变形大体上仍符合平面假定,仍可按材料力学公式计算应力,即塔身可按悬壁箱形梁整体截面(实体壁板)计算,否则由于开孔影响较大,应按大开孔壁板的并联剪力墙等计算。

欲求某一截面上的应力分布,可沿该截面切开井塔,用截面上的轴力 N、弯矩 M 和剪力 Q 代替。

轴力 N 为该截面以上井塔的永久、可变或偶然竖向最不利荷载效应的总和,以 kN 计。

剪力 Q 为该截面以上井塔的水平荷载效应的总和,对于风荷载,应考虑可以有任意方向,因此,一般情况下有沿着 x 轴和 y 轴两个方向的分量 Q_x 和 Q_y,以 kN 计。

弯矩 M 为水平荷载和竖向荷载的偏心引起的弯矩总和。一般也有沿 x 轴和 y 轴的分量 M_x 和 M_y。当计算水平荷载引起的弯矩时,其作用方向应与计算剪力时一致。竖向荷载引起的偏心弯矩一般可以忽略不计,然而当井塔内提升机大厅的平面尺寸或较重的设备对井塔的中心有较大的偏心且井塔一侧有较重的煤仓或由于截面上壁板孔洞布置不均衡,导致截面中心较大偏离井塔中心线等,此时应考虑竖向荷载产生的偏心弯矩,以 kN·m 计。

下面根据水平荷载作用方向的不同分别进行分析。

(1) 水平荷载沿 y 轴作用时

横截面上作用有 N、M_z 和 Q_y(图 3-27),若必须考虑竖向荷载 N 产生的偏心弯矩 N_{ey} 时,则可以将 N_{ey} 加入 M_x。此时各点的竖向应力 σ 可按下式计算:

$$\sigma = \frac{N}{A} + \frac{M_x}{I_x} y \tag{3-54}$$

式中　A——横截面的净面积,m^2；

I_x——横截面对 x 轴的惯性矩，m^4；

y——欲求应力点的 y 轴坐标，m。

可以假定图 3-27 中所示 N 和 M_x 的方向均为正，σ 以压应力为正，显然 σ 在横截面上的最大压应力和最小压应力将发生在平行于 x 轴的两壁板的外边缘，而且是线性分布的。

任意横截面上各点的剪应力按式(3-55)计算。

$$\tau_y = \frac{Q_y S_x}{I_x b_x} \tag{3-55}$$

式中　b_x——在横截面上过该点作平行于 x 轴的直线所截取的壁板厚度，m；

S_x——该直线外侧壁板横截面全部净面积对 x 轴的面积矩，m^3。

τ_y 在横截面上的分布如图 3-27 所示。最大剪应力发生在 x 轴上，其值为：

$$\tau_{y\max} = \frac{Q_y S_{x\max}}{2 I_x t_1} \tag{3-56}$$

式中　$S_{x\max}$——x 轴一侧的壁板横截面净面积对 x 轴的面积矩，m^3。

（2）水平荷载沿 x 轴作用时

此时只要把坐标变换一下，横截面上的 σ 和 τ_x 的求法与上述分析相同，不再赘述。

（3）一般情况

水平荷载沿对角线斜向作用于井塔，竖向荷载在横截面上也产生双向偏心距。此时，在横截面上作用有 N、M_x、M_y、Q_x 和 Q_y（图 3-28）。取同样的坐标系，用同样的方法可以分别计算出各自产生的应力，最后进行叠加。

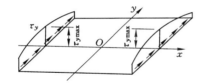

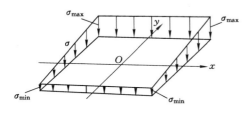

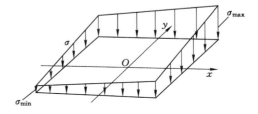

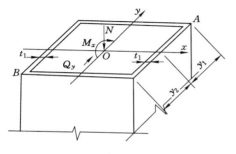

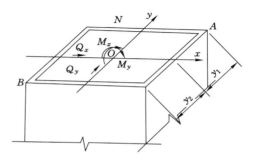

图 3-27　横截面受力图　　　　　　　图 3-28　竖向应力分布图

竖向应力 σ 按式(3-57)计算。

$$\sigma = \frac{N}{A} + \frac{M_x}{I_x}y + \frac{M_y}{I_y}x \qquad (3\text{-}57)$$

竖向应力分布如图 3-28 所示。显然 σ 在横截面上的最大压应力和最小压应力将发生在两个对角点 A 与 B 处,其值为:

$$\begin{cases} \sigma_{\max} = \dfrac{N}{A} + \dfrac{M_x}{W_{x1}} + \dfrac{M_y}{W_{y1}} \\[2mm] \sigma_{\min} = \dfrac{N}{A} - \dfrac{M_x}{W_{x2}} - \dfrac{M_y}{W_{y2}} \end{cases} \qquad (3\text{-}58a)$$

$$\begin{cases} W_{x1} = \dfrac{I_x}{y_1} \\[2mm] W_{x2} = \dfrac{I_x}{y_2} \\[2mm] W_{y1} = \dfrac{I_y}{x_1} \\[2mm] W_{y2} = \dfrac{I_y}{x_2} \end{cases} \qquad (3\text{-}58b)$$

式中　I_x,I_y——横截面对 x 轴及 y 轴的惯性矩,m^4;

　　　x,y——欲求应力点的 x 轴及 y 轴坐标,m;

　　　y_1,y_2—— x 轴至两壁板外缘的距离,m;

　　　x_1,x_2—— y 轴至两壁板外缘的距离,m;

　　　W_{x1},W_{x2}——最大应力和最小应力处对 x 轴的抗弯截面模量,m^3;

　　　W_{y1},W_{y2}——最大应力和最小应力处对 y 轴的抗弯截面模量,m^3。

由于剪力 Q_x、Q_y 产生的剪应力 τ_x、τ_y 主要分布在不同的壁板上,因而不必进行叠加,仍可按式(3-55)与式(3-56)分别进行计算。

2. 壁板主应力的计算

当壁板某个截面欲求同一点上的竖向应力 σ 和剪应力 τ 已知时,便可以按材料力学公式求出两个主平面上的两个主应力:

$$\begin{matrix} \sigma_1 \\ \sigma_2 \end{matrix} = \frac{\sigma}{2} \pm \sqrt{\left(\frac{\sigma}{2}\right)^2 + \tau^2} \qquad (3\text{-}59)$$

$$\tan(2\alpha) = -\frac{2\tau}{\sigma} \qquad (3\text{-}60)$$

式中　α ——主应力 σ_1 与 σ 方向的夹角。

σ 以拉应力为正,τ 以逆时针旋转为正。

对于箱形断面,只需计算 σ 与 τ 组合较大的内角处的主应力。

3. 壁板的强度条件

井塔壁板上任意一点的应力值均应满足条件:

$$\sigma \leqslant \frac{f_c}{\gamma} \qquad (3\text{-}61)$$

式中　σ——壁板上任意一点的竖向应力或主应力值,可用本小节第 1、2 部分中的有关公式计算,N/mm^2;

f_c——壁板混凝土的轴心抗压设计强度，可按《混凝土结构设计规范》(GB 50010—2010)(2016 年版)的规定选取，N/mm^2；

γ——平均荷载系数，取 1.27。

一般情况下，壁板不会出现拉应力，因此不需要对壁板拉应力进行强度验算。

在壁板的强度条件中，仅考虑壁板混凝土的设计强度，而没有考虑壁板钢筋的作用，这显然是偏安全的，由于目前井塔壁板的厚度受施工和构造要求的限制，一般均大于180 mm，因此上述强度条件均可以满足，对更薄的壁板，当水平荷载（如高烈度地震作用）比较大时，应另行考虑计算方法。

壁板的内外侧还应根据设计规范中规定的最小配筋率配置钢筋网，通常日照、冷缩及徐变等引起的应力可不再考虑。

壁板常有壁柱，试验测试证明，壁柱与相邻壁板中的应力并没有显著差别，变形协调一致，故在应力计算中可将壁柱的断面加入壁板断面中计算横截面的净面积和惯性矩。

由于井塔的横截面尺寸一般均较大，因而计算弯矩时可不考虑偏心距增大系数 η 的影响，仅当塔高与塔宽之比大于 4 时才考虑 η 的影响。

4. 壁板局部稳定性验算

箱形井塔的壁板在满足强度条件和构造要求情况下，当洞口宽度 $\sum b_0 \geqslant B/3$（B 为单面壁板宽）、$\sum b_0 > 4$ m、$h/t_1 > 35$（h 为层高，t_1 为壁厚）或洞口高度 $h_0 > 1/2h$ 时，应对壁板的局部稳定性进行验算。

箱形结构井塔壁板局部稳定性问题临界力的求解较复杂，可称为壁板平面外强度计算问题，壁板被楼板和相邻壁板分隔成一块块的平面矩形壁板，为此只对不同情况的矩形平板进行临界力的探讨求解即可，采用直观的模拟试验或有限元法进行电算数值求解，但是有时由于受到客观条件的限制，就手算求解来说，也可以采用弹性理论法或屈曲破损荷载法求解。

5. 箱形结构壁板的孔口计算

井塔根据建筑和生产工艺的要求，在壁板上开设门、窗或其他孔口，这些孔口不但削弱了塔身的承载截面，而且壁板在竖向荷载及水平荷载作用下在孔口周边壁板会产生应力集中。因此必须对孔口应力进行计算，并设置附加钢筋，孔口应力计算实际上是一个空间应力分析问题，但是也可以简化为平面问题，下面简要介绍简化分析方法的计算步骤。

（1）截取平面壁板，建立平面壁板的计算简图。平面壁板的边界荷载应取均布竖向、双侧剪切、剪切和反对称四种，也可以只取均布竖向和剪切两种。为适应荷载的不同数值，计算简图中的荷载值也可以取单位荷载，最后组合时再转化为实际荷载。

（2）用平面应力的有限单元法分析所截取的平面壁板的孔口应力。

（3）画出以下几个截面上有关应力的分布曲线（图 3-29）。图中 q_1 为壁板自重及楼板的竖向荷载；τ_{2xy} 为背面水平荷载引起的壁板双侧剪切荷载；q_2 为背面水平荷载引起的均布竖向荷载；q_3 为侧面水平荷载引起的反对称竖向荷载；τ_{3xy} 为侧面水平荷载引起的剪切荷载，如果该应力在孔口附近是拉应力区，则计算出其总拉力值（应力图形中拉应力部分的面积可以按折线计算）。

① 孔顶跨中垂直截面（A_1-A_2）上的 σ_x。在剪切荷载作用下，此项应力很小，可不计算。

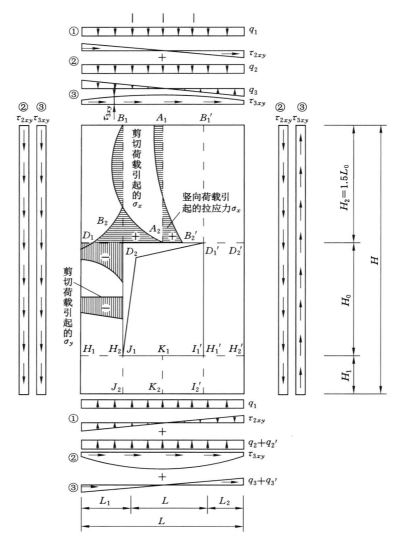

图 3-29　截面应力分布曲线图

　　② 孔底跨中垂直截面(K_1-K_2)上的 σ_x。该项应力也无须计算在剪切荷载作用下的值。

　　③ 孔顶角部垂直截面(B_1-B_2 或 B_1'-B_2')上的 σ_x。在剪切荷载作用下,这两个截面上一个为拉应力,另一个为压应力,只需计算拉应力,但此时应注意剪切荷载的不同方向将引起不同符号的应力。

　　④ 孔底角部垂直截面(J_1-J_2 或 J_1'-J_2')上的 σ_x。与孔顶类似,对剪切荷载也只需计算拉应力。

　　⑤ 孔侧上部水平截面(D_1-D_2 或 D_1'-D_2')上的 σ_y。

　　⑥ 孔侧下部水平截面(H_1-H_2 或 H_1'-H_2')上的 σ_y。

　　(4) 利用应力叠加原理计算上述几个截面的实际应力值或总拉力值,此时应按井塔的实际荷载进行组合。

　　(5) 计算孔口附加钢筋的面积。

① 孔顶水平附加钢筋由 A_1-A_2、B_1-B_2、B_1'-B_2' 3 个截面上 σ_x 的总拉力值中的最大值，按式(3-62)确定。

② 孔底水平附加钢筋由 K_1-K_2、J_1-J_2、J_1'-J_2' 3 个截面上 σ_x 的总拉力值中的最大值，按式(3-62)确定。

③ 孔侧竖向附加钢筋分别由 D_1-D_2、H_1-H_2 与 D_1'-D_2'、H_1'-H_2' 截面上最大的 σ_y，按式(3-63)确定。

$$A_s = \frac{\gamma P}{f_y} \tag{3-62}$$

$$A_s' = \frac{\gamma P'}{f_y'} \tag{3-63}$$

式中　A_s、A_s' ——所需的受拉、受压附加钢筋截面面积，mm^2；

　　　f_y、f_y' ——附加钢筋的抗拉设计强度及抗压设计强度，N/mm^2；

　　　f_c ——壁板混凝土的轴心抗压设计强度，N/mm^2；

　　　γ ——平均荷载系数，取 1.27；

　　　P、P' ——该截面上拉及压应力区内的总拉力及总压力，N。

表 3-9 列出了几种常见规格的有孔壁板在单位荷载作用下主要截面上的应力分布或总拉力。

表 3-9　竖板孔口附近几个截面上的应力分布或总拉力

壁板特征					单位均布竖向荷载/(N/cm)				单位剪切荷载/(N/cm)	
壁板规格		底部边界条件	孔口尺寸		断面位置				断面位置	
L/m	H_1/m		L_0/m	H_0/m	A_1-A_2	K_1-K_2	B_1-B_2 B_1'-B_2'	J_1-J_2 J_1'-J_2'	B_1-B_2 或 B_1'-B_2'	J_1-J_2 或 J_1'-J_2'
10	0	固定	4	5	52.7				566	
12	0	固定	4	5.5	65.7				523	
12	3	自由	4	5.5	118.3	92.1	95.8		674	841
12	6	固定	4	5.5	88.6	67.9	50.6	40.7	657	638
12	0	固定	4.5	6.5	76.3				660	
12	3	自由	4.5	6.5	155.3	117.5	101.9		817	974
12	6	固定	4.5	6.5	116.3	78.6	52.9	38.1	749	751
12	0	固定	5	7	79.0				773	
12	3	自由	5	7	145.8	131.1	112.1		909	1 140
12	6	固定	5	7	126.7	87.3	60.1	40.4	861	879
15	0	固定	5	7	62.2				705	
15	3	自由	5	7	195.3	142.5	129.5		872	1 127
15	6	固定	5	7	131.1	88.7	57.6	34.6	832	823

注：1. 壁板厚度，1 cm；

　　2. 孔口在板宽的中心，即 $L_1 = L_x$；

　　3. 均布竖向荷载中 $q = 1$ N/cm；

　　4. 剪切荷载中 $\tau_{xy} = 1$ N/cm，$\tau_{xy}' = 1.5$ N/cm；

　　5. 表中总拉力值的单位是 N。

(二)其他结构形式塔身的计算

1. 外箱体内框架结构

塔身平面如图 3-30 所示,在柱与外箱体之间由框架梁连接,有时在外箱体上还设与内框架柱同在一个轴线上的壁柱。对于这种结构,最好也按空间结构理论进行分析,但是当条件受限时,可按下述假定计算:此井塔的竖向荷载由箱体与内框架共同承担,框架梁与箱体之间假定为铰接。此时,框架在垂直荷载作用下可按无侧移刚架进行内力分析(图 3-31),而通过与壁板相连接的铰支座,将一部分竖向荷载传给外箱体,框架可按两个方向的平面框架分析。

由于外箱体的刚度远比内框架大,故水平荷载可假定全部由外箱体承担。

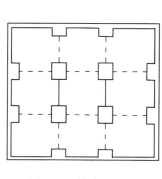

图 3-30　塔身平面图

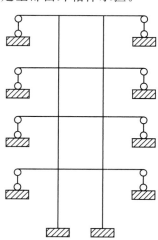

图 3-31　无侧移刚架

2. 框架结构

一般为多层多跨或单跨多层框架。有条件时最好能按空间框架分析内力,若条件受限制,可按两个方向的平面框架计算,柱子按双向偏心受压构件计算配筋。

七、井塔抗震设计

(一)抗震设计原则

1. 抗震设防烈度

井塔属于重要工业结构物,作为一个地区抗震设防依据的地震烈度,应按照基本烈度采用。

2. 井塔结构抗震验算原则

(1)一般可在结构的两个主轴方向分别考虑水平地震作用并进行抗震验算,每个方向的地震作用应全部由该方向抗侧力构件承担。

(2)质量和刚度沿水平方向分布明显不均匀的结构,应考虑扭转的影响;对两个主轴方向均明显不均匀的结构,宜同时考虑双向水平地震作用的扭转影响。当采用反应谱进行计算时,两个方向均各自计算,然后分别考虑两个方向的地震作用,按一个主轴方向取 100% 和另一个主轴方向取 40% 分别进行组合。

(3)对箱(筒)形结构井塔,一般只需要考虑水平地震作用。但是对箱形结构井塔的内柱及以永久荷载为主而跨度超过 10 m 的楼面大梁和提升机大厅的悬挑结构,当设防烈度为 8 度或 8 度以上时,尚应验算竖向地震作用,设防烈度为 8 度、9 度和 10 度时可以分别取该结构(构件)及其所承受的重力荷载代表值的 10%、20% 和 30% 计算。

3. 场地和地基

设计井塔时选择场地应查清对抗震不利的地质、地貌等条件。考虑有无发震断层,在冲积平原应注意可能发生砂土液化情况,在地形复杂及地下水位高的场地,应注意可能产生较大的地震效应,还应注意下部地层采空区、岩溶等,若确实属于无法避开时,必须采取有效措施加以解决。

4. 基础

(1)井塔基础宜建在中等坚硬或坚硬的地基上。当取天然土作为井塔地基时,宜采用整体式基础,如条形基础、筏式基础或箱形基础,箱形基础兼作地下室对抗震是有利的。当地基为坚硬的岩石时,对框架结构井塔也可以采用单独的桩基,并用锚桩将柱基锚固在岩层上。

(2)当地基上部主要受力层为饱和细砂、粉细砂或软土地基而下部为坚硬土层时,基础宜采用桩基。桩基应穿透此类砂层或软土层,并伸入坚硬土层 2~3 m。当软土层太厚或处于熔岩地基情况时,宜采用井颈基础。

(二)结构抗震计算

建于抗震设防烈度为 7 度地区 Ⅰ、Ⅱ 类场地的箱形、箱框和筒形井塔,当高度不超过 50 m 时,若已进行风荷载作用下的强度验算,则一般可不再进行抗震截面验算,但应符合抗震构造要求;当井塔高度超过 50 m 或位于 8 度以上的地区时,则无论何种类型,均应按照规范采用反应谱进行计算。

1. 水平地震作用

按《建筑抗震设计规范》(GB 50011—2010)(2016 年版)计算地震作用时,一般采用底部剪力法及反应谱振型分解法。

(1)高度不超过 40 m 以剪切变形为主,且质量和刚度沿高度分布比较均匀的井塔,可以采用底部剪力法的简化方法来进行水平地震作用计算。

(2)不属于上述范围的井塔,宜采用反应谱振型分解法来进行水平地震作用计算。

(3)上述两种方法中的结构等效总重力荷载及集中于质点的重力荷载代表值的取值一般按照下述原则进行:

① 钢丝绳罐道及吊重等悬吊物的自振周期是随钢丝绳长度增加而增加的。在井筒内,提升容器悬吊物的周期大于井塔自振周期十几倍甚至几十倍,因此水平地质惯性作用相应较小,可以不考虑。但是其竖向地震作用在验算塔身时仍需考虑。

② 主井井塔的接受煤仓要考虑满仓时的水平地震作用。

③ 箕斗按停在卸载曲轨位置来计算水平地震作用。罐笼停靠在底层平面,为此可以忽略其在地震时引起的水平地震作用。

④ 提升机大厅内的起重机,只考虑其自重而不计吊物重。

当井塔在提升机大厅的结构刚度有突变时,如在箱筒形塔身结构上建框架或排架结构的大厅,则其所受的地震作用应考虑鞭梢效应,即按公式求出结果的 3 倍考虑,但是仅作用于提升机大厅而不向下传递。

2. 竖向地震作用

对于抗震设防烈度为 8 度、9 度和 10 度的大跨箱形的井塔和提升机大厅为外长悬臂以及 9 度和 10 度时高度超过 25 m 的井塔,应考虑上下两个方向竖向地震作用和水平地震作用的不利组合进行验算,其竖向地震作用可按下列公式求得。

井塔结构的总竖向地震作用(底部轴力标准值):

$$F_v = a_{vmax} G_{eq} \qquad (3\text{-}64)$$

质点 i 的竖向地震作用:

$$F_{vi} = \frac{G_i H_i}{\sum\limits_{j=1}^{n} G_j H_j} F_v \qquad (3\text{-}65)$$

$$G_{eq} = 0.75 G_E \qquad (3\text{-}66)$$

式中　a_{vmax} ——竖向地震影响系数的最大值,抗震设防烈度为 6、7 度时取 0,8 度、9 度时取 $0.65\ a_{max}$,10 度时取 a_{max}(a_{max} 为水平地震影响系数最大值);

　　G_{eq} ——结构等效总重力荷载,单质点取 G_E,多质点取 $0.85\ G_E$。

　　G_E ——计算地震作用时结构的总重力荷载代表值,按式(3-67)求解。

$$G_E = \sum_{j=1}^{n} G_j \qquad (3\text{-}67)$$

式中　G_i, G_j ——集中于质点 i、j 的重力荷载代表值,kN;

　　H_i, H_j ——集中质点 i 、j 的高度,m。

各楼层的竖向地震作用效应(轴力)按各构件承受的有效重力荷载代表值的比例分配。

大跨箱形和提升机大厅长悬臂的井塔结构考虑竖向地震作用时,8 度、9 度和 10 度时也可以分别按该结构(构件)及其所承受的重力荷载代表值的 10%、20% 和 30% 计算。

3. 重力荷载组合

计算地震作用时,井塔结构的重力荷载代表值的组合应按下列规定取值:

(1)恒荷载:结构、构配件及固定设备自重等,取 100%;

(2)雪荷载:取 50%;

(3)风荷载:取 25%;

(4)屋面活荷载:不考虑;

(5)楼面活荷载:按实际情况计算时取 100%,当按等效楼面均布活荷载计算时取 50%,计算结构自振周期时,不予考虑;

(6)吊车荷载:软钩吊车取桥架自重 100%。

4. 内力分析

多质点体系采用反应谱振型分解法所计算的第 j 振型 i 质点上的水平地震作用(标准值)$F_{ji}(j=1,2,\cdots,m; i=1,2,\cdots,n)$ 均为最大值,即按 F_{ji} 计算的第 j 振型产生的地震作用效应(内力中的弯矩、剪力和轴力等)$S_j(j=1,2,\cdots,m)$ 也都是最大值,但是相应于各振型的最大地震作用效应并不一定在同一时刻发生。由于抗震规范假定地震时地面运动为平稳的随机过程,基于概率论,近似地采用以下公式(将平方之和开方)求各振型产生的地震效应的最大值:

$$S = \sqrt{\sum_{j=1}^{m} S_j^2} \qquad (3\text{-}68)$$

式中　S_j——j 振型产生的地震作用效应（弯矩、剪力和轴力等），一般情况下振型数 m
　　　　　取 3。

箱形、箱框形井塔的塔身壁板实际上是剪力墙。因此，在水平荷载或水平地震作用下，可以将箱形和箱框形井塔视为剪力墙或框架剪力墙体系进行计算，按照塔壁上开洞大小和洞口位置情况，可以把井塔壁板分为小开口整体墙、双肢或多肢剪力墙及壁式框架等各种基本结构类型，由于墙的形式不同，相应的受力特点、计算简图与计算方法也不相同，在按剪力墙或框架剪力墙体系计算井塔结构的内力和位移时，在设计中应保证楼面的整体性。在有条件时，也可以用有限元法通过电算求得井塔壁板的各点内力。

箱框结构井塔在地震作用下，由于井塔壁板的刚度远大于内框架的刚度，因而塔壁承担了绝大部分的地震侧向效应，计算时外箱壁可以按全部承担水平地震作用。处于地震高烈度地区时，可按框架与剪力墙协同工作的条件进行。

（三）井塔抗震构造措施

结构的抗震措施，能大幅度提高结构的延性。单纯依靠抗震计算来达到结构抗震的目的还是不够的。抗震构造措施是从定性的角度来弥补抗震计算不足的一个有力措施。为此，大多数的抗震构造措施都是来自历次大地震后的实地调查研究、分析与总结的结果，框架型井塔的抗震构造措施可以按抗震规范设计，下面着重叙述箱形及箱框形井塔的抗震构造措施。

（1）箱形、箱框形井塔壁板厚度不宜小于 200 mm。壁板布置双排筋，钢筋保护层厚度为 20 mm。竖向钢筋不应小于 ϕ12，间距不宜大于 250 mm。横向钢筋宜布置在纵向钢筋的外侧，以利于绑扎，宜采用小直径间距较密的布置，一般不宜小于 ϕ8@200～250 mm。壁板中两层钢筋之间，每平方米应至少放置 4 个拉结的"S"形筋，一般可隔点布置，直径宜大于 6 mm。壁板的横向及竖向总配筋率不应小于 0.25％。

（2）壁板底层的大孔洞边宜放置壁柱，设防烈度为 7 度地区至少通到第一层楼板处，底层壁厚宜加厚，并使由于开大孔洞而削弱的壁板剪切刚度由壁柱及壁板的加厚来补偿。

（3）窗孔洞边宜放 4ϕ12～4ϕ16 加强筋，用箍筋围住以防压屈（可根据洞口剪力验算选用）。孔口上下对齐时，加强筋尽可能上下贯通连接。

（4）联肢墙的联系梁（即窗腰墙）锚入墙内长度不宜小于 40d，屋顶水平筋在其伸入墙体范围内尚需设置间距为 150 mm 的构造箍筋。在 8 度以上地区设置 2ϕ12 交叉筋作为塑性铰设置，在高烈度区是十分适宜的。

（5）在 9 度地区宜采用钢筋混凝土捣制楼板；7、8 度地区可采用预制楼板，但是在板面应浇捣一层配筋细石混凝土面层，厚度不小于 50 mm。

八、井塔基础

（一）概述

井塔基础结构在井塔设计中是十分重要的，不仅与地基、塔身情况、井筒设计与施工有关，还与井口房及提升系统布置、井口风道、压风排水管道、电缆及地沟等布置有着密切关系，同时由于提升主要设备安放在井塔头部，担负着矿井提升的重要任务而要求结构物有较高的安全度。

1. 井塔基础的基本类型

在井塔工程中，实际应用的基础结构有如下几种类型：

（1）天然地基上的基础

① 钢筋混凝土条形基础；

② 钢筋混凝土筏式基础；

③ 钢筋混凝土箱形基础；

④ 钢筋混凝土独立柱基础。

（2）桩基础

① 钢筋混凝土灌注桩基础（打入式、钻入式、人工挖孔式）；

② 钢筋混凝土预制桩基础；

③ 钢筋混凝土爆扩桩基础；

④ 岩石锚桩基础。

（3）钢筋混凝土井颈基础

① 倒圆锥壳基础；

② 倒圆台基础；

③ 倒方台基础；

④ 牛腿式基础。

2. 基础方案选择原则

井塔基础方案的选择应考虑地基土的类别、井筒施工方法及其对围岩的扰动、井筒及塔身结构、荷载大小及施工能力等因素，通过方案比较，根据下述几项原则加以确定：

（1）凡地基土质均匀，容许承载力大于或等于 200 kN/m²，基础埋置深度小于或等于 9 m，宜采用天然地基上的基础。

（2）凡不宜采用天然地基上的基础，则应选用：

① 当地基土为软弱土层、硬土层离地表较深、岩溶土洞发育或出现流沙地区，且塔身平面中心与井筒中心相近或重合，宜优先采用与井筒固接的倒台壳井颈基础。

② 当地基土容许承载力小于 200 kN/m²，硬土（或岩）层离地表小于或等于 30 m 且塔身平面中心与井筒中心相距较大而无法采用井颈基础时，可考虑采用桩基。

3. 井塔地基容许变形值

（1）当地基容许承载力小于 300 kN/m² 时，除进行地基承载力计算外，还应进行地基变形计算和系统的沉降观测。

（2）基础容许均匀沉降值应小于 200 mm。

（3）基础容许不均匀沉降值（倾斜值）

$$\tan \theta = \frac{S_2 - S_1}{B} \leqslant 0.001 \tag{3-69}$$

式中 S_1，S_2——基础边缘沉降值，mm，可按偏心永久荷载作用下基底应力图形和相邻基础荷载影响求得；

B——基础边长，mm。

基础不均匀沉降尚应满足提升机大厅层倾斜变位后能保证设备运转的要求，若不能保证允许倾斜值时，需在基础与塔身之间设有纠偏设施。

（二）天然地基上的基础

（1）当地基为坚硬岩石和微-中风化岩石（容许承载力≥600 kN/m²）时，框架结构井塔宜采用钢筋混凝土独立柱基础;当基岩整体性较好时,可以考虑采用岩石锚桩基础;地基按容许承载力计算时,基底不得出现拉应力。

(2) 高度小于 30 m 的箱形结构井塔,当地基容许承载力≥300 kN/m²时,可考虑采用块石混凝土条形基础,此时块石混凝土强度等级不宜低于 C10,基础台阶高宽比应满足刚性基础的要求,并应进行基础强度验算。

(3) 当箱形结构井塔高度>30 m 时,地基容许承载力≥300 kN/m²或因荷载较大而采用刚性条形基础不能满足要求时,应采用钢筋混凝土条形基础,基础底面土反力假定按直线规律分布计算。

(4) 地基容许承载力≥150 kN/m²且<300 kN/m²时,宜采用钢筋混凝土十字交叉条形基础、筏式基础、箱形基础,采用上述基础时须进行土的容许承载力和变形计算,对于筏式基础,还应按式(3-70)和式(3-71)验算基础底板边缘的最大压力 p_{max} 及最小压力 p_{min}。

$$p_{max} = \frac{N+G}{A} + \frac{M_x}{W_x} + \frac{M_y}{W_y} < 1.2R \tag{3-70}$$

$$p_{min} = \frac{N+G}{A} - \frac{M_x}{W_x} - \frac{M_y}{W_y} > 0 \tag{3-71}$$

式中　N——上部结构传至基础顶面的竖向荷载,kN;

　　　G——基础自重和基础上的土重,kN;

　　　M_x, M_y——作用于基础底面绕 x、y 轴的弯矩,kN·m;

　　　W_x, W_y——基础底面积对 x、y 轴的抗弯截面模量,m³;

　　　A——基础底面积,m²;

　　　R——修正后地基土的容许承载力,kN/m²。

(5) 钢筋混凝土筏式和箱形基础计算原则:

① 假定基础重心和永久荷载合力点重合,基础底板上反力按直线规律分布。

② 筏式基础底板按普通双向板计算,基础梁按 T 形或 Γ 形梁计算。箱形基础计算按近似方法供方案考虑,施工图设计要经电算。

③ 沉降计算不考虑基础中间开孔的影响,按整体基础计算。

(三) 钢筋混凝土桩基础

钢筋混凝土预制桩(或钻孔桩)基础适用于地基为较厚的软弱土层情况,当地基中适当深度有较厚的硬土层时,桩应尽量进入该层,预制桩施工通常采用锤击沉桩,条件许可时也可以采用压桩法施工,但要注意井筒结构的安全度。

钢筋混凝土预制桩的单桩容许承载力宜通过现场静荷载试验确定,在地质条件相同地区,可参照已有试验资料。

(四) 井颈基础

当地基为软弱土层,或因凿井影响无法利用天然地基承载且硬土、岩层离地表很深,土壤的摩阻力又很小不适合采用桩基,或者在岩溶土洞发育地区时,将井塔的井颈基础直接坐落在井筒上部是一个解决此问题的好途径。这种基础的上部相当于悬臂结构,下面部分相当于深埋单桩的承台(图 3-32),与井筒牢固连接成"根固"节点。井颈基础形式大致有下述几种:

(1) 倒圆锥壳基础,也称为杯口基础,适用于圆形塔身,是最先出现的一种形式;

（2）倒圆台基础,适用于圆形或多边形塔身;

（3）倒方台基础,适用于方形或矩形塔身;

（4）牛腿式基础,一般用于框架承重塔身且平面较小的小型井塔。

九、井塔设计的构造要求

设计井塔时,除根据计算要求确定断面尺寸配置钢筋外,还须满足某些构造要求。目前井塔采用滑模施工较多,因此重点列举滑模施工时的构造要求。

（一）壁板的最小厚度

由于模板滑升附着力和摩擦力的作用,当壁板太薄时新浇筑的混凝土会出现裂缝(主要是水平裂缝)。一般估计模板摩擦力和附着力共为 1.5 kN/m^2。据相关规定,壁板的最小厚度不宜小于 150 mm,但是由于井塔壁板中钢筋层数较多且密,保护层不小于

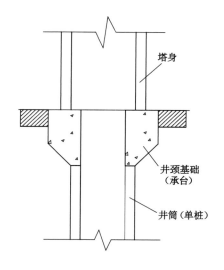

图 3-32　井颈基础与井筒连接图

20 mm,以及施工条件及受力情况等原因,目前已施工井塔的壁板实际最小厚度多数为 200 mm。

电梯间的壁板可用 120 mm 厚的,单层配筋。

（二）壁板的构造配筋量

（1）壁板宜配置双层钢筋网,单层配筋时易产生裂缝。壁板的竖向钢筋应采用直径较大且间距大一些的形式,以利于滑模千斤顶架的布置;水平钢筋宜用直径小且间距小一些的做法,以抵抗温度应力和混凝土收缩的影响。

壁板的钢筋宜不小于下述要求:① 竖向钢筋:$\phi10@250\sim300$;② 水平钢筋:$\phi8@200\sim250$。

因层高一般较大,为了使井塔壁板具有双向板性质,故水平钢筋的直径取与竖向钢筋相同(10 mm)。壁板洞口四周的附加钢筋应按计算确定,但每侧的附加钢筋不应小于 $2\phi12$,可不设斜筋,钢筋伸入支座至少 $35d$。

（2）壁板的两层钢筋之间应设置拉结的 S 形箍筋。箍筋直径大于或等于 6 mm,一般可隔点布置,在任何情况下,每平方米壁板面至少设置 4 个 S 形箍筋。

（3）壁板洞口四周均应设置 U 形箍筋,间距同钢筋网格,箍筋直径大于或等于 6 mm。

（4）壁板钢筋同一截面接头率不大于 1/3,一般取 1/4,即 25%;搭接长度增加 $10d$,光面钢筋要有弯钩。

（三）一般构造

（1）塔身壁板大洞口的两侧宜设加强壁柱,一般不小于 400 mm×400 mm,壁柱顶可升到该层楼板顶标高,也可以后浇做加强门框架,如图 3-33 所示。

（2）塔身宽大于 12 m 的宜在壁板中增设构造柱,以增强壁板的稳定性,构造柱尺寸一般为 400 mm×400 mm。

（3）壁板应避免尖角,一般为八字角(200 mm×200 mm),也可以为圆角($R=50$ mm),附加钢筋间距与水平筋相同。

（4）塔身壁板与楼板连接不宜采用预留板槽的形式,因为二次浇筑不密实,传递水平力

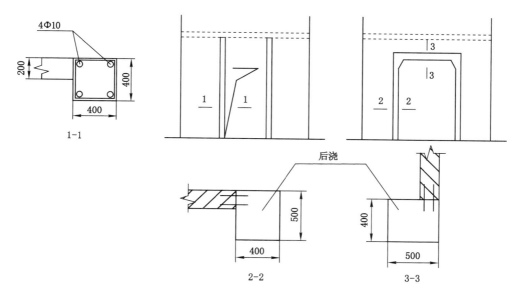

图 3-33　塔身壁板大洞口结构示意图

较差。一般可按板钢筋间距预留板窝(隔一段间距留一个板窝)或预埋锚筋,或预埋钢板与楼板钢筋连接。预埋筋应水平弯入,不宜垂直弯入,防止"扣"混凝土壁过大(使混凝土层厚度减小)。

（5）大厅楼板厚度和井口面板厚度不小于 120 mm,导向轮楼板厚度不小于 100 mm,一般楼板厚度为 80 mm。

（6）塔身与梁连接可留梁窝。支承处做 3 层钢筋网,Φ6@150,长度为梁宽加上 60d。

（7）为了使滑模施工方便,设计中要将各层楼板梁上下对齐,可以一次滑成。

（8）为了便于千斤顶布置与滑升,在梁中不宜设置弯起钢筋;柱与壁柱钢筋应优先选用 B25 作为爬杆。

（9）根据施工情况,可以采用预制梁、梁钢筋骨架吊模和叠合梁叠合板。

第三节　筒　仓

一、概述

筒仓是平面为圆形、方形、矩形、多边形及其他几何形状的贮存粒状和粒状松散物体(如谷物、面粉、水泥和碎煤等)的立式容器,可作为生产企业调节和短期贮存生产原料的设施,也可以作为长期存料的仓库,这种贮仓都是仓顶进料,仓底卸料,具有占地面积小、容积大、运行费用低、减少对环境污染和粉尘损失等优点。

筒仓按材料可分为:① 钢筋混凝土筒仓,可分为预制装配式及整体浇筑式筒仓,预应力与非预应力筒仓。钢筋混凝土筒仓在耐久性和耐火性方面都比其他材料优异。② 金属筒仓,其优点是施工速度快、自重小、可节省筒仓基础用料,因为金属可以加工成多种形状,如角锥形、圆锥形、双曲线形等,所以多用于制作筒仓的仓底(漏斗)。③ 砌体筒仓,一般为贮量较小的圆形深仓,其优点是能就地取材,一般用烧结普通砖砌筑。④ 组合结构筒仓,用钢或钢筋混凝土骨架承重,用钢筋混凝土板或砌体填充仓壁。从经济、耐久性等方面考虑,工程中应用最广泛的是整体浇筑的普通钢筋混凝土筒仓。

筒仓按平面布置可分为独立仓和群仓,群仓又可以分为单排布置或多排行列式布置;按出料位置又可以分为底卸式和侧卸式仓。

平面形状有圆形、矩形、多边形等,目前应用最多的是圆形和矩形。《钢筋混凝土筒仓设计规范》(GB 50077—2017)根据筒仓高度与平面尺寸的关系,可分为浅仓和深仓(图 3-34)。当 h_n / D_n(或 h_n / b_n)$\leqslant 1.5$ 时为浅仓;当 h_n / D_n(或 h_n / b_n)> 1.5 时为深仓。其中,h_n 为贮料计算高度;D_n 为圆形筒仓的内径,b_n 为矩形筒仓的短边长。

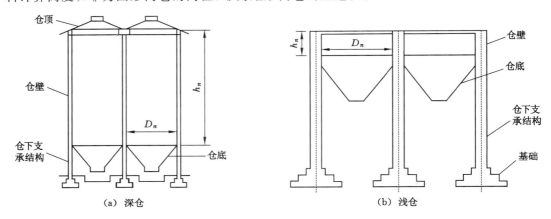

图 3-34　筒仓的形式

浅仓和深仓还可以按照贮存的松散物体的自然坍塌线来划分,当贮料的自然坍塌线不与对面仓壁相交时为浅仓,贮料的自然坍塌线与对面仓壁相交时为深仓(图 3-35)。浅仓一般不会形成料拱,因此可以自动卸料,深仓易形成料拱,引起卸料时堵塞,因此深仓需用动力设施或人力卸料。

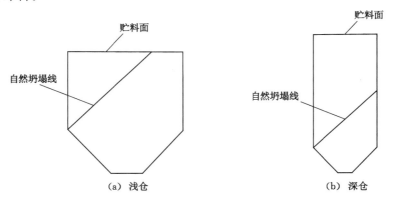

图 3-35　贮料的自然坍塌线示意图

二、筒仓的布置原则及结构选型

(一)布置原则

筒仓的平面布置应根据工艺、地形、工程地质和施工等条件,经技术经济比较后确定。

① 工艺条件:包括筒仓容量、斗壁最小倾角、贮料特性资料、装卸方式以及其他特殊要求。② 地形条件:特别是在山区、矿区建造筒仓时,往往可充分利用地形条件取得较满意的经济效果。③ 工程地质条件:根据当地详细的岩土工程勘察报告选取合适的筒仓布置方案及地基基础设计方案。④ 施工技术条件:筒仓布置方案要考虑成熟的施工工艺、施工技术水平、施工设备条件以及管理水平等。

1. 浅仓

钢筋混凝土浅仓一般设置在车间内部,由于车间矩形柱网的布置,浅仓平面一般都为矩形。由于浅仓的外形及仓体各构件尺寸不同,将直接影响其受力性能,故按浅仓的受力情况可分为下面几种情况。

(1) 无竖壁的橱斗浅仓[图 3-36(a)]

这种浅仓无仓壁,仓底(又称为漏斗)通过漏斗仓上的上口四周边缘处的边梁直接支承在柱子上。

(2) 带竖壁的低壁浅仓[图 3-36(b)]

其竖壁高度小于其短边的一半($h \leqslant 0.5 b_n$)。

(3) 带竖壁的高壁浅仓[图 3-36(c)]

其竖壁高度大于或等于其短边的一半,并小于短边的 1.5 倍,即 $0.5 b_n \leqslant h \leqslant 1.5 b_n$。

(4) 带竖壁的槽形浅仓[图 3-36(d)]

其竖壁高度小于长边的一半,即 $h/a_n \leqslant 0.5$。此种槽形浅仓对于贮料品种单一且要求多个卸料口的装车仓较适用,对于卸料较为有利,经济性较好。

(5) 单斜浅仓[图 3-36(e)]

单斜浅仓的仓底结构可设为梁板式结构,也可以设成平板式结构,但是一般只有跨度大时采用梁板式结构。

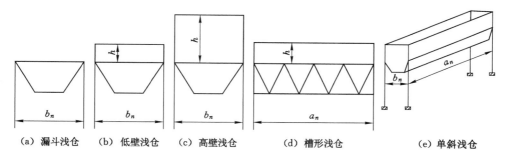

（a）漏斗浅仓　（b）低壁浅仓　（c）高壁浅仓　（d）槽形浅仓　（e）单斜浅仓

图 3-36 按竖壁尺寸划分的浅仓形式

(6) 平底浅仓

这种类型的浅仓用于排料口布置较复杂或贮存粒径较大的物料。其特点是施工较方便,缺点是增大结构物的重力,出料不太方便。

浅仓布置可以根据单仓容量及工艺要求设置独立仓、单列仓和多排群仓(图 3-37)。仓壁和筒壁外圆相切的圆形群仓,总长度不超过 50 m 或柱子支承的矩形群仓总长度不超过 36 m 时可不设置变形缝。

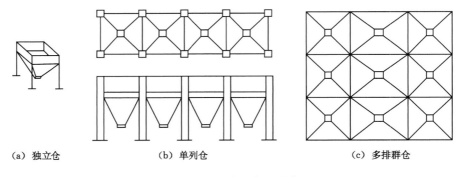

（a）独立仓　　　　　（b）单列仓　　　　　　（c）多排群仓

图 3-37　浅仓的布置形式

2. 深仓

钢筋混凝土深仓通常作为长期贮存谷物、水泥等松散材料的仓库,一般都设计为独立的群仓,宜选用单排及多排行列式布置(图 3-38)。在场地遇到限制时,可采用斜交布置,筒仓的平面形状宜采用圆形。圆形筒仓与矩形筒仓相比,具有体形合理,仓体结构受力明确,计算、构造简单,有效贮存率高等优点。

圆形群仓,应采用仓壁和筒壁外圆相切的连接方式(图 3-39),以便于施工和配置钢筋。

直径大于或等于 18 m 的圆形筒仓,宜采用独立布置的形式,防止地基土产生不均匀沉降。

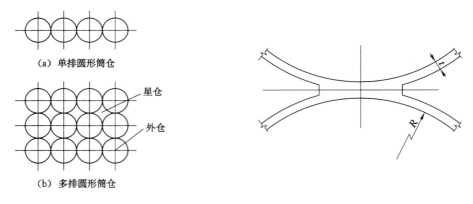

（a）单排圆形筒仓

星仓

外仓

（b）多排圆形筒仓

图 3-38　群仓平面布置示意图　　　　　　　图 3-39　圆形群仓外圆相切

（二）结构选型

筒仓结构一般包括仓上建筑物、仓顶、仓壁、仓底、仓下支承结构(筒壁或柱)及基础(图 3-40)。

（1）仓底

仓底是指直接承受贮料垂直压力的漏斗、平(梁)板加填料漏斗等结构。经验表明:仓底结构耗钢量约为整个筒仓的 30%,因此仓底的形式是否合理,对于材料指标、滑模施工的连续性、计算工作量以及卸料的通畅等均有很大影响。

仓底选型的原则为:

① 卸料通畅;

② 荷载传递明确,结构受力合理;

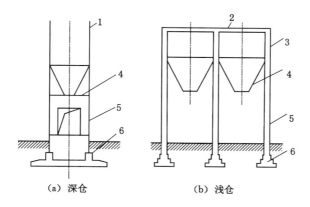

1—仓上建筑物；2—仓顶；3—仓壁；4—仓底；5—仓下支撑结构（筒壁或柱）；6—基础。

图 3-40　筒仓结构示意图

③ 造型简单，施工方便；

④ 填料较少。

钢筋混凝土筒仓仓底形式最常用的是整体连接形式和非整体连接形式。整体连接，即仓底与仓壁整体浇筑，整体性较好，但不利于滑模施工，计算比较复杂；非整体连接，即仓底与仓壁分开布置，仓底通过边梁（或环梁）支承于筒壁壁柱上，也可以与仓壁完全脱开，这种连接形式的优点是简化了计算，便于滑模施工，如图 3-41 所示。

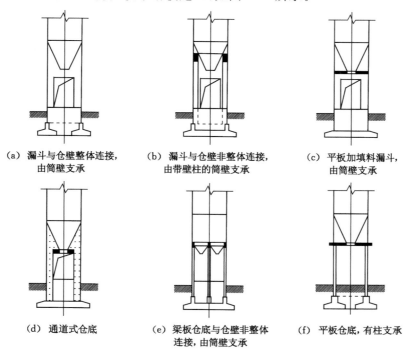

图 3-41　常用筒仓仓底和仓下支承结构示意图

（2）仓下支承结构

仓下支承结构是指仓壁、仓底和基础之间的承重结构,常见的仓下支承结构形式有柱子支承、筒壁支承,筒壁与内柱共同支承等形式(图 3-41),结构的选型应根据仓底形式、基础类别和工艺要求综合分析确定,要求支承结构具有足够的强度和稳定性。

直径大于或等于 15 m 的深仓,宜优先采用筒壁与内柱共同支承的形式。圆形筒仓采用柱支承时,一般柱子不宜少于 6 根,并沿圆周布置;柱子支承结构受力明确,一般均可以根据计算确定断面,充分发挥材料强度,经济指标较好,但是对于大直径的筒仓及地震烈度高的地区不宜采用这种形式。

筒壁式支承结构受力也比较明确,施工可以采用滑模,特别是这种支承结构,其抗震性能好,主要是因为仓体与仓下支承结构连接断面变化缓和,刚度均匀,结构自身安全贮备也比较大。

抗震设防区的圆形筒仓的仓下支承结构,宜选择筒壁支承或筒壁和内柱共同支承的形式。

(3) 仓壁

仓壁通常采用现浇钢筋混凝土结构,运用滑模施工工艺,也可以采用圆形截面的预应力混凝土仓壁,有些情况下也可以采用预制仓壁。

筒仓的仓壁、筒壁及角锥形漏斗壁宜采用等厚截面,其厚度除可以按下列规定估算外尚应按裂缝控制验算确定。

直径小于或等于 15 m 的圆形筒仓仓壁厚度:

$$t_1 = \frac{D_n}{100} + 100 \tag{3-72}$$

式中 t_1 ——仓壁厚度,mm;

D_n ——圆形筒仓内径,mm。

直径大于 15 m 的圆形筒仓仓壁厚度应按抗裂计算确定。

矩形筒仓仓壁厚度及角锥形漏斗壁厚度均可采用短边跨度的 $1/20 \sim 1/30$。

直径大于或等于 21 m 的深仓仓壁,其混凝土截面及配筋不能满足工艺要求的正常使用极限状态条件时,应采用预应力或部分预应力混凝土结构。

(4) 仓顶

圆形筒仓仓顶宜选用钢筋混凝土梁板结构;直径大于或等于 21 m 的圆形筒仓或浅圆仓仓顶,可选用钢筋混凝土整体、装配整体正截锥壳、正截球壳及具有整体稳定体系的钢结构壳体或网架结构,其与仓壁的连接宜采用静定体系。支承在筒仓或浅圆仓仓顶上的通廊、栈桥或其他结构应采用简支方式与其连接。

仓顶的挑檐长度取 $300 \sim 400$ mm 为宜,仓顶采用壳体结构时,其环梁的外边应与筒壁外表面一致,环梁断面尺寸一般由计算确定,仓顶为梁板结构时一般不设圈梁。当仓顶采用装配式钢筋混凝土梁时,必须在仓壁上预留槽口,其尺寸较梁断面尺寸稍大一些,槽口处的仓壁环形钢筋应露出,以便与梁浇筑成整体。

(5) 仓上建筑物

仓上建筑物是指仓顶以上的建筑物,有单层及二层以上的厂房,一般布置有送料设备以及除尘设备等,结构形式有砌体结构、钢筋混凝土框架结构、钢结构等类型。在较高的钢筋混凝土筒仓中,一般均采用钢筋混凝土框架承重的结构形式。

在地震区的仓上建筑物宜选用钢筋混凝土框架结构、钢结构;围护结构用轻质材料,并应满足防火等级的要求。

对于直径小于或等于 10 m 的圆形筒仓,当仓顶设置有筛分设备的厂房时,其建筑的楼面及屋面结构宜支承在仓壁向上延伸的圆形筒壁上,圆形筒壁与仓壁等厚;当采用钢筋混凝土框架结构厂房时,框架柱应直接支承在仓壁顶部的环梁上,并在柱脚处(即环梁上)设置纵、横联系梁,以增强结构的整体性。

(6)基础

筒仓的基础选型应根据地基条件、上部荷载和上部结构形式综合分析确定。对于圆形筒仓,宜采用筏式基础或桩基。当地质条件好且承载力较大时,可采用环形基础或单独基础。

对于需要设置变形缝的圆形筒仓,变形缝应做成贯通式并将基础断开。缝宽应符合沉降缝的要求,在抗震设防区尚应符合防震缝的要求。

三、荷载计算

(一)荷载和荷载组合

作用在筒仓上的荷载有以下三类:

① 永久荷载:结构自重、其他构件及固定设备施加在仓上的作用力、预应力、土压力、填料及环境温度作用等。无实践经验时,环境温度作用按永久荷载计算,直径为 21~30 m 的筒仓可按其最大环拉力的 6% 计算,直径大于 30 m 的筒仓可按 8% 计算。

② 可变荷载:贮料荷载、楼面和屋面活荷载、雪荷载、积灰荷载、可移动设备荷载、固定设备中的活荷载及设备安装荷载、风荷载、筒仓外部的堆料荷载及管道输送产生的正、负压力等。

③ 地震作用:计算上述荷载应根据《建筑结构荷载规范》(GB 50009—2012)以及《建筑抗震设计规范》(GB 50011—2010)(2016 年版)。计算筒仓的水平地震作用及自振周期时,取贮料总重的 80% 作为贮料的有效重力,其重心可取贮料整体的重心。

筒仓结构计算时,对不同荷载应采用不同的代表值。对永久荷载应采用标准值,对可变荷载应根据设计要求,采用标准值或组合值,地震作用应采用标准值。按承载能力极限状态计算筒仓结构时,应按照荷载效应的基本组合进行计算,其中结构重要性系数应取 1.0(特殊用途的筒仓可按具体要求采用大于 1.0 的系数)。

筒仓荷载效应基本组合的各种取值应符合下列规定:

① 永久荷载效应控制的组合,永久荷载与可变荷载取全部;

② 可变荷载效应控制的组合,永久荷载及可变荷载效应中起抗震作用的可变荷载取全部。

基本组合、永久荷载分项系数取值如下:

① 永久荷载效应控制的组合,分项系数取 1.2,仓上、仓下的其他平台可取 1.35;

② 可变荷载效应控制的组合,分项系数取 1.2。

基本组合、可变荷载分项系数取值如下:

① 贮料荷载分项系数取 1.3;

② 其他可变荷载分项系数可取 1.4,标准值大于 4 kN/m² 的楼面活荷载分项系数可取 1.3。

可变荷载组合系数取值如下：

① 楼面活荷载及其他可变荷载，如按等效均布荷载取值时，组合系数可取 0.5～0.7；按实际荷载取值时可取 1.0；雪荷载可取 0.5。

② 筒仓无顶盖且贮料重按实际重量取值时，贮料荷载组合系数应取 1.0，有顶盖时可取 0.9。

筒仓构件抗震验算时，构件的地震作用效应和其他荷载效应的基本组合，只考虑全部荷载代表值和水平地震作用效应。计算重力荷载代表值的效应时，除贮料荷载外，其他重力荷载分项系数可取 1.2；当重力荷载对构件承载能力有利时，其分项系数不应大于 1.0。在计算水平地震作用效应时，地震作用分项系数应取 1.3。

筒仓进行抗倾覆稳定或抗滑动稳定计算时，其抗滑稳定性安全系数可取 1.3，抗倾覆稳定安全系数可取 1.5。永久荷载分项系数应取 0.9。

（二）贮料压力

计算贮料荷载时所采用的散料特性参数（重度、内摩擦角及贮料与仓壁之间的摩擦系数等）正确与否，对计算贮料压力有很大影响。然而影响散料特征参数的因素有很多，即使是同一种散料，由于颗粒级配、颗粒形状、含水率、装卸条件、外界温度和湿度以及贮存时间等不同，散料的物理特性参数就有差异，冶金、煤炭工业行业的各种散体贮料，种类繁多，且随着各种矿石品位和开采条件的变化，其变异性很大。因此，散料的物理特性参数可以根据实践经验或者通过试验分析确定。

1. 贮料计算高度

（1）上端

当贮料顶面为水平时，取至贮料顶面；当贮料顶面为斜坡时，取至贮料锥体的重心。

（2）下端

当仓底为钢筋混凝土或钢锥形漏斗时，取至漏斗顶面；当仓底为填料做成的漏斗时，取至填料表面与仓壁内表面交线的最低点处；当仓底为平板无填料时，取至仓底顶面。

2. 深仓的贮料压力

贮料对仓壁和漏斗斜壁上的压力如下（图 3-42）：

P_h——贮料作用于仓壁单位面积上的水平压力；

P_v——贮料顶面或贮料堆体重心以下距离 s 处单位面积上的竖向压力；

P_f——贮料作用计算截面以上仓壁单位周长上的总竖向摩擦力；

P_n——贮料作用漏斗壁单位面积上的法向压力；

P_t——漏斗壁切向力。

（1）詹森法（Janssen）计算贮料在静态时的竖向压力 p_v 和水平压力 p_h

① 受力分析

在深仓高度 s 处，取 ds 层为微元体分析，其上作用各力（设应力均匀分布，深仓截面面积为 A，周长为 S，见图 3-43）如下：

a. 上料层向下垂直压力 $V_下 = p'_v A$；

b. 下料层向上的垂直反力 $R = p'_v A + dp'_v A$；

c. ds 层料的自重 $G_i = \gamma A ds$；

d. 深仓侧壁水平反力 $T_i = p'_h S ds$；

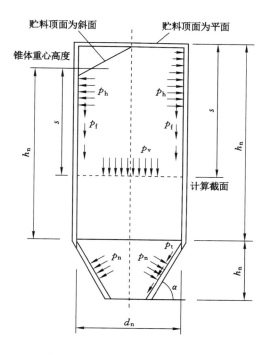

图 3-42 深仓的尺寸及压力示意图

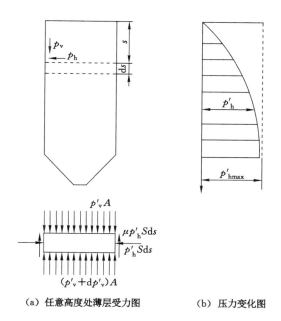

（a）任意高度处薄层受力图 　　　（b）压力变化图

图 3-43 贮料压力计算

e. 深仓侧壁竖向摩擦力 $N_i = \mu p'_h S ds$（μ 为壁身与贮料之间的摩擦系数）。

② 平衡方程

由平衡条件可得：

$$\gamma A \, \mathrm{d}s = A \mathrm{d}p'_\mathrm{v} + \mu \, p'_\mathrm{h} S \mathrm{d}s \tag{3-73}$$

所以有：

$$\mathrm{d}s = \frac{\mathrm{d} \, p'_\mathrm{v}}{\gamma - \dfrac{\mu \, p'_\mathrm{h} S}{A}} \tag{3-74}$$

根据土压力理论可知：

$$p'_\mathrm{h} / p'_\mathrm{v} = k = \tan^2\left(45° - \frac{\varphi}{2}\right) \tag{3-75}$$

式中　k——侧压力系数；

　　　φ——贮料的内摩擦角。

所以有：

$$\mathrm{d}s = \frac{\mathrm{d} \, p'_\mathrm{v}}{\gamma - \dfrac{k \mu S \, p'_\mathrm{v}}{A}} \tag{3-76}$$

积分得：

$$p'_v = \frac{\gamma A}{\mu S k}\left(1 - \mathrm{e}^{-\frac{S s \mu k}{A}}\right) \tag{3-77}$$

令 $\rho = \dfrac{A}{S}$，其物理意义为深仓水平净截面的水力半径。对于圆形筒仓，$\rho = d_\mathrm{n}/4$；对于矩形筒仓，$\rho = a_\mathrm{n} b_\mathrm{n} / 2(a_\mathrm{n} + b_\mathrm{n})$，式中 a_n、b_n 分别为矩形筒仓长边、短边内侧尺寸；对于星仓，$\rho = \sqrt{A}/4$，式中 A 为星仓水平净面积。

从而可得：

$$p'_v = \frac{\gamma \rho}{\mu k}(1 - \mathrm{e}^{-\mu k s/\rho}) \tag{3-78}$$

又因为 $\dfrac{p'_\mathrm{h}}{p'_\mathrm{v}} = k$，则有：

$$p'_\mathrm{h} = \frac{\gamma \rho}{\mu}(1 - \mathrm{e}^{-\mu k s/\rho}) \tag{3-79}$$

式(3-78)、式(3-79)即所求詹森公式。

(2) 贮料的竖向压力 p_v 和水平压力 p_h

考虑料拱的崩塌及贮料处于流动状态时的不利因素，按静态计算的竖向压力 p'_v 应乘以放大系数 C_v；同样考虑到贮料处于流动状态时水平压力增大以及在使用过程中可能会出现的各种不利因素，使仓壁及截面均呈现不均匀状态，故水平压力 p'_h 乘以修正系数 C_h，即

$$p_\mathrm{v} = C_\mathrm{v} \, p'_\mathrm{v} \tag{3-80}$$

$$p_\mathrm{h} = C_\mathrm{h} \, p'_\mathrm{h} \tag{3-81}$$

$$p'_\mathrm{h} = k \, p'_\mathrm{s} \tag{3-82}$$

式中　C_v——深仓贮料竖向压力修正系数(表3-10)；

　　　C_h——深仓贮料水平压力修正系数(表3-10)。

当按式(3-80)计算得到的 p_v 大于 γh_n 时取 γh_n。

表 3-10　深仓贮料压力的修正系数 C_h、C_v

筒仓部位	系数名称	修正系数	
仓壁	C_h	（图）	1. 当 $h_n/D_n > 3$ 时，C_h 应乘以系数 1.1； 2. 对于流动性较差的散料或有实践经验时，C_h 可以乘以系数 0.9
仓底	C_v	钢筋混凝土漏斗	1. 粮食筒仓可取 1.0； 2. 其他筒仓可取 1.4
		钢漏斗	1. 粮食筒仓可取 1.3； 2. 其他筒仓可取 2.0
		平板	1. 粮食筒仓可取 1.0； 2. 漏斗填料最大厚度大于 1.5 m 的筒仓可取 1.0； 3. 其他筒仓可取 1.4

（3）偏心卸料时贮料压力

偏心卸料时贮料压力的不利影响，实质上仍属于压力不均匀分布的范畴，但是比一般的贮料不均匀情况严重，会对仓壁产生较大的附加侧压力，难以将此影响包括在综合修正系数 C_h 内，故应对偏向卸料产生的附加压力进行计算。我国规范采用的计算方法为：

① 偏向卸料作用于矩形仓仓壁上的水平压力：

$$p_{ec} = E_r \, p_h \tag{3-83}$$

$$E_r = (b + 2e)/(b + e) \tag{3-84}$$

② 偏向卸料作用于圆形仓仓壁上的水平压力：

$$p_{ec} = E_c \, p_h \tag{3-85}$$

$$E_c = (d_n + 4e)/(d_n + 2e) \tag{3-86}$$

式中　e ——偏向卸料口中心与仓中心之间的距离；

$\quad\quad E_r$，E_c ——矩形、圆形仓偏心卸料压力系数；

$\quad\quad b$ ——矩形筒仓短边；

$\quad\quad d_n$ ——圆形筒仓内径。

（4）竖向摩擦力 p_f

在深度 h 以上贮料作用于仓壁单位周长上总的竖向摩擦力为：

$$p_f S = \gamma s A - p'_v A \tag{3-87}$$

则：

$$p_f = (\gamma s - p'_v)\frac{A}{S} = (\gamma s - p'_v)\rho \tag{3-88}$$

3. 浅仓的贮料压力

（1）贮料的竖向压力 p_v

贮料顶面以下 s 深度处单位面积上的竖向压力为：

$$p_v = \gamma s \tag{3-89}$$

（2）贮料的水平压力 p_h

贮料顶面以下深度 h 处作用于仓壁单位面积上的水平压力为：

$$p_h = k\gamma s \tag{3-90}$$

式中　k——侧压力系数。

相关规范规定：筒仓的贮料计算高度 h_n 与其内径 d_n 或其他几何平面的短边 b_n 之比等于 1.5 时，除按上式计算外，还需按深仓计算其贮料压力，二者取较大值。

由卡车、火车等将散料瞬间直接卸入浅仓时，应计入冲击效应，冲击系数按规范规定采用。冲击系数只用于贮仓仓壁、仓底构件的设计，不传至仓下支承结构。

4. 漏斗壁上的贮料压力

① 贮料顶面以下深度 s 处作用于筒仓漏斗壁单位面积上的法向压力 p_n 可根据平衡方程得到，参见图 3-44。

$$p_n = p_v \cos^2\alpha + p_h \sin^2\alpha \tag{3-91}$$

式中　p_v——贮料作用于仓底的竖向压力；

　　　α——漏斗壁与水平面的夹角。

② 贮料顶面以下深度 s 处作用于漏斗壁单位面积上的切向力 p_t，参见图 3-44。

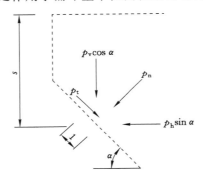

图 3-44　漏斗壁炉上的贮料压力

$$p_t = p_v \cos\alpha\sin\alpha - p_h \cos\alpha\sin\alpha = p_v(1-k)\cos\alpha\sin\alpha \tag{3-92}$$

四、筒仓的结构计算

（一）一般规定

筒仓结构按承载能力极限状态设计时，所有构件均应进行承载力计算。薄壁构件尚应对水平、竖向及其他控制结构安全的截面承载力进行计算，筒仓结构按正常极限状态设计时，应根据使用要求控制筒仓的整体变形。筒仓结构构件应进行抗裂、裂缝宽度及受弯构件的挠度验算。

1. 强度计算

筒仓的仓顶、仓壁、仓底、筒壁多数属于薄壁结构，由于筒仓贮料荷载和其他荷载是在不同方向作用于这些薄壁构件，因此应对构件的水平、竖向及控制截面进行强度计算，其他非薄壁构件按钢筋混凝土构件进行计算。

对于壳体或平板结构，通常可按薄板或薄壳的小挠度理论计算。当圆形筒仓的仓顶采用正截锥壳、正截球壳或其他形式的壳体与仓壁整体连接，或仓壁与仓体整体连接时，除计算其薄膜内力外，尚应计算边缘效应。圆锥形漏斗壁应计算环向力、径向力。圆锥形漏斗与仓壁非整体连接，且顶部的环梁支承在壁柱或内柱上时，可忽略漏斗壁与环梁的共同受力作用。环梁按独立的曲梁计算轴向力、剪力、弯矩和扭矩。

钢筋混凝土矩形筒仓仓壁及角锥形漏斗壁按平面构件计算内力。

2. 变形验算

一般来说，如果仓壁、筒壁和漏斗壁壁厚符合规范规定的要求，可不进行变形验算。若有特殊要求，应对仓顶、仓底梁进行变形验算。

3. 裂缝宽度验算

对于筒仓的仓壁和仓底进行裂缝宽度验算，规范规定：

对于干旱少雨、年降水量少于蒸发量及相对湿度小于 10% 的地区，贮料含水量小于 10% 的筒仓的最大裂缝宽度 ω_{max} 允许值为 0.3 mm。

对于受人为或自然侵蚀性物质严重影响的筒仓，应严格按不出现裂缝的构件计算。其他条件的筒仓，最大裂缝宽度 ω_{max} 允许值为 0.2 mm。

裂缝宽度的计算应按《混凝土结构设计规范》(GB 50010—2012)进行。此外，筒仓的设计还应考虑以下几点：

(1) 筒仓基础底边缘处的最小压力宜大于或等于 0，即 $p_{min} \geqslant 0$，如果不满足以上要求，应验算筒仓的整体抗倾覆稳定性，抗倾覆安全系数不应小于 1.5，当考虑地震荷载时，不宜小于 1.2。

(2) 柱子支承的筒仓，应考虑基础不均匀沉降引起仓体倾斜时对支承结构产生的附加内力。

(3) 贮存热贮料的水泥工业筒仓，一般应进行温度应力计算。当贮料温度与室外最低计算温度差小于 100 ℃时，其仓壁水平钢筋总的最小配筋率应为 0.4%。

(4) 仓下支承结构为筒壁支承或带壁柱的筒壁支承时，应验算其水平截面强度。壁柱顶承受的集中荷载按 45°扩散角向两边的筒壁扩散，同时应验算壁柱顶面的局部承压强度。

(5) 建在地震区的筒仓，应进行抗震验算。当仓壁与仓体整体连接时，仓壁、仓底可不进行抗震验算，仓下支承结构为柱支承时，可按单质点结构体系简化计算，筒壁支承的筒仓仓上建筑地震作用增大系数可取 4.0。柱支承的筒仓仓上建筑地震作用增大系数，可根据仓上建筑计算层结构刚度与仓体及仓上建筑计算层质量比的具体条件，按规范规定取值。仓上建筑增大的地震作用效应不向下部结构传递，仓下钢筋混凝土柱，应根据具体情况，考虑筒仓的外形及可能出现的荷载偏向产生的扭转，可按框架结构计算柱端扭矩和弯矩。

(二) 浅仓的计算

当矩形浅仓的仓壁、漏斗壁及边梁整体连接时，实际上是一种由薄板、杆件组合成一体的空间结构，在贮料荷载作用下，各相邻构件通过变形协调而共同受力，因而各构件需要考虑相邻构件对其变形的约束而引起的能力变化，但是由于浅仓的结构形式较多，目前尚无一套简单、实用的按空间结构整体计算的方法。所以设计矩形浅仓时，一般采用近似的计算方法，将浅仓各构件分解成单独的板、梁，按平面构件体系进行内力分析，较少考虑各构件之间的作用，本节重点介绍平面体系计算方法。

1. 矩形浅仓的几何尺寸

矩形浅仓的几何尺寸应根据柱网确定。出料口的大小根据贮料颗粒大小及卸料方法由工艺设计提供,仓高可根据单仓贮料体积确定。矩形浅仓体积可按式(3-93)确定。

$$V = a_n b_n h_n + \frac{h_h}{6}(2 a_n + a_{n1}) b_n + (2 a_{n1} + a_n) b_{n1} \tag{3-93}$$

式中符号意义如图 3-45 所示。

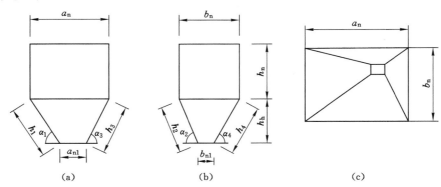

图 3-45　矩形浅仓的体积计算

漏斗壁的倾斜角度根据贮料的内摩擦角确定。通常为了保证贮料能够连续且全部自动卸出,漏斗壁的倾角应比贮料内摩擦角大 $5°\sim10°$。

2. 低壁浅仓的内力分析及截面选择

低壁浅仓由竖壁、斜壁及仓顶平台组成。

(1) 竖壁计算(图 3-46)

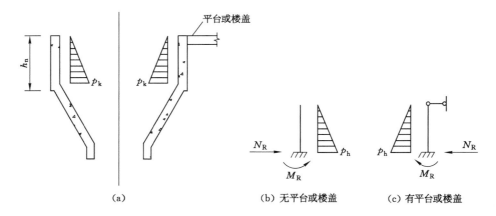

图 3-46　竖壁平面外竖向弯曲计算简图

竖壁的计算要考虑贮料压力作用、顶部竖向荷载作用以及漏斗壁传来的垂直分力的作用,应对竖壁出平面外的竖向弯曲、竖壁平面内的竖向拉力、竖壁平面内的水平拉力和竖壁平面内的弯曲进行计算。

① 竖壁出平面外的竖向弯曲计算

竖壁在贮料水平方向压力 p_h 作用下可以按单向板受力计算局部弯曲,若仓顶无平台时,可按悬臂板计算出竖壁和漏斗壁交接处的竖向弯矩;若仓顶有平台或与建筑物楼盖相连时,一般可按铰支考虑,竖壁与漏斗壁交接处按固接考虑,此处弯矩可近似取竖壁和漏斗壁在该处固端弯矩的平均值。

顶端自由时(无平台):

$$M_R = \frac{1}{6} p_h h_n^2 \tag{3-94a}$$

$$N_R = \frac{1}{2} p_h h_n \tag{3-94b}$$

顶端有平台或楼盖时:

$$M_R = \frac{1}{15} p_h h_n^2 \tag{3-95a}$$

$$N_R = \frac{2}{5} p_h h_n \tag{3-95b}$$

式中　N_R ——竖壁底部与漏斗壁相交处单位宽度上的反力;

　　　M_R ——竖壁底部与漏斗壁相交处单位宽度上的固端弯矩。

② 竖壁平面内的竖向拉力计算

出料口在中心位置处的对称低壁浅仓,在竖壁底部与漏斗壁交接处由漏斗壁传来的单位宽度上竖向拉力认为是均匀分布的,按式(3-96)计算(图3-47)。

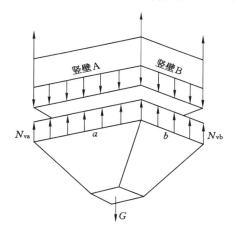

图 3-47　竖壁平面内竖向拉力图

$$N_{va} = N_{vb} = \frac{G}{2(a+b)} \tag{3-96}$$

式中　G ——竖壁底部所承受的竖向荷载(包括贮料荷载、结构自重及设备等);

　　　a,b ——竖壁 A、B 的宽度。

出料口不在中心位置处的不对称低壁浅仓,竖壁底部由漏斗壁传来的竖向拉力呈线性分布,按式(3-97)计算(图3-48)。

$$N_{v1} = \frac{G}{2(a+b)} \cdot t_x t_y \tag{3-97a}$$

$$N_{v2} = \frac{G}{2(a+b)} \cdot (2 - t_x) t_y \tag{3-97b}$$

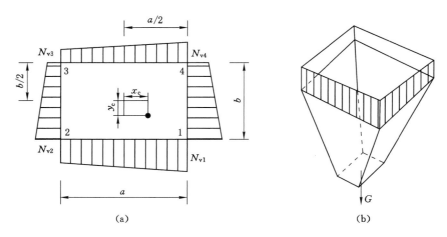

图 3-48 竖壁底部竖向拉力

$$N_{v3} = \frac{G}{2(a+b)} \cdot (2-t_x)(2-t_y) \tag{3-97c}$$

$$N_{v3} = \frac{G}{2(a+b)} \cdot t_x(2-t_y) \tag{3-97d}$$

式中 t_x, t_y ——与重心位置及漏斗尺寸有关的系数。

③ 竖壁平面内的水平拉力计算

在贮料水平压力作用下在竖壁底部产生反力,此反力对相邻竖壁产生水平力。假定该力集中于竖壁漏斗交接处,如图 3-49 所示。

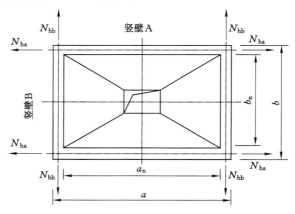

图 3-49 竖壁平面内的水平拉力

低壁浅仓竖壁 A、B 底部水平拉力为:

$$N_{ha} = \frac{N_R \cdot b_n}{2} \tag{3-98a}$$

$$N_{hb} = \frac{N_R \cdot a_n}{2} \tag{3-98b}$$

④ 竖壁平面内的弯曲计算

竖壁在平面内的竖向拉力及自重等垂直荷载作用下产生平面内弯曲,计算时可取

图 3-50 所示普通梁进行计算,竖壁的高度可取竖壁和竖向投影 0.4 倍跨度的漏斗壁的高度。

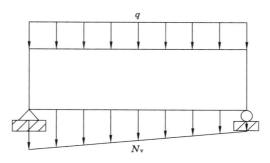

图 3-50　竖壁平面内弯曲计算图

竖壁在弯矩和竖向拉力作用下按偏心受拉构件计算竖向配筋,竖向钢筋直径不宜小于 8 mm,间距不宜大于 200 mm。

竖壁在平面内弯曲所求得的水平钢筋和竖壁在水平拉力作用下求得的钢筋应合并配置在竖壁底部。

（2）漏斗壁的计算

① 漏斗壁水平拉力计算（图 3-51）

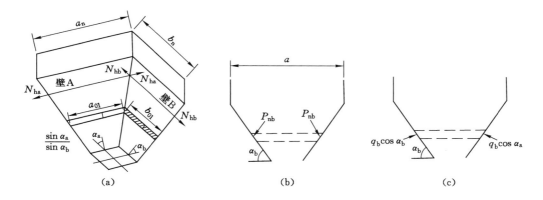

图 3-51　漏斗壁水平拉力计算图

漏斗壁在贮料法向压力及自重作用下,对相邻漏斗壁产生水平拉力,漏斗壁 A、B 在某一水平截面沿漏斗壁斜向单位高度上的水平拉力为 N_{ha} 和 N_{hb}。

$$N_{ha} = \frac{(p_{nb} + q_b \cos \alpha_b) b_{01} \sin \alpha_a}{2} \qquad (3\text{-}99a)$$

$$N_{hb} = \frac{(p_{na} + q_a \cos \alpha_a) a_{01} \sin \alpha_b}{2} \qquad (3\text{-}99b)$$

式中　　p_{na}, p_{nb} ——计算截面处贮料作用于漏斗壁 A、B 上的法向压力;

　　　　q_a, q_b ——漏斗壁 A、B 单位面积自重;

　　　　a_{01}, b_{01} ——计算截面处漏斗壁 A、B 的宽度;

　　　　α_a, α_b ——漏斗壁 A、B 与水平面的夹角。

② 漏斗壁斜向拉力的计算(图 3-52)

对称低壁浅仓沿漏斗壁 A、B 上边缘单位长度,在漏斗壁平面内的斜向拉力 N_{xa} 和 N_{xb} 可按式(3-100)计算(图 3-53)。

$$N_{xa} = \frac{G_1}{2(a_1 + b_1)\sin \alpha_a} \tag{3-100a}$$

$$N_{xb} = \frac{G_1}{2(a_1 + b_1)\sin \alpha_b} \tag{3-100b}$$

式中 G_1 ——计算截面以下漏斗壁所受的全部竖向荷载。

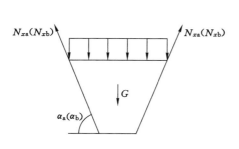

图 3-52 漏斗壁平面内边缘斜向拉力计算

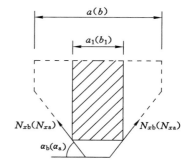

图 3-53 漏斗壁平面内任意高度斜向拉力计算

对于出料口不在中心位置处的不对称低壁浅仓,由于各斜壁倾角不同,斜向拉力沿每个漏斗壁不是均匀分布的,漏斗壁上边缘单位长度上斜向拉力在四角处的值可按式(3-101)计算(图 3-54)。

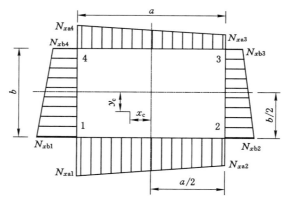

图 3-54 漏斗壁斜向拉力分布图

$$N_{xa1} = \frac{G}{2(a+b)\sin \alpha_{12}} \cdot t_x t_y \tag{3-101a}$$

$$N_{xb1} = \frac{G}{2(a+b)\sin \alpha_{14}} \cdot t_x t_y \tag{3-101b}$$

$$N_{xa2} = \frac{G}{2(a+b)\sin \alpha_{12}} \cdot (2 - t_x) t_y \tag{3-101c}$$

$$N_{xb2} = \frac{G}{2(a+b)\sin \alpha_{23}} \cdot (2 - t_x) t_y \tag{3-101d}$$

$$N_{xa3} = \frac{G}{2(a+b)\sin \alpha_{34}} \cdot (2-t_x)(2-t_y) \tag{3-101e}$$

$$N_{xb3} = \frac{G}{2(a+b)\sin \alpha_{23}} \cdot (2-t_x)(2-t_y) \tag{3-101f}$$

$$N_{xa4} = \frac{G}{2(a+b)\sin \alpha_{34}} \cdot t_x(2-t_y) \tag{3-101g}$$

$$N_{xb4} = \frac{G}{2(a+b)\sin \alpha_{14}} \cdot t_x(2-t_y) \tag{3-101h}$$

式中 $\alpha_{12},\alpha_{23},\alpha_{34},\alpha_{14}$ ——漏斗壁 1-2、2-3、3-4、1-4 与水平面之间的夹角。

任意深度处可参照以上公式计算。

③ 漏斗壁平面外弯曲计算

漏斗壁平面外弯曲计算可近似按四边支承板考虑,漏斗壁之间及漏斗壁与竖壁连接处按固定端考虑,卸料口按简支边考虑,相邻壁交接处的支座弯矩可以平均分配,当不平衡弯矩小于 20% 时可不调整而取最大值。

计算中,当 $\frac{a_1}{a} < 0.25$ 时按三角形板计算。

折算高度:

$$L_y = \frac{h_h}{\sin \alpha_a} \cdot \frac{a}{a-a_1} \tag{3-102}$$

当 $0.25 \leqslant \frac{a_1}{a} \leqslant 0.5$ 时按梯形板计算。

$\frac{a_1}{a} > 0.5$ 时,可按矩形板计算。等效尺寸为:

$$L_x = \frac{2}{3}a\left(\frac{2a_1+a}{a_1+a}\right) \tag{3-103}$$

$$L_y = \frac{h_h}{\sin \alpha_a} - \frac{1}{6}a\left(\frac{a-a_1}{a_1+a}\right) \tag{3-104}$$

式中符号意义如图 3-55 所示。

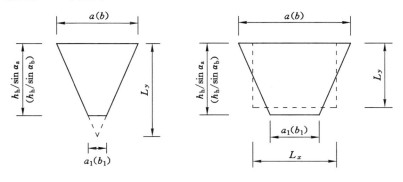

图 3-55 漏斗壁平面外弯曲计算

仓顶平台为一般的梁板体系,按一般的梁板结构进行内力分析和截面选择。

(3)漏斗浅仓的内力分析及截面选择

漏斗浅仓无竖壁,在漏斗壁上边缘设有边梁。作用在漏斗浅仓上的贮料压力计算、漏斗壁的水平拉力及斜向拉力计算、漏斗壁平面外弯曲计算均与低壁浅仓相同。由于漏斗浅仓是直接支承在四角的柱子上,因此还需计算平面内弯曲和边梁的弯压。

① 漏斗壁平面内弯曲计算

计算漏斗斜壁平面内弯曲时,可以将每块漏斗壁近似当作单独的三角形深梁。三角形深梁可简化为按材料力学公式计算,计算时漏斗斜壁的高度取其跨度的1/2,若斜壁高度小于跨度的1/2,取其实际高度。深梁下部应力值向三角形尖顶按直线递减为0,如图3-56所示。

由贮料重及漏斗壁所产生的作用在漏斗壁上的折算荷载为:

$$N_{va} = \frac{G}{2(a+b)\sin \alpha_a} \tag{3-105a}$$

$$N_{vb} = \frac{G}{2(a+b)\sin \alpha_b} \tag{3-105b}$$

则在漏斗壁 A、B 平面内的跨中弯矩为:

$$M_a = \frac{1}{8} N_{va} \cdot a^2 \tag{3-106a}$$

$$M_b = \frac{1}{8} N_{vb} \cdot b^2 \tag{3-106b}$$

由平面内弯曲产生的应力 $\sigma_a = \frac{M_a}{W_a}$ 及 $\sigma_b = \frac{M_b}{W_b}$。$W_a$、$W_b$ 为漏斗斜壁 A、B 的截面弹性抵抗矩。将求得的应力乘以漏斗壁的厚度,得到漏斗壁平面内弯曲的水平拉力或水平压力,此拉力(压力)与按式(3-106)求得的水平拉力相加,由相加后的水平拉(压)力和漏斗壁平面外弯曲计算所得的水平向弯矩,按偏向受拉(压)构件计算漏斗壁的水平钢筋。

② 边梁计算

当漏斗浅仓顶部无平台时,漏斗壁上边缘的边梁在漏斗壁作用下产生斜向弯曲。因为在漏斗壁平面处计算时,边梁作为漏斗斜壁的支座,此时,作用在边梁上的荷载为漏斗斜壁平面外弯曲计算中在边梁中的反力,这个反力使边梁在垂直于漏斗斜壁平面方向产生斜弯曲。将此反力分解为竖直方向和水平方向的分力,边梁在水平方向按闭合框架计算,在竖向按简支梁计算。

边梁内还承受压力的作用,此压力是漏斗浅仓内贮料重及漏斗浅仓自重所产生的柱上反力 p 引起的。p_i 可按式(3-107)计算(图3-57)。

$$p_1 = \frac{G}{4} t_x t_y \tag{3-107a}$$

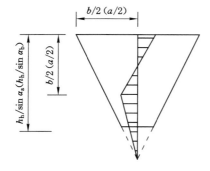

图 3-56　漏斗壁平面内弯曲计算图

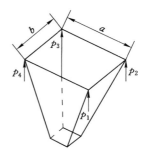

图 3-57　边梁受力分析图

$$p_2 = \frac{G}{4}(2 - t_x) t_y \tag{3-107b}$$

$$p_3 = \frac{G}{4}(2 - t_x)(2 - t_y) \tag{3-107c}$$

$$p_4 = \frac{G}{4} t_x (2 - t_y) \tag{3-107d}$$

式中　G——满仓时贮料重和仓体自重。

边梁中的轴压按式(3-108)计算,如图 3-58 所示。

$$N_a = p_i \cot \beta_i \cos \varphi_a \tag{3-108a}$$

$$N_b = p_i \cot \beta_i \cos \varphi_b \tag{3-108b}$$

式中　p_i——柱上反力;

　　　β_i——漏斗斜壁交肋和水平面之间的夹角,$\tan \varphi_a = \dfrac{b}{a}$,$\tan \varphi_b = \dfrac{a}{b}$。

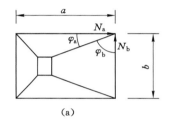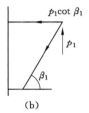

图 3-58　边梁的轴压力

边梁在弯矩和轴压力作用下,按偏心受压构件计算其配筋。

（4）高壁浅仓的内力分析及截面设计要点

高壁浅仓由竖壁、斜壁及仓顶平台三个部分组成,其内力分析及截面设计与低壁浅仓完全相同,但是竖壁属于双向板范围。高壁浅仓中竖壁的计算特点如下:

① 竖壁出平面外的弯曲计算。在贮料水平压力 p_h 作用下可按单跨双向板计算,支承条件根据具体情况考虑。当竖壁顶部与由厚板和梁组成的楼盖连接时,可视为固定;当竖壁顶部与一般楼盖连接时,可视为简支;当竖壁顶部无楼盖时,可视为自由;竖壁与竖壁和竖壁与漏斗壁连接处可视为固定。求得的支座弯矩(竖壁交接处的弯矩)若相差小于 20％时,可取最大值;若相差超过 20％时,可取平均值,并对跨中弯矩(竖壁中弯矩)进行相应调整。

② 竖壁平面内弯曲计算,可不考虑相邻漏斗壁的作用,将竖壁视为深梁。当支承柱子一直伸到竖壁顶部时,可视为两端嵌固的深梁,否则作为简支或多跨连续的深梁。

③ 竖壁平面内竖向拉力和水平拉力计算。竖壁平面内竖向拉力和低壁浅仓相同;竖壁平面内水平拉力可近似认为沿竖壁高度分布来计算(图 3-59)。

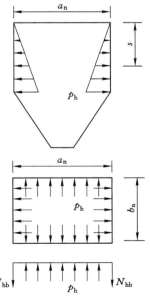

图 3-59　竖壁水平拉力计算

竖壁 A、B 在任一水平截面单位高度上的水平拉力 N_{ha}、N_{hb} 可按式(3-109)计算。

$$N_{ha} = \frac{p_h b_n}{2} \tag{3-109a}$$

$$N_{hb} = \frac{p_h a_n}{2} \tag{3-109b}$$

（5）低壁槽仓的内力分析及截面设计要点

低壁槽仓是由竖壁、斜壁及底板组成的折板结构,端壁相当于折板结构的横隔板。竖壁、斜壁和底板的尺寸均应满足条件:壁(板)高与长之比≤0.5(图 3-60)。槽仓上部进料平台的荷载一般可考虑以均布荷载作用在竖壁上。

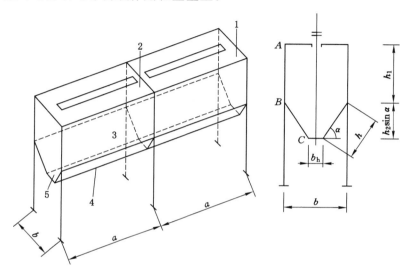

1—端板;2—中间隔板;3—竖板;4—斜板(壁);5—底板。

图 3-60　槽仓及剖面

折板结构的精确计算是十分复杂的问题,目前常采用无弯矩理论,分别研究纵向和横向作用。

① 竖壁和斜壁在平面内弯曲计算按无弯矩折板结构理论进行,单列槽仓按二面折板内力分析;双列槽仓时,对中间柱单元必须作三面折板内力分析,同时计算中一般不考虑进料平台的工作效应,也不计算排料口对底板的削弱。

② 竖壁和斜壁水平拉力的计算可按式(3-110)计算。

$$N_{ha} = \frac{p_h b_n}{2} \tag{3-110}$$

注意:斜壁中 b_n 为 $b_n \sim b_h$ 之间的变值。

③ 竖壁和斜壁平面外弯曲计算可按 1 m 宽的单元折板结构并将其展开,按连续板近似计算其内力,如图 3-61 所示。

④ 端壁计算可近似按矩形梁计算,将端壁与斜壁相连的梯形结构自重作为外荷载,按深梁计算其平面内弯曲,同时考虑其在贮料压力作用下的平面外弯曲。

（三）深仓的计算

深仓根据其平面形式可以分为矩形深仓和圆形深仓。矩形深仓工程中应用相对较少,

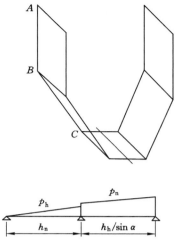

图 3-61　竖壁和斜壁平面外弯曲计算

计算方法同矩形浅仓,可按平面体系计算其平面内的水平力、竖向力及平面内、平面外弯曲所产生的内力。

圆形深仓一般做成仓壁相连的圆形群仓。规范规定可以不计其相互影响,简化为单个深仓计算。圆形筒仓各壳体结构均应按薄膜理论计算内力,当仓顶采用正截锥壳、正截球壳或其他形式的壳体与仓壁整体连接,或仓壁与仓底整体连接时,相连各壳尚应计算边缘效应。目前还没有简单实用的考虑边缘效应的计算方法,在设计中常采用构造措施来不同程度地考虑边缘效应的影响。

(1)仓壁的内力分析与截面设计

圆形深仓仓壁为圆柱形薄壳,在贮料的水平压力 p_h 作用下可按无弯矩理论计算其仓壁的环向拉力。有垂直荷载作用时,应计算仓壁的竖向压力。

① 距离顶面 h 深度处仓壁环向拉力为(图 3-62):

$$N = \frac{p_h D}{2} \tag{3-111}$$

② 某截面处,仓壁竖向压力为:

$$N_{v1} = \frac{G}{\pi D} \tag{3-112}$$

式中　G——计算截面以上的结构自重及全部仓顶荷载;

D——圆形深仓的中心线直径。

在仓壁横截面单位周长上,由贮料自重产生的竖向摩擦力引起的竖向压力为(图 3-63):

$$N_{v2} = p_f = \frac{D}{4}(\gamma h - p'_v) \tag{3-113}$$

式中　p'_v——贮料静态竖向压力。

截面设计时,环向可按轴心受拉构件计算配筋。仓壁的竖向钢筋可以按构造设置,此外深仓仓壁应按轴心受拉构件进行裂缝宽度验算。

(2)仓底的内力分析及截面选择

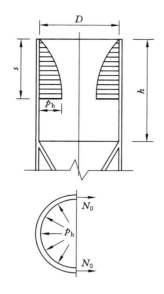

图 3-62　仓壁环向拉力计算图

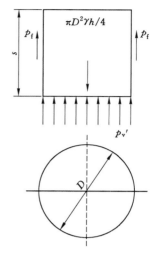

图 3-63　仓壁的竖向压力

深仓的仓底通常采用圆锥形漏斗仓底、圆形平板仓底和肋形梁板仓底。

① 圆锥形漏斗仓底。

圆锥形漏斗仓底可按薄膜理论(无弯矩理论)计算。如图 3-64(a)所示倒截圆锥在自重作用下,其水平环向拉力 N_θ 和径向拉力 N_s 为:

$$N_\theta = gs\cos \alpha\cot \alpha \tag{3-114}$$

$$N_s = \frac{gs}{2\sin \alpha}\left(1 - \frac{s_1^2}{s_2^2}\right) \tag{3-115}$$

如图 3-64(b)所示倒截圆锥在贮料荷载作用下,其水平环向拉力 N_θ 和径向拉力 N_s 为:

$$N_\theta = \frac{m\cot \alpha}{1 - \frac{s_1}{s_2}}\left[(p_{v2} - p_{v1})\frac{s^2}{s_2} + \left(p_{v1} - \frac{s_1}{s_2}\,p_{v2}\right)s\right] \tag{3-116a}$$

$$N_s = \frac{s\cot \alpha}{2}\left[\frac{s_2\left(p_{v1} - \frac{s_1}{s_2}\,p_{v2}\right) - s(p_{v1} - p_{v2})}{s_2 - s_1} + \frac{\gamma\sin \alpha}{3}\left(s - \frac{s_1^2}{s^2}\right)\right] \tag{3-116b}$$

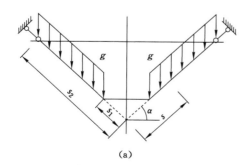

(a)

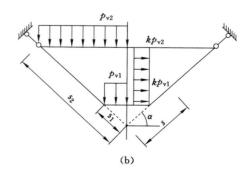

(b)

图 3-64　仓壁的竖向压力

式中　s——计算截面至锥顶的距离；

m——系数，$m = \cos^2\alpha + k\sin^2\alpha$；

k——侧压力系数，$k = \tan^2\left(45° - \dfrac{\varphi}{2}\right)$；

γ——贮料重度；

p_{v1}，p_{v2}——作用于漏斗下口及上口处的贮料竖向压力，深仓 $p_{v1} = p_{v2}$。

由 N_s 和 N_θ 按轴心受拉构件进行圆锥形漏斗仓底的配筋计算。

② 圆形平板仓底。

圆形平板仓底可以分为无孔洞仓底、小孔洞仓底和大孔洞仓底三种。

a. 无孔洞圆形平板或较小孔洞的圆形平板仓底的计算。

这种圆形平板仓底可按整块圆板计算，并视作在均布荷载作用下的简支圆板计算。在径向单位长度上作用着径向弯矩 M_s，环向单位长度上作用着环向弯矩 M_θ，以及单位周长上的剪力 V_s，在均布荷载作用下的弯矩和剪力可按式（3-117）计算（图 3-65）。

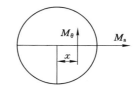

$$M_s = \frac{q}{16}(3+\mu)\left[1 - \left(\frac{x}{R}\right)^2\right]R^2 \tag{3-117a}$$

$$M_\theta = \frac{q}{16}\left[(3+\mu) - (1+3\mu)\left(\frac{x}{R}\right)^2\right]R^2 \tag{3-117b}$$

$$V_s = \frac{q\pi R^2}{2\pi R}\left(\frac{x}{R}\right) = \frac{1}{2}qx \tag{3-117c}$$

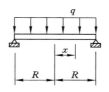

图 3-65　圆形平板仓底

式中　μ——泊松比，钢筋混凝土 $\mu = \dfrac{1}{6}$。

考虑圆平板在支座处的嵌固作用，可按式（3-118）计算支座弯矩，配置径向钢筋。

$$M_{s支座} = \frac{1}{8}qR^2 \tag{3-118}$$

由 M_s 计算径向钢筋，从平板中心辐射状布置于板底，由 M_θ 计算的环形钢筋环状布置于板底，由 $M_{s支座}$ 计算板周边负筋，辐射布置，长度为 $\dfrac{1}{4}R$。

为了满足圆形平板的抗剪强度，圆板厚度应满足以下条件：

$$V_s \leqslant 0.7f_tbh_0 \tag{3-119}$$

式中　f_t——混凝土轴心抗压强度；

b——取 1 m；

h_0——圆平板的有效高度。

b. 环形板的计算。

当圆形平板中央开有较大孔洞并沿洞边设置小漏斗时，按环形平板由弹性理论进行计算。

环形平板在板面上的垂直均布荷载 q 的作用下，在距圆心任意距离 x 处截面单位长度上的径向弯矩 M_s，环向弯矩 M_θ 以及剪力 V_s 可根据式（3-120）计算（图 3-66）。

$$M_s = \frac{qR^2}{16}\left[(3+\mu)(1-\rho^2) + k_1\left(1 - \frac{1}{\rho^2}\right) + 4(1+\mu)\beta^2 \cdot \ln\beta\right] \tag{3-120a}$$

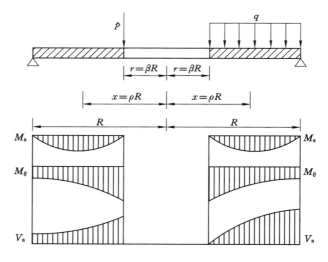

图 3-66　环形平板计算简图

$$M_\theta = \frac{qR^2}{16}\Big[2(1-\mu)(1-2\beta^2)+(1+3\mu)(1-\rho^2)+k_1\Big(1+\frac{1}{\rho^2}\Big)+4(1+\mu)\beta^2\cdot\ln\beta\Big]$$

(3-120b)

$$V_s = \frac{qR}{2}\Big(\rho-\frac{\beta^2}{\rho}\Big)$$

(3-120c)

式中，$\beta=\dfrac{r}{R}$；$\rho=\dfrac{x}{R}$；μ 为混凝土的泊松比；$k_1=\beta^2\Big[(3+\mu)+4(1+\mu)\dfrac{\beta^2}{1-\beta^2}\cdot\ln\beta\Big]$。

环形平板在沿内缘周边环形分布线荷载 p 的作用下，在距圆心任意距离 x 处截面单位长度上的径向弯矩 M_s、环向弯矩 M_θ 以及剪力 V_s 可由式(3-121)计算(图 3-66)。

$$M_s = \frac{pr}{2}\Big[k_2\Big(\frac{1}{\rho^2}-1\Big)-(1+\mu)\ln\beta\Big]$$

(3-121a)

$$M_\theta = \frac{pr}{2}\Big[(1-\mu)-k_2\Big(\frac{1}{\rho^2}+1\Big)\ln\beta\Big]$$

(3-121b)

$$V_s = p\frac{r}{x}$$

(3-121c)

式中，$k_2=(1+\mu)\dfrac{\beta^2}{1-\beta^2}\cdot\ln\beta$。

c. 设有中间支柱的圆形底板计算。

设圆形底板的总垂直均布荷载为 q，中间柱子所承担的垂直荷载(N)按分配给每根中间柱子的仓底面积(A)来计算($N=qA$)，把所有中间柱子(一般不少于 4 根)承受的垂直荷载的总和换算成沿直径为 d 的圆周均匀分布的线荷载 p，这样设有中间支柱的圆形底板就可以分解成在 q 和 p 分别作用下的圆板来计算(图 3-67)。分别计算出两种情况下圆板的径向弯矩 M_s、环向弯矩 M_θ 以及剪力 V_s，然后进行圆板径向钢筋、环向钢筋和板的厚度叠加。

d. 对于肋形梁板的仓底板可按一般的肋形楼盖进行计算。

(3) 仓下支承结构的内力分析与截面计算

仓下支承结构可采用筒壁或带壁柱的筒壁支承，也可以采用柱支承。在筒壁或仓壁落地的浅圆仓仓壁上开有宽度大于 1.0 m 的洞口时,洞口上方的筒壁或仓壁应计算其在竖向荷载作用下的内力,在洞口的角点部位尚应验算集中应力。当洞口间筒壁的宽度小于或等于 5 倍壁厚时,应按柱子进行计算,其计算长度可取洞高的 1.25 倍。

深仓仓壁可以直接支承于环形基础或整块基础,板上做成落地式深仓,当采用等距离柱子支承时,柱子应沿深仓仓壁周边均匀布置,柱子的数量一般不少于 6 根,柱子间距可根据工艺要求和受力确定。

① 支柱计算。

每个柱子承担的垂直荷载平均分配,柱子截面按轴心受压构件计算。当深仓由沿仓壁周边等距离设置的柱子和仓底板下的中间支柱共同支承时,中间柱子所承受的竖向荷载可以根据柱顶荷载面积和柱底地基反力面积两种方法来计算,取二者中的较大值,按轴心受压构件计算柱子截面和配筋。

② 深仓仓壁承压强度计算。

同时为了保证顺利传递总压力,在柱子上端与仓壁连接处应设置柱帽,其尺寸 $a \geqslant \dfrac{\pi D}{2n}$ 及 $b \geqslant \dfrac{D}{10}$,式中 D 为深仓直径,n 为边柱的数量。另外,对仓壁与柱帽的接触面尚应验算局部承压强度。局部承压面积取值为 $(a + 2\delta)t_1$,如图 3-68 所示,其中 δ 为仓底板厚度,t_1 为仓壁厚度。

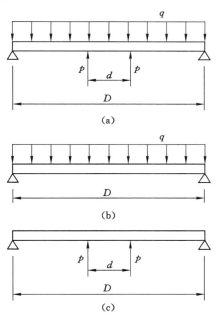

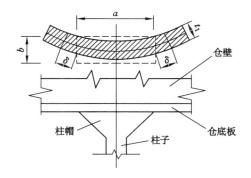

图 3-67　设有中间支柱的圆形底板计算简图　　　　图 3-68　柱帽强度计算简图

（4）基础内力分析及截面计算

筒仓基础形式通常是圆板基础、环形基础和筏式基础,计算原理和方法同建筑地基基础,包括基础底板尺寸、基础板厚度的确定及配筋计算。要注意以下几点:

① 对柱子支承的筒仓,应计算基础不均匀沉降引起仓体倾斜对支承结构产生的附加

内力。

② 整体相连的群仓基础,应取空仓、满仓的荷载效应组合(图3-69)。群仓地基持力层、下卧层的计算及验算,应计入空、满仓以仓体附件大面积堆载的影响。

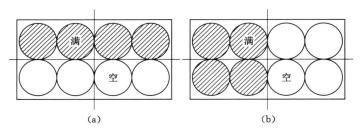

(a)　　　　　　　　　　　(b)

图 3-69　群仓基础的荷载组合

③ 基底边缘处地基的最小压应力应等于0。

④ 按正常使用极限状态设计筒仓基础时,其倾斜率不应大于0.004,平均沉降量不宜大于200 mm。

五、筒仓的构造

(一)圆形筒仓的仓壁和筒壁

(1)仓壁和筒壁的混凝土强度等级不应低于C30。受力钢筋的保护层厚度不应小于30 mm。圆形筒仓的仓壁和筒壁的最小厚度不宜小于150 mm,当采用滑模施工时,不应小于160 mm。对于直径 $D \geq 6$ m的筒仓,仓壁和筒壁的内、外侧各应配置双层(水平、竖向)钢筋。

(2)水平钢筋直径不宜小于10 mm,也不宜大于25 mm,且钢筋间距不应大于200 mm,也不应小于70 mm。水平钢筋的接头宜采用焊接,当采用绑扎接头时,搭接长度不应小于50倍钢筋直径,且接头位置应错开。错开的距离:水平方向不应小于一个搭接长度,也不应小于1.0 m;在同一竖向截面上每隔3根钢筋允许有一个接头。

(3)筒壁支承的筒仓,当仓底与仓壁非整体连接时,应将仓壁底部的水平钢筋量延续配置到仓底结构面以下的筒壁,其高度不应小于6倍仓壁厚度(图3-70)。

(4)储存热储料且温差小于100 ℃时,仓壁水平钢筋总的最小配筋率应为0.4%,其他贮料仓壁水平钢筋总的最小配筋率应为0.3%;筒壁水平钢筋最小配筋率应为0.25%。

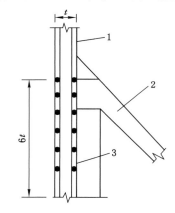

1—仓壁;2—仓底(漏斗);3—筒壁。

图 3-70　仓壁底部水平钢筋延续
配置范围示意图

(5)竖向钢筋直径不宜小于10 mm,且钢筋间距:对于外仓仓壁不应少于每米3根;对于群仓的内仓不应少于每米2根;对于筒壁不应少于每米3根。外仓仓壁在仓底以上1/6仓壁高度范围内,竖向钢筋总的最小配筋率应为0.4%,其他部位可为0.3%;群仓的内仓仓壁的最小配筋率应为0.2%,筒壁的最小配筋率应为0.4%。

(6)竖向钢筋的接头宜采用焊接,当采用绑扎接头时,光面钢筋搭接长度不应小于40

倍钢筋直径,可不加弯钩;变形钢筋的搭接长度不应小于 35 倍钢筋直径;接头位置应错开,在同一水平截面上每隔 3 根钢筋允许有一个接头。

(7) 为了确保水平钢筋的设计位置,在环向每隔 2～4 m 设置 1 个两侧平行的焊接骨架,详见图 3-71。骨架的水平钢筋直径宜为 6 mm,间距应与仓壁或筒壁水平钢筋相同。此时骨架的竖向筋可代替仓壁和筒壁的竖向钢筋。

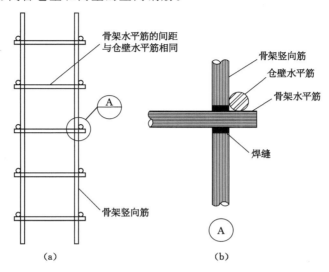

图 3-71　焊接骨架示意图

当仓底与仓壁整体连接时,在距离仓底以上 1/6 的仓壁高度范围内,宜在水平方向和竖直方向两个方向内外两层钢筋之间,每隔 500～700 mm 设置 1 根直径为 4～6 mm 的联系筋,如图 3-72 所示。

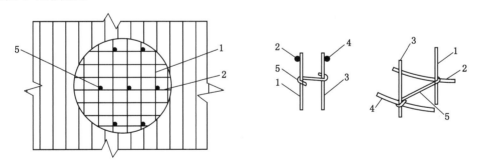

1—内侧竖向筋;2—内侧水平筋;3—外侧竖向筋;4—外侧水平筋;5—联系筋。

图 3-72　联系筋示意图

(8) 除有特殊措施外,在水平钢筋上不应焊接其他附件。水平钢筋和竖向钢筋的交叉点应绑扎,严禁焊接。

(9) 在群仓的仓壁之间、筒壁之间的连接处应配置附加水平钢筋,其直径不宜小于 10 mm,间距应与水平钢筋相同,附加水平钢筋应伸到仓壁或筒壁内侧,其锚固长度不应小于 35 倍钢筋直径,如图 3-73 所示。

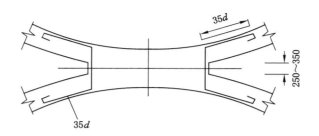

图 3-73　群仓连接处附加水平钢筋示意图

（二）矩形筒仓仓壁

（1）仓壁混凝土强度等级不宜低于 C30，受力钢筋的保护层厚度不应小于 30 mm。仓壁厚度不应小于 150 mm，四角应配置内、外双层钢筋。

（2）当仓下支承柱伸到仓顶时，仓壁中心线与柱的中心线宜重合布置。当仓壁中心线与柱的中心线不重合时，仓壁的任何一边离柱边的距离不应小于 50 mm，如图 3-74 所示。

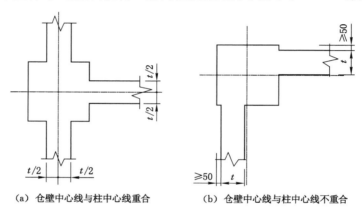

（a）仓壁中心线与柱中心线重合　　　（b）仓壁中心线与柱中心线不重合

图 3-74　矩形筒仓仓壁与柱轴线关系示意图

（3）柱子支承的低壁浅仓仓壁配筋应符合下列规定：

① 按平面内弯曲计算的仓壁跨中和支座纵向受力钢筋以及竖向钢筋均应按普通梁的构造配置，当仓底漏斗与仓壁整体连接时，配置在仓壁底部的纵向钢筋不宜少于 2 根，直径宜为 20～25 mm。

② 内外层的竖向和水平钢筋的直径不应小于 10 mm，间距不应大于 200 mm，也不应小于 70 mm。

（4）柱子支承的高壁浅仓仓壁配筋应符合下列规定：

① 内外层水平钢筋的直径不宜小于 8 mm，竖向钢筋的直径不宜小于 10 mm，钢筋间距不应大于 200 mm，也不应小于 70 mm。

② 按平面内弯曲计算的纵向受力钢筋，可选用分散配筋形式或选用集中配筋形式，当仓壁为单跨简支且选用集中配筋时，跨中纵向受力钢筋应全部伸入支座。

（三）洞口

（1）除仓壁落地浅圆仓外，在仓壁上开设的洞口宽度和高度不宜大于 1 m，并在洞口四周配置附加钢筋。

① 洞口上下每边附加的水平钢筋面积不应小于被洞口切断的水平钢筋面积的 0.6 倍。洞口左右每侧附加的竖向钢筋面积不应小于被洞口切断的竖向钢筋面积的 0.5 倍。

② 洞口附加钢筋的配置范围:水平钢筋应为仓壁厚度的 1~1.5 倍;竖向钢筋应为仓壁厚度的 1.0 倍。配置在洞口边的第一排钢筋数量不应少于 3 根,如图 3-75(a)所示。

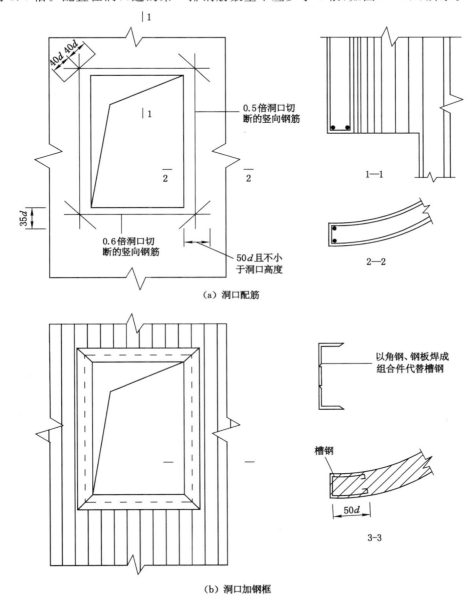

（a）洞口配筋

（b）洞口加钢框

图 3-75　仓壁洞口构造示意图

③ 附加钢筋的锚固长度:水平钢筋自洞边伸入长度不应小于 50 倍钢筋直径,也不应小于洞口高度;竖向钢筋自洞边伸入长度不应小于 35 倍钢筋直径。

④ 在洞口四角处的仓壁内外层各配置 1 根直径不小于 16 mm 的斜向钢筋,其锚固长

度两边应各为 40 倍钢筋直径。

⑤ 当采用封闭钢框代替洞口的附加构造筋时,洞口每边被切断的水平和竖向钢筋均应与钢框有可靠的连接,如图 3-75(b)所示。

(2)在筒壁上开设洞口时,应按下列规定在洞口四周配置附加构造钢筋:

① 当洞口宽度小于 1.0 m 且在洞顶以上高度等于洞宽的范围内无集中荷载和均布荷载(不包括自重)作用时,洞口每边附加钢筋的数量不应少于 2 根,直径不应小于 16 mm。

② 当浅圆仓仓壁的洞口宽度大于 1.0 m 且小于 4.0 m 时,应按洞口的计算内力配置洞口钢筋;但每边配置的附加构造钢筋数量不应少于 2 根,直径不应小于 16 mm。

③ 仓底以下通过车辆或胶带输送机的洞口,其宽度均大于或等于 3.0 m 时,宜在洞口两侧设扶壁柱,其截面不宜小于 400 mm×600 mm(图 3-76),并按柱的构造配置钢筋,柱上端伸到洞口以上的长度不应小于 1.0 m。

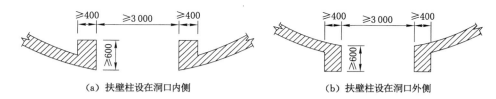

（a）扶壁柱设在洞口内侧　　　　　（b）扶壁柱设在洞口外侧

图 3-76　扶壁柱最小截面示意图

④ 洞口附加钢筋的锚固长度:水平钢筋自洞边伸入长度不应小于 50 倍钢筋直径且不小于洞口高度;竖向钢筋自洞边伸入长度不应小于 35 倍钢筋直径。

(3)相邻洞口间狭窄筒壁宽度不应小于 3 倍壁厚,也不应小于 500 mm。当狭窄筒壁的宽度小于或等于 5 倍壁厚时,应按柱子构造配置钢筋(图 3-77),其配筋量应计算确定。

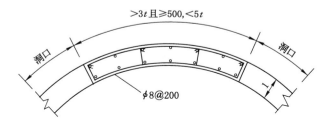

图 3-77　狭窄筒壁配筋示意图

（四）漏斗

(1)漏斗壁的厚度不宜小于 120 mm,受力钢筋直径不应小于 8 mm,间距不应大于 200 mm,也不应小于 70 mm。当壁厚大于或等于 120 mm 时,宜采用内、外双层配筋,各个方向最小配筋率均应大于 0.3%。

(2)圆锥形漏斗的径向钢筋,不宜采用绑扎接头,钢筋伸入漏斗顶部环梁或仓壁内,其锚固长度不应小于 50 倍钢筋直径,如图 3-78 所示。当环向钢筋采用绑扎接头时,搭接长度及接头位置均应按圆形筒仓仓壁对水平钢筋的接头要求进行配置。

(3)角锥形漏斗宜采用分离式配筋,漏斗的斜向钢筋应伸入漏斗上口边梁或仓壁内,其锚固长度不应小于 50 倍钢筋直径。角锥形漏斗四角的吊挂骨架钢筋,其直径不应小于

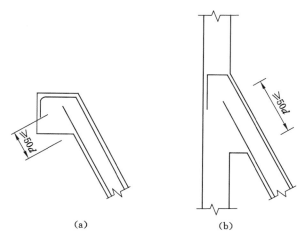

图 3-78 漏斗壁斜向钢筋锚固长度示意图

16 mm,钢筋上端应伸入漏斗支承构件内,其锚固长度不应小于 50 倍钢筋直径。

（4）漏斗下口边梁的最小宽度不应小于 200 mm,其水平钢筋的搭接长度不应小于 35 倍钢筋直径,也可以焊接成封闭状。

（五）柱和环梁

当仓底选用单个吊挂圆锥形漏斗,仓下支承结构为筒壁支承时,漏斗顶部钢筋混凝土环梁的高度可取 0.06～0.1 倍的筒仓直径。环梁内环向钢筋面积不应小于环梁计算截面的 0.4%,环向钢筋应沿梁截面周边均匀配置,详见图 3-79。

当仓下支承结构为柱子时,柱顶应设环梁,其截面及配筋量计算确定。仓下支承柱的纵向钢筋的总配筋率不应大于 2%。

（六）抗震构造措施

震害调查表明:柱支承的筒仓倒塌所占比例比较高,主要表现在柱头部位,因此,仓下支承柱纵筋的最小配筋率应符合表 3-11 的要求。

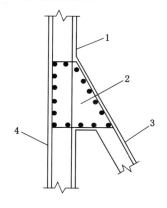

1—仓壁；2—环梁；
3—仓底（漏斗）；4—筒壁。
图 3-79 漏斗顶部仓壁环梁
配筋示意图

表 3-11 仓下支承柱最小纵向配筋率 ρ_{min}

设计烈度	中柱、边柱	角柱
7、8 度	0.7%	0.9%
9 度	0.95%	1.1%

同时在柱与仓壁或环梁交接处及以下部位、柱与基础交接处及以上部位的柱长边或柱净高的 1/6 且不小于 1 m 的范围内箍筋加密间距为 100 mm,在设计烈度为 7 度时直径为不小于 8 mm,8 度、9 度时直径不小于 10 mm,筒壁双层配筋,其水平或竖向钢筋总的最小配筋率不宜小于 0.4%,洞口扶壁柱总的最小配筋率不宜小于 0.6%。

筒壁支承的筒仓防震缝宽度不应小于 70 mm,柱支承的筒仓按框架结构设置。

第四节　矿山栈桥和输送机走廊

按照煤炭生产工艺流程的要求,煤炭提升至地面后,要从一个枢纽输往另一个枢纽,或者从一个水平转运到另一个水平。因此,需要在某些生产建筑物之间建设一种构筑物,用以安装和支撑其间的运输设备。这种构成高架运输并供人员通行的构筑物称为栈桥。

为了防风避雷,保护设备,通常在桥面上修有墙壁和顶盖,因此称为走廊。安装胶带输送机的称为胶带输送机走廊,铺设轨道的称为矿车运输走廊,专供人员通行的称为人行走廊。

一、概述

(一)栈桥走廊通道的布置

栈桥一般由走廊、支承结构和基础三个部分组成。位于栈桥上部的走廊是安装并支承运输机械的承重结构。它的两端通常支承在支架上。

根据煤炭生产工艺流程的要求,走廊的倾角可以按结构起止两点的高差及水平距离来确定,但是不能大于运输设备所允许的范围。目前国内常用的胶带机走廊,上行运输时倾角不大于18°,最大不得大于21°,下行运输时不得大于15°。

走廊的宽度取决于胶带输送机设备的并行数量、规格尺寸、人行通道及检修道的宽度。目前国内单条输送机走廊宽度通常为 2.5～3.5 m;双条输送机走廊宽度为 4.5～5.8 m;胶带输送机具体布置及基本参数参看图 3-80 及表 3-12 和表 3-13。

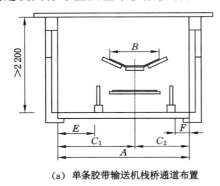
(a) 单条胶带输送机栈桥通道布置

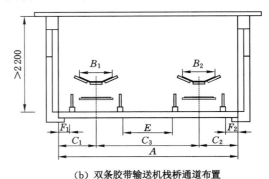
(b) 双条胶带输送机栈桥通道布置

图 3-80　胶带输送机栈桥通道布置

表 3-12　单条胶带输送机栈桥系列及基本参数　　　　单位:mm

栈桥净宽	胶带宽度	胶带中心至墙内侧净距		人行道宽度	检修道宽度
A	B	C_1	C_2	E	F
2 500	500	1 400	1 100	915	615
	600	1 400	1 100	840	540
3 000	800	1 700	1 300	1 040	540
	1 000	1 700	1 300	930	530
3 500	1 200	2 000	1 500	1 105	605
	1 400	2 000	1 500	1 005	505

注:在计算 E 和 F 时,胶带输送机外形尺寸以中间架支腿底部角钢外缘为准。

表 3-13 双条胶带输送机栈桥系列及基本参数　　　　　　　单位:mm

栈桥净宽 A	胶带宽度 B_1+B_2	胶带中心至墙内侧净距		胶带中心距 C_3	人行道宽度 E	检修道宽度	
		C_1	C_2			F_1	F_2
4 500	650+650	1 100	1 100	2 300	1 180	540	540
	650+800	1 060	1 160	2 280	1 060	500	500
5 000	650+1 000	1 150	1 350	2 500	1 170	590	580
	800+800	1 250	1 250	2 500	1 180	590	590
	800+1 000	1 180	1 290	2 530	1 100	520	520
5 500	800+1 200	1 300	1 500	2 700	1 145	640	605
	1 000+1 000	1 400	1 400	2 100	1 160	630	630
	1 000+1 200	1 300	1 400	2 800	1 135	530	505
5 800	1 200+1 200	1 450	1 460	2 900	1 110	555	555

注:在计算 E、F_1、F_2 时,胶带输送机外形尺寸以中间架支腿底部角钢外缘为准。

人行走廊除保证宽度外,还要考虑坡道行走安全,坡度大于 5°时应设防滑条,坡度大于 8°时则应设台阶。

走廊的高度以不妨碍人员通行为准,一般不应小于 2.2 m,通常为 2.5~3.0 m。

走廊的跨度根据所用材料并考虑制作和安装方便来确定。各跨度尽可能一致,并考虑各支座的布置不妨碍其他构筑物、运输线路及管线的正常使用和合理配置,一般采用钢筋混凝土梁时,其跨度为 9 m、12 m 两种;采用预应力钢筋混凝土梁时,其跨度为 18 m;采用钢筋混凝土桁架时,其跨度为 12~18 m;当采用预应力钢筋混凝土桁架时,其跨度为 20~30 m;采用钢桁架时,其单跨长度为 30~40 m,有的可达 60 m。

（二）栈桥的类型及结构

1. 钢筋混凝土栈桥

钢筋混凝土栈桥具有耐火、耐久性强,刚度较大,节约钢材等优点,因而在我国被广泛采用。

钢筋混凝土栈桥有梁式、桁架式和薄壁箱形三种结构形式。根据其施工方法可现浇也可以预制装配,根据构件中钢筋的受力情况有普通钢筋混凝土结构和预应力钢筋混凝土结构。

图 3-81 为钢筋混凝土梁式栈桥,由纵梁、横梁、支架和桥面板等承重结构及墙壁、顶盖等防护结构组成。

（1）支架

钢筋混凝土栈桥的支架通常为钢筋混凝土多层框架,图 3-82 为支架的两种形式。支架底部与基础相连,基础多采用独立基础,当荷载较大或地基不均匀时,可采用十字交叉基础,支架上端与纵梁固接,整体支架高度一般为 6~17 m,按 0.5 m 分级。

（2）跨间承重结构

跨间承重结构由钢筋混凝土纵梁、横梁及桥面板组成。当桥宽为 3 m 时,跨间可不设横梁。承重梁与支柱做成刚性连接。横梁的间距为 3~5 m。

（3）桥面板

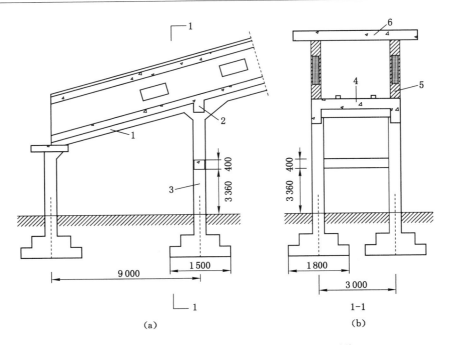

1—纵梁;2—横梁;3—支架;4—桥面板;5—墙壁;6—顶盖。

图 3-81　钢筋混凝土梁式栈桥

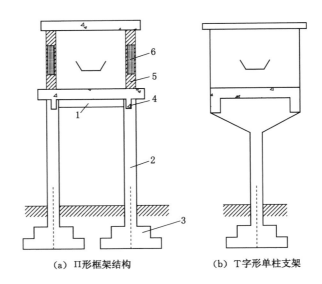

（a）Π形框架结构　　　　（b）T字形单柱支架

1—横梁;2—支架;3—基础;4—纵梁;5—墙;6—窗。

图 3-82　钢筋混凝土栈桥支架形式

　　桥面板为现浇或预制的钢筋混凝土板,其厚度一般为 80～100 mm。在设计和施工桥面板时,应预埋安装胶带输送机的地脚螺栓。

　　（4）防护结构

　　钢筋混凝土栈桥走廊的墙壁通常采用 240 mm 厚的砖墙,墙壁直接砌筑在纵梁上,外墙勾缝内墙抹灰喷白浆,屋顶多采用平顶或双向坡顶的钢筋混凝土预制板,并设卷材防水层,也可以采用木制顶棚,上铺石棉水泥瓦屋面。

2. 钢栈桥

钢栈桥由支架、跨间承重结构及防护结构三个部分组成。支架为支柱及连杆组成的平面桁架,跨间承重结构由主桁架、上弦支撑桁架、下弦支撑桁架及门架组成,如图 3-83 所示。

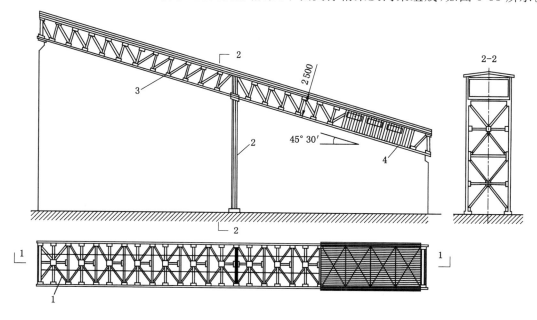

1—胶带中心线;2—支架;3—跨间承重结构;4—防护结构。

图 3-83　钢桁架栈桥示意图

(1) 支架

支架是支承栈桥的承重结构,根据其所处的位置,有端支架(图 3-84)和中间支架(图 3-85)。

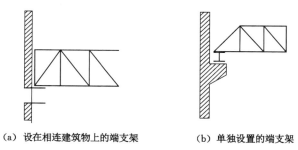

(a) 设在相连建筑物上的端支架　　(b) 单独设置的端支架

图 3-84　端支架的形式

端支架设在栈桥的端部,可安设在相连的建筑物或构筑物上[图 3-84(a)],也可以单独设置[图 3-84(b)],设在建筑物或构筑物上时,建筑物应能承担栈桥传来的荷载。

中间支架有平面桁架和空间结构两种形式(图 3-85)。采用平面桁架时,其支架两支腿做成平行式的或岔开式的,支架的顶部尺寸与跨间结构的宽度相同。其底部用螺栓锚固在

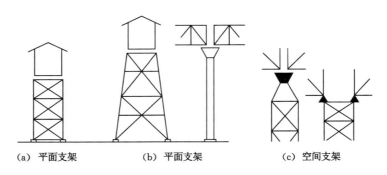

图 3-85 中间支架的形式

基础上。

（2）跨间承重结构

跨间承重结构的主桁架是平行弦桁架，如图 3-86 所示，桁架的高度取决于栈桥走廊的高度、横梁及桥面板的厚度。因此，它的最小高度为 2.5～3.0 m，桁架最经济的高跨比 $H/L=1/10\sim1/12$，由 H/L 可得到最经济的跨度为 25～35 m，通常为 30 m。桁架节间的尺寸根据桥面板与顶棚结构的合理跨度、腹杆连接的方便及墙的重量来确定，通常取 2.5～3.0 m，腹杆的倾角为 $40°\sim50°$。

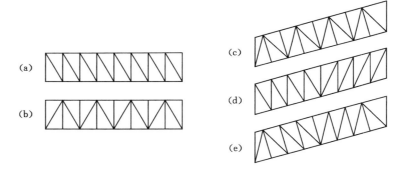

图 3-86 钢栈桥跨间结构形式

为了保证桁架结构的空间刚性和整体稳定性，在桁架上弦平面和下弦平面内应设置用以承受水平荷载的上弦支撑桁架和下弦支撑桁架。上弦支撑桁架和下弦支撑桁架是由两片正面桁架的上弦或下弦的弦杆及横梁和支撑腹杆构成的平面桁架，其形式如图 3-87 所示，与正面桁架共同组成空间桁架，即栈桥的跨间承重结构。

门架是由立柱与顶端横梁构成的门式支撑横梁，用来将水平荷载传到栈桥的支架上，并保证在水平荷载作用下的横向刚性，一般情况下栈桥的支点采用铰接，水平荷载大的可采用固接。

（3）防护结构

墙壁防护结构一般采用钢丝绳细石混凝土板、石棉水泥瓦、压形涂料钢板、铝合金板等直接安设在桁架杆件上，屋面板一般为预制钢筋混凝土槽形板，可支承在上弦的小横桁架或横梁上，上面铺设防水层。

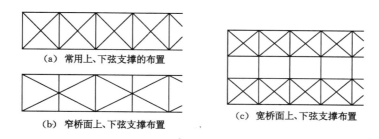

(a) 常用上、下弦支撑的布置

(b) 窄桥面上、下弦支撑布置

(c) 宽桥面上、下弦支撑布置

图 3-87　上、下弦支撑布置形式

3. 砖石栈桥

目前不少地方仍采用砖石栈桥。这种栈桥的支座采用拱形砖墩,纵向跨间结构采用砖砌拱形墙壁,围护墙壁为砖墙,桥面板和顶盖仍采用钢筋混凝土预制板,如图 3-88 所示。

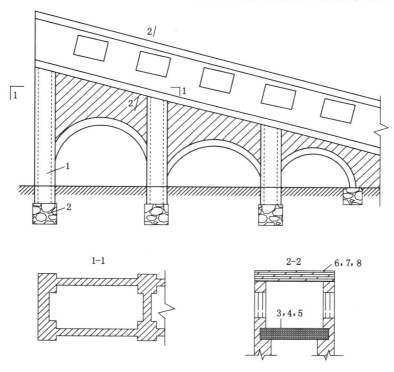

1—拱形砖墩;2—毛石基础;3—横梁;4—预制桥面板;5—桥面;
6—顶盖预制板;7—水泥抹面;8—防水层。

图 3-88　砖砌栈桥

二、栈桥和输送机走廊的设计荷载

作用在栈桥和走廊上的荷载有永久荷载(即恒载)、可变荷载和偶然荷载。

1. 永久荷载

（1）结构自重

栈桥和走廊各类结构的自重,均可以按事先假设的断面尺寸进行估算,或参考已有类似设计采用。胶带输送机走廊钢桁架结构自重可用下列经验公式计算。

当走廊桁架跨度 $l>30$ m 时，

$$g_t = 0.057l + 0.483B - 1.52 \qquad (3\text{-}122)$$

式中　g_t——每根桁架(包括上、下弦支撑的一半)每延米重力荷载的标准值，kN/m；

　　　l——桁架的跨度，m；

　　　B——桁架的宽度，m。

当走廊桁架跨度 $l \leqslant 30$ m 时，

$$g_t = 0.062l + 0.588B - 1.41 \qquad (3\text{-}123)$$

式中各符号的意义和规定同式(3-122)，式中第三项数字为常数项，L、B 前的系数均为回归系数。

(2)永久性设备荷载

胶带输送机和刮板输送机的重力可分别由表 3-14 及表 3-15 取用(表中均为标准值)，同时机头及其传动装置应考虑动力系数的影响，动力系数见表 3-16。

表 3-14　胶带输送机

序号	胶带宽度/mm	输送机和煤的重力/(kN/m)	输送机头部与传动装置重力/kN
1	500	1.25	7
2	650	1.75	10
3	800	2.25	14
4	1 000	3.00	19
5	1 200	4.00	23

表 3-15　刮板输送机

序号	刮板机规格/mm	输送机和煤的重力/(kN/m)	传动装置重力/kN
1	450×140	4	25
2	600×180	7	35
3	800×250	8	40
4	1 000×320	10	75

表 3-16　动力系数 μ

序号	项目	μ
1	矿车、电动车、胶带输送机及刮板输送机(固定部分)	1.1
2	翻车机、链式爬车机、振动筛	2.0
3	振动式给煤机、摇动筛(包括破碎选矸机)	4.0
4	胶带输送机头和传动装置、刮板输送机传动部分	1.15～1.40
5	单向摆动给煤机	1.4

铸石刮板输送机的重力可按实际断面估算，各种输送机的自重均可以按均布荷载作用在走廊楼板上(输送机在工作中的振动影响一般需要考虑)。

矿车或箕斗栈桥上的道轨、枕木及道砟、连接附件、箕斗卸载曲轨、溜槽等应计其自重；

其他设备,如推车机、爬车机、翻车机、给煤机以及振动筛等,在正常工作时将产生振动而形成动力荷载,设计时一般按设备的静力荷载乘以动力系数计算,分别作用于各结构上。其动力系数按表 3-16 采用。

2. 可变荷载

(1) 车辆运输设备及货物荷载

矿车、电机车、箕斗等的自重及货物重力均按轮压所产生的移动荷载考虑,当矿车或箕斗的载重及其自重之和不大于 50 kN 且其轴距小于 1 000 mm,轨距在 700 mm 以下时,则可以按桥上全部排满载重矿车的均布荷载的标准值来考虑,否则,应按桥上作用移动荷载,应用结构力学中的影响线原理来考虑。

(2) 一般活荷载

栈桥和走廊内人行道及宽度大于 400 mm 的空道上,其活荷载标准值可由《煤炭工业矿井设计规范》(GB 50034—2013)查取。

(3) 风荷载及雪荷载

风荷载与雪荷载的标准值可根据矿井所在地理区域查《建筑结构荷载规范》(GB 50009—2019),并按规定计算。有围护结构的封闭式栈桥和走廊,风荷载按整个跨间受风面积计算;对敞开式的栈桥,则应按桥上排满空矿车时的受风面积计算其标准值。雪荷载,栈桥或走廊有顶盖时才考虑。

(4) 设备的暂时动力荷载

该类荷载是指由列车制动、起动或碰到阻车器时产生的突加作用,列车在曲线段行驶时的离心力及重车行驶时的横向摇摆力以及设备运转时所产生的水平力等,它们将分别作用于纵横两个方向的跨间结构上,并传给支架。

上述各种荷载,均指从规范或经验公式中查得或计算求得的荷载标准值,将其乘以相应的荷载分项系数,即可求得荷载的设计值,或称为设计荷载,各种荷载分项系数可由《建筑结构荷载规范》(GB 50009—2012)或其他有关规范查得。

三、栈桥的设计与计算

栈桥的设计与计算内容包括内力分析(即结构效应)、截面设计与计算以及构造措施等,下面以钢栈桥为例进行分析。

1. 内力分析或结构效应

(1) 跨间结构构件内力计算

① 计算单元的选择与计算模型的确定。单、双轨桥系的跨间结构,其计算单元和计算模型可取如图 3-89 所示主纵梁(包括实腹梁、桁构梁及平行弦桁架等)、横梁、辅助纵梁及人行道板等。人行道板的计算单元和模型可沿纵向取单位长度(1 m),按均布荷载作用下的简支板计算,当人行道板为木板时,尚应取单块在跨中承受集中荷载 0.8 kN 情况下进行验算。

② 计算简图及内力计算。可按照结构力学的分析方法进行,一般均可按简支梁承受均布荷载作用计算其最大弯矩和剪力,但是当梁上承受移动荷载作用时,则必须按结构力学中有关影响线原理进行各杆件的内力计算。

(2) 支架的内力计算

① 计算单元的选择与计算模型的确定,双轨线路桥系的支架结构,可取如图 3-89(e)及图 3-90(a)所示支架计算单元和计算简图。

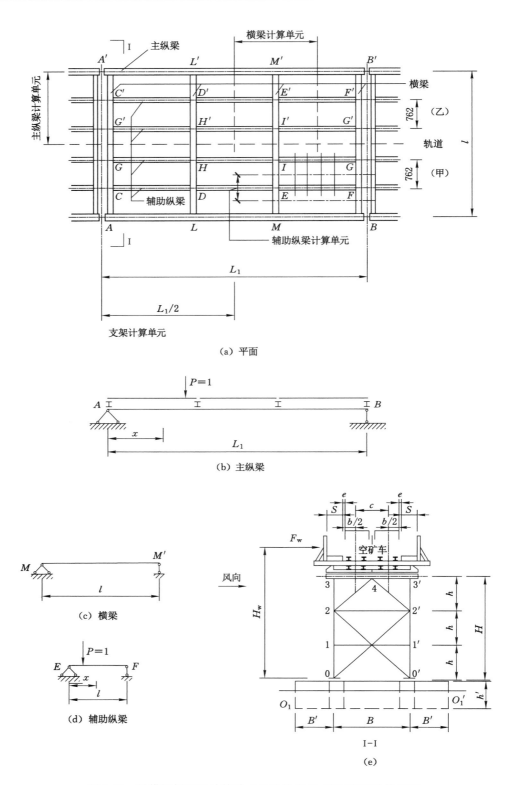

图 3-89　纵横梁桥面系计算单元及计算模型、平面支架计算简图

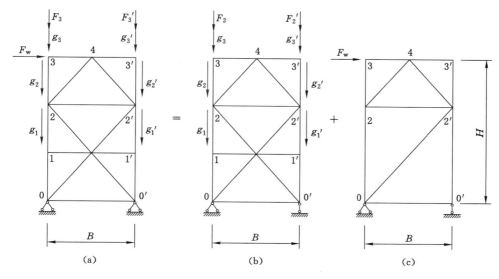

图 3-90 平面支架计算简图

② 计算简图的简化及内力计算,可将图 3-89(e)中 F_w 及 F_2、F_3 分两组单独作用计算,然后叠加,如图 3-90(a)所示。图 3-90(b)中在竖向荷载作用下,可近似认为水平拉杆 1-1′、2-2′、3-3′及斜杆 0-2′、0-2、2-4、2-4′均不受力;水平风力 F_w 则有反向作用的可能,反向作用时略去杆件 2-0′及 1-1′[图 3-90(c)],最后进行组合,求出最不利状况下的内力,作为截面设计的依据。

当栈桥支架为空间支架时,也可以分解为两个平面支架的计算简图进行计算,两支架之间沿栈桥纵向的连接杆件可按一般的支撑杆件要求进行设计。

③ 支架整体倾覆稳定性验算。各种栈桥横向整体稳定性问题,主要是考虑水平风荷载作用。必要时应考虑重车摇摆力以沿重列车均布荷载横向作用于轨顶,其值可参考我国准轨铁路列车采用(其横向摇摆力按现行规范规定取 5.5 kN/m,列车空车时不计)。矿车在曲线段行驶的离心力,按矿车的静荷载乘以离心力系数 $C = v^2/127R$ 计算(v 为设计行车速度,km/h;R 为曲线半径,m)。该力作用于轨面,平面支架结构构件断面很小,所受风荷载可以忽略不计,横向风荷载主要来自跨间结构,一般按式(3-124)计算[图 3-89(a)、图 3-89(e)]。

$$F_w = W\left(\frac{H_L\,l_L}{2} + \frac{H_R\,l_R}{2}\right) \tag{3-124}$$

式中 F_w——支架计算单元受风面和背风面所受压力和吸力代数和,kN。

        W——考虑荷载分项系数 1.4、风振系数 $\mu_x = 1$,并经体型及高度变化系数调整后的包括正面压力及背面吸力的总和风压设计值,kPa。

    H_L,l_L——支架左边跨间结构的总受风面上,当为封闭栈桥时为其最外围受风面积的投影高度和长度;当为敞开式栈桥时,则为桥面排满矿车后跨间总受风面积的投影高度和长度,m。

    H_R,l_R——意义同上,但是为支架右边跨间总受风面积的投影高度和长度,m。

支架结构的横向倾覆稳定性按式(3-125)进行验算。

$$\frac{M_s}{M_t} \geqslant k_s \tag{3-125}$$

式中　M_s——竖向永久荷载绕支架支点 $0'$ 的稳定力矩。

$$M_s = G_1 \frac{B}{2} + G_2 \frac{B}{2} + G_3 B \tag{3-126}$$

式中　G_1——支架左右两跨间结构在永久荷载(包括空矿车)作用下竖向反力的总和,kN,
荷载分项系数 $\gamma_G = 0.9$;

　　　G_2——支架结构自重,kN,$\gamma_G = 0.9$;

　　　G_3——支架支点 0 的基础重力,kN,$\gamma_G = 0.9$;

　　　M_t——使支架倾覆的力矩,主要由风荷载引起,按式(3-127)计算。

$$M_t = F_W H_W \tag{3-127}$$

式中　H_W——支架基础顶面至跨间结构受风面重心之间的距离,m;

　　　B——支架基础顶面两支点 $00'$ 之间的距离,m;

　　　k_s——抗倾覆稳定系数,当 M_s 中计入基础作用或桥上有车时取 $k_s = 1.25$,当不考虑
基础或桥上无车时取 $k_s = 1.1$。

由式(3-126)、式(3-127)代入式(3-125),取 $H_W \approx H$,可得:

$$\frac{M_s}{M_t} = \frac{B(G_1 + G_2 + 2G_3)}{2 F_W H} \geqslant 1.25$$

$$B = \frac{2.5 F_W H}{G_1 + G_2 + 2G_3} \tag{3-128}$$

当支架立柱下部叉开有困难时,可采取刚度较大的条形基础或增大块体基础体积。同时利用锚栓的拉力,以保证抗倾覆稳定性系数满足要求。

采用条形基础时[图 3-89(e)中虚线所示基础],稳定力臂的增加可以做到大于倾覆力臂的增加,即 $B' > h'$,因而容易满足稳定性要求。

采用增大单独块体基础时,则所需块体基础的体积 V_f 由式(3-129)求得。

$$V_f \geqslant \frac{2(1.25 M_t - M_s)}{B \gamma} \tag{3-129}$$

式中　V_f——平面支架中一个单独块体基础的体积,若为空间四柱式支架,则为横向一侧
的两个基础的体积,m³;

　　　γ——基础材料的重度,素混凝土 $\gamma = 24$ kN/m³。

其余符号的意义和规定同前。

锚固螺栓的计算:对锚固螺栓的要求是保证支架柱脚能牢固地与混凝土块体基础连接,为此,需计算所需螺栓的总净面积及螺栓的数量,还应计算锚栓的锚固长度。

锚栓所需总净面积可按式(3-130)计算。

$$A_n \geqslant \frac{G_3}{f_t^a} \tag{3-130}$$

式中　A_n——柱脚与一个单独块体基础连接所需锚栓总净面积,mm²;

　　　f_t^a——锚栓的抗拉设计强度,由《钢结构设计规范》(GB 50017—2017)查取,N/mm²。

所需锚栓的数量可按式(3-131)计算。

$$n \geqslant \frac{A_n}{a_n} \tag{3-131}$$

式中　n——锚栓数量,对于一个柱脚应取偶数且 $n \geqslant 2$,对称设置;

a_n——一只锚栓的计算面积,由《钢结构设计规范》(GB 50017—2017)查取,但应使锚栓直径 $d \geqslant 20$ mm。

锚栓锚固长度的确定:锚固长度与锚栓和混凝土的黏结力及混凝土强度等级有关,一般可按式(3-132)计算。

$$l_a \geqslant \frac{f_y - 8.52 f_t}{7.76 f_t} d \qquad (3\text{-}132)$$

式中　l_a——锚栓的锚固长度,mm;

f_y——锚栓钢材抗拉强度设计值,对于Ⅱ级钢筋,$f_y = 310$ N/mm²;

f_t——混凝土抗拉强度设计值,N/mm²。

锚栓的构造要求:锚栓下端应做标准弯钩或用锚梁、锚板,使它可靠锚固于混凝土中。当混凝土块体基础较大时,应在基础中配置构造钢筋,保证其整体不致断裂。

整体倾覆稳定性在横向的正反两个方向都应得到保证,因此平面支架或空间支架的基础都应采取上述措施,只有当直线段上 $H/B \leqslant 2 \sim 3$ 时才认为其横向稳定可以得到保证[参看图 3-89(e)]。

支架的刚度由控制支架顶点的侧移来保证,图 3-90(c)所示为图 3-89(a)支架在水平风荷载作用下的计算简图,其顶点侧移可由式(3-133)计算。

$$\Delta_w = \sum \int_0^t \frac{N \overline{N}}{EA} \mathrm{d}l \qquad (3\text{-}133)$$

式中　Δ_w——支架在风荷载(或与其他荷载共同作用下)作用下顶端的侧移,mm;

N——顶端外力作用下各杆件的轴力,kN;

$\overline{N}$——顶端作用单位力时各杆件的轴力,kN;

E——钢材的弹性模量,当为 A3 时,可取 210 kN/mm²;

A——支架中各杆件的截面面积,mm²;

l——支架中各杆件的长度,mm。

式(3-133)计算结果应满足式(3-134)要求(H 为支架的高度)。

$$\Delta_w \leqslant \frac{H}{250} \qquad (3\text{-}134)$$

式中各符号的意义和规定与前述相同。

2. 截面设计与计算

(1) 跨间结构构件的截面计算

① 截面形式的选择。跨间结构的主纵梁(包括桁梁的上弦杆在内)、横梁以及辅助纵梁的截面,一般可根据其跨度、内力性质及大小,选用轧制工字钢、焊接工字钢梁,或由两个相同规格的槽钢组合而成的实腹工字形截面[图 3-91(a)、图 3-91(b)、图 3-91(c)]。上述三种截面形式中应优先采用轧制或焊接工字形截面,因为两槽钢组合截面,在同样受力条件下不如前二者经济。

桁梁混合结构或平行弦桁架的腹杆,其截面可用两个不等边或等边角钢组成 T 形或十字形[图 3-91(d)、图 3-91(e)],十字形截面的优点是在其平面内、外的回转半径相等,同时与节点其他杆件的连接方便。

② 截面设计。对承受移动荷载的型钢梁,可根据其最不利内力组合值按强度条件(不考虑塑性发展系数)确定其截面尺寸,然后再按稳定性和刚度条件进行验算。当构件的设计

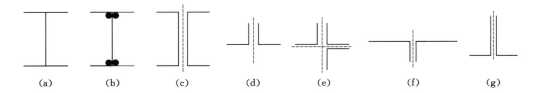

图 3-91　钢栈桥跨间主要承重结构的截面形式

内力较大时,则宜设计成组合截面工字形梁,不考虑塑性发展系数。按照钢结构关于组合钢梁的设计步骤,首先应根据经济条件和刚度条件确定钢梁截面的经济高度和最小高度,然后确定腹板厚度和翼缘尺寸,最后再按强度、稳定性(包括整体稳定和局部稳定)及刚度三个方面的条件进行验算,直到完全满足为止。对于轴心受力杆件,应按强度条件设计截面,其中受压杆件还应进行稳定验算,无论是受拉杆件或受压杆件,均应按照《钢结构设计规范》(GB 50017—2017)验算杆件平面内外的长细比。

③ 节点设计。应符合受力明确、传力可靠、构造简单合理的原则。当采用焊接连接时,根据杆件的最大内力,选择焊脚尺寸和确定焊缝长度;当采用铆钉或螺栓连接时,根据杆件的最大内力,确定铆钉或螺栓的直径和数量。无论采用何种连接,均应符合《钢结构设计规范》(GB 50017—2017)中的有关规定的构造要求。

(2) 支架结构构件的截面计算

① 支架结构构件的截面形式,不论是平面支架还是空间支架,都是由支架的支柱为弦杆与水平和倾斜的或交叉的腹杆所组成的平面或空间桁架。常用的支柱截面形式如图 3-92(a)至 3-92(g)所示;而腹杆往往采用单角钢或双角钢组成的 T 形、⊓形或 ⫰形的截面形式[图 3-92(h)至图 3-92(i)]。

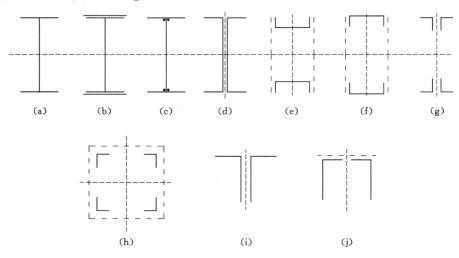

图 3-92　支架结构各杆件截面形式

对于支柱截面,不论是实腹式还是格构式,其在两个主轴方向的长细比(λ_x 与 λ_y)均不相等,主要是因为支架在平面外的计算长度远大于在平面内的计算长度,在支架平面内,支柱的计算长度等于其节间长度;而在平面外(沿桥的纵向)的计算长度却等于支架的全高。

关于支柱截面强、弱轴的位置,应根据支柱在平面内外等稳定原则来确定,即将截面的弱轴放在与支架平面相垂直的平面内;强轴则与支架平面相平行,并尽量使其两个主轴平面内的长细比 λ_x 与 λ_y 相接近,这样,对抵抗支架平面外的偏心弯矩是有利的。

支架各构件的连接一般均采用焊接,很少采用铆钉连接和螺栓连接,这是因为栈桥所能承受动荷载不大,焊接结构工作可靠,加工工艺简单,且能节约钢材。

空间支架是由两个平行的平面支架用支撑联系而成的,这时支柱在纵横两个方向上的计算长度与其回转半径的比值(长细比) λ_x 和 λ_y 是相接近的。

② 截面设计。支架的立柱,不论是实腹式柱还是格构式柱,在平面内均按轴心受压构件设计;在支架平面外,对空间支架的立柱仍可按轴心受压构件设计,而对平面支架则应按偏心受压构件设计,设计计算内容均应考虑其强度、稳定性和刚度三个方面的要求,设计计算方法与钢结构中的轴心受压或偏心受压构件的方法相同。

支架各腹杆的内力一般均较小,因此确定截面时不必计算,一般按构造要求由杆件的允许长细比来控制。

③ 柱头和柱脚的设计。应根据支架立柱的实际受力情况设计为轴心受压或偏心受压柱头、柱脚的设计。其底板的尺寸应根据立柱的受力情况和混凝土基础材料局部承压设计强度来计算。柱脚的形式,根据实际的受力情况,可设计成轴心受压的柱脚,也可以设计成能承受一定弯矩的偏心受压的整体式柱脚。具体方法可参见钢结构中的柱头与柱脚设计。

四、胶带输送机走廊的设计与计算

(一) 钢走廊的设计与计算

1. 内力分析

(1) 跨间结构构件内力计算

① 走廊屋盖与楼面的内力计算。当跨间承重桁架的节间长度较小(≤2.5 m),而走廊的宽度较大(≥3 m)时,屋盖可以不设檩条,屋面板直接支承在屋面横梁上。当屋面板为预制钢筋混凝土板时,可按简支板计算。当屋面板为木板时,可按两跨连续板计算。当主桁架节间长度较大而走廊宽度较小时,可采用短向板。有时为了满足屋面排水的需要,沿长廊纵向设置屋面木檩或钢筋混凝土檩条,不论采用哪种屋盖构造,屋面板所承受的荷载包括:板自重、保温层及防水层自重、雪荷载、屋面施工及检修活荷载(雪荷载与施工检修荷载不同时考虑,一般取其较大者)。对于钢筋混凝土屋面板,还应按跨中作用 0.8 kN 的集中荷载进行强度校核;对于木屋面板,应以在 0.3 m 的板宽内承受全部施工检修活荷载来进行强度校核。

钢走廊的楼板往往采用现浇钢筋混凝土板或预制钢筋混凝土板,设计时可根据结构布置情况分别按简支板或连续的单向板计算,其计算跨度可取支座中心线之间的距离,全部内力可查有关表格进行计算(详见《建筑结构静力设计手册》)。

② 横梁的内力计算。横梁承受屋面或楼面传来的均布荷载或输送机设备的集中荷载,一般按单跨简支梁计算,如图 3-93 所示。其中图 3-93(a)为屋面梁计算简图,图 3-93(b)和图 3-93(c)分别为单输送机单侧人行道和双输送机中间人行道时的横梁计算简图。

图中各种荷载的设计值可按下列各式计算。

胶带输送机(或刮机)作用于横梁上的集中荷载 F_c(设计值):

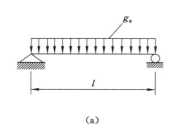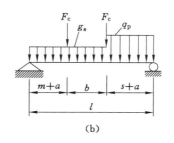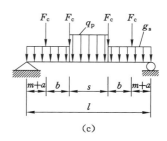

图 3-93　楼、屋面横梁计算简图

$$F_c = \frac{1}{2} \gamma q_c l_1 \tag{3-135}$$

式中　q_c——输送机和货载重量；

　　　　l_1——跨间主承重桁架的节间长度，m；

　　　　γ——荷载分项系数，考虑机架和煤重力的综合作用，取 $\gamma = 1.3$。

　　　　人群及活荷载的设计值 q_p：

$$q_p = \gamma_Q q_{pk} l_1 \tag{3-136}$$

式中　q_{pk}——根据《煤炭工业设计规范》(GB 50034—2013)查得的均布活荷载标准值，kN/m^2；

　　　　γ_Q——可变荷载分项系数，取 $\gamma_Q = 1.4$。

　　　　走廊楼板自重(当有保温材料时应分项列入)与横梁自重之和 g_s：

$$g_s = \gamma_G (g_{sk} l_1 + g_{bk}) \tag{3-137}$$

式中　g_{sk}——走廊楼板及保温材料重量标准值；

　　　　g_{bk}——横梁自重标准值；

　　　　γ_G——永久荷载分项系数，取 $\gamma_G = 1.2$。

　　当走廊有倾角时(一般胶带输送机走廊倾角在 $0° \sim 18°$ 之间)，横梁应按斜弯曲构件计算，横梁一般均采用轧制工字钢或槽钢，由于其斜向刚度较小，当走廊倾角较大时，往往在横梁强轴平面内设置辅助拉杆，以减少其斜向跨度，只有当楼板采用预制钢筋混凝土，且安装时板与横梁有 3 点以上焊接或楼板为现浇整体式板时，才可以忽略其斜向分力的影响。

　　③ 桁架内力计算。桁架上下弦各节点上承受的荷载主要是：通过横梁传来的屋面及楼面荷载及桁架上下弦平面内的支撑自重，围护结构墙体的重量只考虑传至下弦节点。上下弦节点荷载可按下列各式计算。

　　上弦节点荷载 F_j^μ，可按式(3-138)计算。

$$F_j^\mu = F_{st}^\mu + F_r + F_1 \tag{3-138}$$

式中　F_{st}^μ——跨间结构及上弦支撑的自重，平均分配在上下弦节点上的荷载设计值。

$$F_{st}^\mu = \frac{1}{2} g_{st} l_1 \tag{3-139}$$

式中　g_{st}——跨间结构桁架(每根桁架重，包括支撑在内)自重设计值。

　　　　F_r——屋盖材料自重所产生的节点荷载。

$$F_r = g_r \frac{B l_1}{2} \tag{3-140}$$

式中　　g_r——屋顶结构的自重设计值。

　　　　B——走廊的宽度。

　　　　F_1——节点上的屋面活荷载设计值。

$$F_1 = q_r \frac{B l_1}{2} \tag{3-141}$$

式中　　q_r——屋面活荷载设计值。

　　下弦节点荷载可按式(3-142)计算。

$$F_j^l = F_{si}^l + F_w + F_b \tag{3-142}$$

式中　　F_{si}^l——跨间结构及下弦支撑自重,平均分配在上、下弦节点上的荷载设计值。

$$F_{si}^l = \frac{1}{2} g_{si} l_1 \tag{3-143}$$

式中　　F_w——由围护墙自重作用在节点上的荷载设计值。

$$F_w = g_w H l_1 \tag{3-144}$$

式中　　g_w——围护墙自重。

　　　　F_b——楼面横梁传至节点的荷载设计值,由图 3-93(b)和图 3-93(e)楼面横梁计算
简图求得。

　　其他符号的意义和规定同式(3-138)。

　　④ 抗风支撑内力计算。跨间结构主承重桁架上、下弦平面内的两根水平桁架,承受走廊跨间结构的侧向风荷载作用,计算作用于其迎风面和背风面桁架的节点荷载时,忽略构件支座的连续性而按简支构件计算。

　　(2)支架的内力计算

　　胶带输送机走廊的支承结构——支架,分为平面支架和空间支架两种。空间支架也可以分解为平面支架进行简化计算。平面支架的内力计算与钢栈桥支架的内力计算基本相同,所不同的是荷载计算有差别。

　　竖向荷载作用下的计算与第二类矿车栈桥相同,即按胶带上全部满载的均布荷载进行计算。

　　支架在竖向荷载及水平荷载作用下的计算简图如图 3-94 所示。图 3-94(a)、图 3-94(b)分别为竖向及水平荷载作用下的计算简图,其基本结构可取外部静定内部一次超静定,则可求出其内力;图 3-94(b)为水平风荷载作用时的简图,当反风向时,其内力符号将与原来相反;图 3-94(c)为验算整体倾覆稳定性时的简图,验算方法可参考式(3-125)至式(3-132)进行。支架顶点的侧移值可参考式(3-133)及式(3-134)计算。

　　2. 截面设计与计算

　　走廊跨间结构中楼、屋面板,目前多采用预制或现浇钢筋混凝土板,可设计成简支的、连续的单向或双向板,很少采用木板或钢板,采用石棉水泥瓦及相应保温层作屋、墙面围护结构,以减轻自重。

　　楼、屋面横梁一般根据强度和稳定条件设计截面,并可以考虑截面塑性发展系数 γ_z 及 γ_y,可设计成轧制工字钢或焊接工字形截面,或者由单槽钢、双槽钢组合而成的截面,这些截面中宜优先采用轧制型钢,不但经济,而且加工制造都比较简单。

　　横梁的刚度应保证在正常工作时,其挠度不大于其跨度的 1/400。

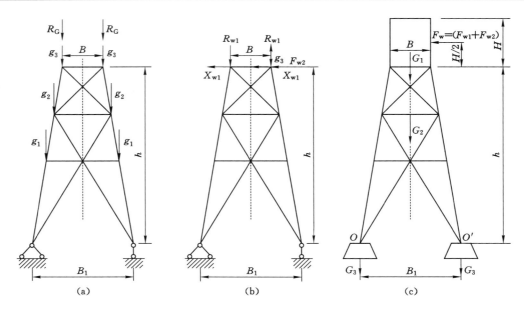

图 3-94 胶带输送机钢走廊支架计算图

桁架是跨间的主要承重结构,桁架各杆件截面形式如图 3-95 所示,最常用的是由两个等边角钢组成的 T 形截面,最经济的是由两块钢板焊接而成的 T 形截面,但是由于焊接热应力易使构件产生扭曲变形,因而只有在具有较高的焊接技术时才能采用。图 3-95(e)至图 3-95(g)为复壁式截面,一般只用于围护墙为重型砌块或弦杆内力较大时,显然,这种截面耗费材料较多。

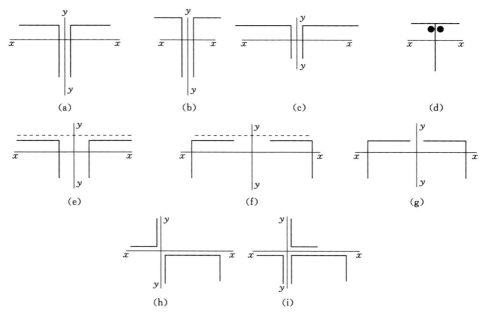

图 3-95 钢桁架杆件截面形式

桁架的弦杆通常设计成不变截面的,由内力最大的节间用强度、稳定条件核算,还要保证两个主轴平面内的刚度,即应保证 λ_x 及 λ_y 均不超过允许值;对于某些内力较小的腹杆,其强度和稳定性一般均能得到满足,这时应保证 λ_x 及 λ_y 不超过允许值,且应满足构造要求。

为了保证门架能传递弯矩,往往采用图 3-95(c)、图 3-95(h)、图 3-95(i)所示各种形式的截面,以保证在门架平面内(绕 y-y 轴)具有较大的刚度,还应加强节点构造,以保证能形成封闭刚架或双铰刚架。

抗风支撑的辅助弦杆设计,按杆内最大内力,由强度及稳定条件核算,并应保证其两个主平面的刚度;其他各杆一般均按刚度条件,即保证其长细比 λ 不超过所规定的允许值,详见《钢结构设计标准》(GB 50017—2017)中的有关规定。

钢走廊支架的截面形式与钢栈桥支架的截面形式相似,可参考图 3-92(a)至图 3-92(j)中各种形式采用,支架立柱仍按偏压构件的强度、稳定条件核算,并允许考虑截面塑性发展系数 γ_x 和 γ_y 的影响,同时应满足支架平面内外的刚度要求,即应保证其 λ_x 及 λ_y 不超过所规定的允许值;支架顶梁除保证强度、稳定及刚度条件外,还应特别加强其节点构造,以保证两立柱能整体工作,可靠地传递跨间结构传来的支座压力。

支架其他腹杆一般受力不大,除少数杆件需按受力控制其截面外,包括空间支架支撑杆件、走廊纵向支撑杆在内,均可以按各杆的允许长细比来设计截面。

支架柱柱头和柱脚可根据具体情况设计成轴心受压的或偏心受压的,设计方法与钢栈桥支架柱头和柱脚的设计方法相似。

(二)钢筋混凝土走廊的设计与计算

1. 内力分析

钢筋混凝土走廊有现浇式、装配整体式及全装配式三种。走廊的围护结构目前多采用砖砌体、现浇式或装配式钢筋混凝土屋盖,其内力的分析计算略有差别,现浇整体式单胶带输送机走廊宽度≤3 m 时,走廊楼盖纵梁一般取为连续梁计算,只有当沿纵向梁柱线刚度比≤5 时,才需沿纵向取出框架来分析其梁柱内力;装配整体式钢筋混凝土屋盖的内力应按施工和使用两个阶段的荷载进行分析计算,并用二者中的最大内力计算配筋量;跨间结构采用装配式钢筋混凝土结构时,一般都按简支梁板进行内力计算。

跨间结构为钢筋混凝土或预应力钢筋混凝土桁架时,其内力计算与一般同类屋架一样,即按两端简支的静定铰接桁架,在节点荷载作用下分析其各杆轴力;当上、下弦节间有集中荷载时,应计算上、下弦在集中荷载及自重作用下的主弯矩,内力分析可用弯矩分配法计算,后者也可以取五跨连续梁查表计算其主弯矩,然后再计算由于桁架上、下弦各节点的线位移而产生的次弯矩(次剪力和次轴力可忽略不计)。当为预应力钢筋混凝土结构时,还应计算由于张拉预应力钢筋而引起的反向次弯矩,最后将各杆的主、次弯矩分别叠加,即得到桁架各杆的计算弯矩。计算分析表明:这类结构,由于预应力的反向次弯矩的影响,且桁架内部杆件布置为等边三角形,其各杆的最后次弯矩均较小,因此,对桁架起主要作用的仍是主弯矩。

跨间结构采用箱廊时,由于其抗扭刚度很大,且其自重比活荷载大很多,因而内力分析可按平面杆系结构进行,即沿纵向取为简支梁、沿横向取为封闭框架,计算其弯矩、剪力和轴力,作为设计计算构件截面的依据。

预应力钢筋混凝土箱廊的内力计算与普通钢筋混凝土箱廊相同。其截面设计应按预应力钢筋混凝土设计原理从施工阶段到使用阶段进行应力变化的验算。

钢筋混凝土走廊跨间结构楼、屋盖可采用现浇整体板,也可以采用预制钢筋混凝土板,当其与横梁及主纵梁有可靠连接时,均不需设置支撑。当需设置支撑时,其结构布置与内力计算和钢走廊的支撑基本相同,可参考有关内容设计计算。

钢筋混凝土走廊支承结构——框架的内力分析均按结构力学的方法分析。垂直荷载作用下采用分层法计算;水平荷载作用下采用 D 值法计算。当采用装配整体式框架柱时,还需验算施工阶段的稳定性,其验算方法可参照《升板建筑结构设计与施工暂行规定》中柱在提升阶段时的验算方法进行。

2. 截面设计与计算

钢筋混凝土走廊当采用梁板及桁架为其跨间结构,框架为支承结构时,各杆件截面尺寸按钢筋混凝土结构设计原理和方法计算确定,同时应该满足构造要求。对于箱廊截面尺寸的确定,可根据国内外有关设计经验进行。

箱体的高度和宽度一般均由工艺要求的最小构造尺寸决定(表 3-17)。顶底板及侧壁厚度约为 100 mm,箱体全高 $H \geqslant 2\ 400$ mm,箱宽 $B \geqslant 2\ 700 \sim 4\ 100$ mm。

箱梁桥中,常用高跨比 $H/L = 1/14 \sim 1/20$,国外已建大跨度预应力箱廊的高跨比 $H/L = 1/18 \sim 1/30$。因此,单胶带输送机箱廊,其箱体高 $H \geqslant 2\ 400$ mm,即使采用普通钢筋混凝土箱廊,其跨度为 27 m 时,其高跨比 $H/L = 1/11.25 > 1/14$,完全可以满足受力要求和 1/400 相对挠度的要求。

箱体的宽度一般均大于其高度(采用双层胶带时例外),其高宽比 $H/B = 0.89 \sim 0.59$,因而箱廊中可以不考虑整体稳定。

表 3-17　箱体尺寸表　　　　　　　　　　　单位:mm

胶带宽度	500/600	800	1 000	1 200	1 400
箱体净宽	2 500	2 800	3 100	3 500	3 900
箱体净高	2 200				

箱廊的局部尺寸:腹板厚度由其抗剪强度、局部稳定性和施工条件等决定,特别是钢筋混凝土结构中的局部失稳问题,国内外尚无完善的理论计算式。根据国外工程实践经验,腹板的高厚比 $H/t_w = 30 \sim 40$,是合适的;翼缘可按一般板厚考虑,必要时可以横肋加强;翼缘和腹板交接处可用加腋过渡。当箱体宽度 $B = 3$ m 时,取 $h'_f = 80$ mm;当 $B = 4.5$ m 时,仍取 $h'_f = 80$ mm,但应考虑加腋过渡区;当 $B > 4.5$ m 时,应增设横肋以加强(h' 为箱廊上翼缘厚度)。

钢筋混凝土走廊的跨间和支承结构的截面计算问题,可归结为拉、压、受弯和压弯构件的正、斜截面的强度计算,裂缝开展和挠度验算,完全可以按照钢筋混凝土结构的设计原理和方法进行。

走廊基础可根据地基条件及荷载情况设计成钢筋混凝土单独基础或条形基础,均可以按普通钢筋混凝土结构原理进行设计。

五、栈桥和走廊的抗震设计

我国是一个多地震的国家,而有不少矿山是分布在比较强烈的地震区内,因此,设计地震区的矿山栈桥和走廊时,为了使震害减小到最低限度或免遭损失,必须考虑地震作用对其不利影响,在设计中采取行之有效的措施,以保证所设计的工程在基准期内,符合"大震不倒,小震不坏"的抗震方针。

(一)震害情况及其主要原因分析

栈桥或走廊的震害多发生在砖砌通廊部分,地震7度区即有所损坏,8度区其支承框架结构即有开裂,9度区震倒较多,一般震害表现在以下几个方面:

(1)砖砌通廊部分的顶盖和墙或墙和楼板产生通长的裂缝或错位,这种裂缝及错位在7、8、9度区内均有发生,7度区一般发生在屋面板与砖墙交接处,偶尔在墙下部近楼板处也可见到;8度区则上述两种裂缝均较普遍;9度区破坏情况明显加重,其裂缝分布扩散到窗洞上下,且有墙体压碎、错动、外倾甚至倒塌。

砖墙的另一种裂缝是沿走廊墙体的斜向裂缝,7度区一般在窗洞角部或墙的上部出现,在8、9度区则往往形成上下贯通的斜裂缝,并导致墙体滑移。

造成砖墙通长裂缝的原因主要是走廊结构由两种不同性质的材料组成(如砖通廊与钢筋混凝土梁板柱),当竖向震动时,由于板和墙体的振动不协调,破坏二者之间连接而将板与墙体拉开。墙底裂缝以至墙体压碎、外倾等现象是因为墙体受垂直于墙身的横向地震力作用后向一侧平面外弯曲失稳破坏的,走廊纵向两侧墙既无横墙拉结,屋盖与墙体又无可靠连接,稳定性很差,屋面板自由搁置在墙上,当屋面板下出现通长裂缝后,两侧墙不能共同工作,将各自形成单独悬伸墙,又处于连续振动场中,在惯性力的作用下,促使墙体容易倒塌。

走廊斜裂缝主要是走廊在其纵向地震力作用下引起的剪切破坏,这对于有坡度的走廊,震害更为严重。这是因为:一方面在墙体自重作用下存在一种下滑趋势,这种趋势与纵向地震力共同作用而导致墙体产生斜裂缝;另一方面,走廊沿纵向的高度不一致。形成刚柔的差异在复杂的纵横振动的情况下将会使整个结构产生扭转,这就更加重了震害甚至倒塌。这也足以说明,在倾斜的走廊中,震害出现的斜裂缝一般总是倾向下端的原因。

(2)走廊与两端建筑物(特别是较高一端的建筑物)碰撞而产生破坏。当两座刚度相差很大的建筑物并列很近时,由于没有按抗震要求预留抗震缝,地震时,两座建筑物的振幅和频率都不一样,就要发生碰撞,产生较大的破坏,使走廊砖墙上的斜裂缝进一步扩大增多;当走廊简支在建筑物的牛腿或梁上时,通常还可能将牛腿或梁的混凝土劈裂,通廊大梁与支架间的连接焊缝也被剪断,当为装配式结构时,大梁端部混凝土发生局部脱落;当为现浇整体式结构时,大梁下的支承柱出现斜裂缝。

(3)走廊支承结构——支架的震害。一般在地震7度和8度区只有个别支架有不同程度的破坏;在9度区其破坏较普遍,而且较严重,其震害多表现在装配式框架梁柱节点一端或两端断裂、移位,现浇梁柱节点的混凝土被压碎,或梁柱端产生裂缝,但支架倒塌的较少。

通过辽南海城、营口一带强烈地震即可看出,分布在烈度为7~9度区内的钢走廊、钢筋混凝土箱廊,特别是用轻型围护材料(如石棉水泥瓦等)作侧墙及屋盖,用钢或钢筋混凝土作为支架结构的走廊,其抗震性能均较好,震后未见有破坏的实例。

(二)栈桥或走廊抗震设计时应遵循的原则

(1)设计栈桥或走廊时,应尽量选择平坦开阔、地震烈度较低的地带。因为地区地震的基本烈度反映的是一个范围比较大的地区的地震烈度众值,本地区内对某一个具体的建筑场地,由于各种原因,其地震烈度与该地区的基本烈度有一定的偏差。为此,应该尽量避开那些比地区基本烈度较高的地段,如地质上有断层或者是非岩质陡坡、河岸、带状山脊、高耸山包、故河道附近等。另外还要考虑地基的地质条件,避免把栈桥或走廊建在覆土层很深且软弱的地基上,更不应把栈桥或走廊建在松砂、淤泥质土层及易液化的土层上。

(2)栈桥或走廊沿纵向较长,但其横向较小,因此,沿纵向应分段布置,当地区设防烈度为9度时,栈桥或走廊的两端亦应分段,其间采用悬臂结构,并以防震缝隔开,一般可根据地质条件和结构布置,将伸缩缝、沉降缝和防震缝结合在一起考虑,以防震缝宽度控制。防震缝的最小宽度可按《建筑抗震设计规范》(GB 50011—2010)(2016年版)中有关规定采用。

(3)栈桥或走廊结构选型,应注意选择结构整体性强、稳定性好、空间刚度大且有一定延性的结构。在7度、8度区选用钢筋混凝土框架梁板楼、屋盖,砖砌围护墙通廊时,应注意加强其延性的措施。对装配式或装配整体式的栈桥或走廊,则应加强各构件间的连接,滚动支座应有较长的支承长度以及防坠措施;9度区则应优先选用结构延性好、整体性强、空间刚度大、抗震性能好的钢结构、钢筋混凝土桁架或箱廊等。但应使结构动力特性与地基动力特性保持一定差异且应高于地基动力特性。

(4)尽量减轻结构自重,降低结构重心。有效的措施是把较重的设备及库房尽量设置在底层,屋盖及围护墙体宜优先选用轻型材料,如石棉水泥瓦等。

为保证支架结构的安全,应该遵循强柱弱梁的设计原则,柱截面不宜过小。但是在栈桥或走廊的横向和纵向支架框架横梁或纵向拉梁的布置中,应避免造成短柱破坏,特别是对有坡度的栈桥或走廊更应注意防止。

(5)为确保结构安全,必须进行抗震强度的验算,计算中应考虑扭转的影响。特别是对倾斜的栈桥或走廊,更应考虑由于整体扭转而产生的附加地震作用的不利影响。

(三)地震作用的计算

地震发生时,由于地震波促使地面产生一定的速动和加速度运动,因而静止的建筑物将由于惯性力而产生地震作用。这对栈桥或走廊的支承结构和跨间结构(当其跨度≥24 m时,应考虑竖向地震作用)引起很大的地震效应。

1. 地震效应的确定

对栈桥或走廊进行抗震验算时,一般可只考虑横向水平地震作用效应,但是应考虑扭转的不利影响。对于纵向地震作用效应,一般不予计算。

横向地震效应的计算简图如图3-96所示。其中图3-96(b)取为单质点系,即将图3-89(e)的桥面双轨按一空一重全部布满矿车、桥面一般活荷载及相邻两跨中各半跨的结构自重W_1与支架自重W_2的1/4之和,对于两个及以上的质点,按其到基顶的距离进行分配,最后对支架进行内力分析。

对栈桥或走廊这种长且窄的结构,考虑地震所产生的扭转不利影响时,可只考虑横向地震作用,其计算方法可根据《建筑抗震设计规范》(GB 50011—2010)(2016年版)一书进行。

当地震设防烈度超过8度时,《建筑抗震设计规范》(GB 50011—2010)(2016年版)规定,跨度大于24 m的钢或钢筋混凝土屋架(桁架)应验算竖向地震作用,验算时按水平和竖向地震效应同时作用于结构的最不利情况考虑,并应考虑上下两个方向的作用。关于竖向地震效应的计算方法,可按《建筑抗震设计规范》(GB 50011—2010)(2016年版)规定进行。

2. 结构变形的验算

在地震作用下,建筑结构不仅产生地震的内力效应,还将发生地震的变形效应。因此,

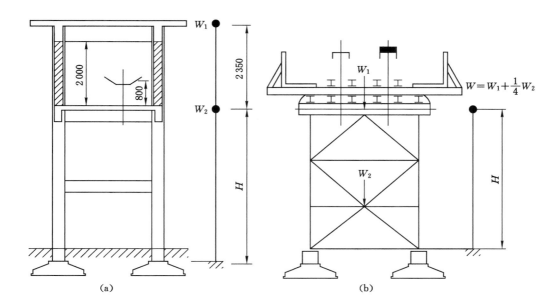

图 3-96　栈桥和走廊地震作用计算简图

为了保证结构不致出现严重的震害与倒塌,必须限制结构的弹塑性变形。对于建造在地震烈度为 7 度区Ⅲ～Ⅳ类场地和 8 度、9 度区任何场地的栈桥和走廊支架,当某层的屈服系数 ξ_y ＜ 0.5 时,应按《建筑抗震设计规范》(GB 50011—2010)(2016 年版)的规定进行变形验算。

(四)设计要点

1. 钢栈桥和钢走廊抗震设计要点

(1)栈桥和走廊的起始端与毗邻的建筑(结构)物之间应按《建筑抗震设计规范》(GB 50011—2010)(2016 年版)的要求设置防震缝。当位于 8 度、9 度区时,为防止基础相碰,一般可采用两端悬臂的方法,使栈桥或走廊自成独立单元。

(2)栈桥和走廊的支承结构应符合以下各项要求:

① 当其跨间结构为简支大梁或桁架时,防震缝分隔区段内应布置一座四柱式空间支架作为支承结构,或当其高度较小时,沿栈桥或走廊的纵向某跨内设置支撑,以保证稳定,支架柱顶应给跨间结构设置足够长度和宽度的支承面。

② 有条件时,平面支架柱脚在平面外宜设计成能传递弯矩的固定支座。

(3)栈桥和走廊的跨间结构应符合下列要求:

① 当采用简支梁或桁架时,梁与桁架的铰支座宜采用螺栓(或焊接加构造螺栓)与支架结构连接,梁与桁架宜有防坠措施。

② 跨间结构为简支梁或桁架时,其较高端支座应做成可动铰支座。

(4)栈桥和走廊中设置支撑体系,既是受力所需(传递风荷载及矿车摇摆力),也是保证构件整体稳定性和提高栈桥、走廊整体性与抗震能力的重要措施,设计时应给予足够重视,并保证支撑与各构件之间连接的强度和延性。

(5)加强栈桥或走廊各构件之间的连接,以提高其延性及抗震能力。

（6）选材上应使其材料性能有利于抗震,例如对直接承受移动荷载的辅助纵梁、横梁及主纵梁,钢材宜采用 A₃,焊条采用 E4311,螺栓为 4.6 级,焊缝应该饱满,其最小焊缝厚度应大于或等于 5 mm,焊缝质量应符合一、二级验收标准。

2. 钢筋混凝土栈桥和走廊的抗震设计要点

（1）钢筋混凝土栈桥和走廊应执行"强柱弱梁"的设计原则,各项构造措施应符合《建筑抗震设计规范》(GB 50011—2010)(2016 年版)的要求。

（2）主要抵抗侧力的结构构件,例如框架梁柱及其节点,跨间结构的梁板,当抗震措施为Ⅰ级时,其所用混凝土等级应不低于 C30;当为Ⅱ、Ⅲ级时应不低于 C20。

（3）框架主要横梁的宽度不宜小于 250 mm,且宜控制其高宽比 $h/b \leqslant 4$;柱截面尺寸不宜小于 300 mm;梁的净跨与净高之比、柱净高与柱截面长边之比均不宜小于 4,以防发生脆性的剪切破坏,降低延性。

对有抗震设防要求的框架柱,为了保证柱子的延性,其轴压比 $N/(bhf_c)$ 应低于表 3-18 中的限值。框架梁配筋应满足抗震要求。

表 3-18　柱轴压比限值

柱类别	抗震构造措施等级		
	Ⅰ	Ⅱ	Ⅲ
框架柱	0.60	0.65 (0.70)*	0.75

注：* 表示括号内数值适用于设计强柱弱梁的框架柱。

（4）栈桥和走廊的高低跨处与毗邻建筑（结构）物之间应设防震缝和两端可以悬臂（≤2.0 m）等措施,以使栈桥或走廊自成独立单元,当必须支承在毗邻的建筑（结构）物上时,其支承面必须有足够的长度和宽度。

（5）栈桥和走廊支承结构应符合以下要求：

① 当栈桥和走廊的跨间结构为简支大梁或桁架时,其防震缝区段长度≥30 m 时,其间应布置一座四柱式框架支承结构。

② 简支大梁或桁架一般支承在框架梁或特设的牛腿上,除支承面应有足够的尺寸外,当设计烈度为 8 度、9 度时,支座预埋钢板下宜增焊抗剪钢板[图 3-97(a)]。

（6）栈桥和走廊跨间结构应符合以下要求：

① 不得采用两端悬臂梁上搁置简支梁的形式[图 3-97(b)]。

② 当设计烈度为 9 度时,宜采用连续结构。

③ 当采用简支大梁或桁架时,其铰支座宜采用螺栓（或焊接加构造螺栓）与支架结构连接,大梁或桁架宜设防坠措施。

④ 跨间结构支承在毗邻建筑（结构）物上时,较高端应做成可动铰支座,同时宜采用内接方式[图 3-97(c)]。

（7）栈桥和走廊应尽量降低重心,减轻自重,将重型设备设置在下层或地面;屋盖及围护墙体宜采用轻质材料或轻型结构。

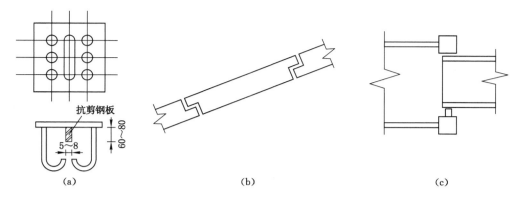

图 3-97　钢筋混凝土栈桥和走廊抗震构造

第五节　水　　塔

水塔是室外给水工程中贮水和配水的构筑物,是供小城市或工矿企业内部的管网供水系统中由于调节水量较小或需要平衡水压时用的设施。

水塔由水箱、塔身和基础三个部分组成。

工业与民用给水工程中所用的中小型水塔的类型有多种,一般来说与水塔的容量有关,容量通常为 $30\sim300~\text{m}^3$,有效高度(指地面至水箱内最低水位的高度)一般为 $15\sim30~\text{m}$,水塔的结构形式应适应材料的最有利的受力特性,做到技术先进、构造简单、节省材料、施工方便。

一、水箱的设计与计算

水箱通常做成圆形,还有多边形以及仅适用小容量的正方形,水箱材料可由钢筋混凝土、钢丝网水泥、钢、砖或木做成。以钢筋混凝土水箱应用最为普遍。

方形水箱由平顶盖、方形壁、平底板和边梁组成。采用 4 根混凝土柱或砖柱(当高度在 10 m 以内时)支承,这种形式适用于容量在 30 m 以下的水塔。方形水箱施工较方便,但是箱壁稍厚,受力不如圆形水箱有利,因而下面重点介绍圆形水箱。

圆形钢筋混凝土水箱有平底式、英兹式和倒锥壳式(图 3-98)。水箱的有效高度 H 和直径 D 的比值通常取 $0.45\sim0.65$,选择时适当考虑其造型比例,除平底式的底板是平的以外,此三种形式的水箱结构是由几个壳体联合组成的,受力合理,节省材料,倒圆锥壳水箱更具有外形美观和减小筒身直径的特点,但是施工较复杂。

(一)平底式水箱的设计与计算

平底式水箱由正锥壳顶、圆柱壳壁、平底板及支承环梁组成。其底板不是壳体,而采用了平底板,这是为了支模简单、施工方便。但是在水压力作用下,平底板显然是受弯构件,板厚相对大些,根据经济技术的综合分析,平底式水箱适用于容量为 $100~\text{m}^2$ 及更小的小型水塔。

1. 水箱顶盖

水箱顶盖相对于平板或圆球壳而言,宜采用变截面的正圆锥壳,所需要的钢材和混凝土

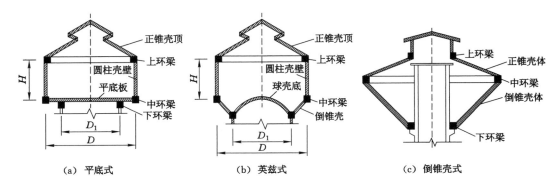

图 3-98 钢筋混凝土水箱形式

都最少,锥面坡度可为 1/3～1/4,与水箱竖壁连接处的厚度可为 80～100 mm,在顶部可减至 60 mm,但不宜小于 60 mm,为出入检修和通风所需,锥壳顶留有洞口,该处应局部加厚,水箱顶需做防水层,在寒冷地区还需做保温层。

正圆锥壳(图 3-99)或圆球壳在荷载作用下,壳体内将产生轴力、剪力、弯矩等,壳体应力的精确计算是很复杂的,但是根据薄壳理论的分析,在薄壁情况下,薄壳的内力主要是轴力(压力或拉力),弯矩可以忽略不计。而正圆锥壳在垂直荷载作用下,由于直径及荷载较小,壳内轴力和弯矩均很小,可以假定这种壳体只承受主要轴力,而略去弯矩,其计算方法可近似按无弯矩理论(或称为薄膜理论)进行。

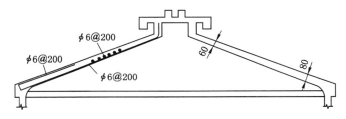

图 3-99 正圆锥壳水箱顶盖构造

薄膜理论把复杂的薄壳结构变为简单的静定结构,可以应用力的平衡条件来直接求其内力,大幅度简化了计算,对于不同种类的壳体在工程实践中也已足够准确,正圆锥壳配置径向(辐射式)和环向钢筋时,一般配筋率不应低于 0.2% 和 $\phi 6@200$ mm,单层钢筋网,设在下边;在近边缘支承 1/3 锥面长度的环形宽度范围内,宜配置双层构造钢筋,以便有效地承受边缘局部较大的弯矩。

2. 顶盖与竖壁连接处的上环梁

锥壳顶盖受荷后在其下部边缘产生锥壳下传的径向力 N,上环梁承受径向力 N 的径向水平分力(图 3-100)。此水平分力引起上环梁产生拉力,可按轴心受拉构件计算。

$$N = N_r\, r_1 \cos \varphi_1 \tag{3-145}$$

式中　　N ——环梁内轴拉力;

$\quad\quad\quad N_r$ ——锥壳下边缘传来的径向力;

$\quad\quad\quad r_1$ ——环梁半径;

$\quad\quad\quad \varphi_1$ ——锥壳倾角。

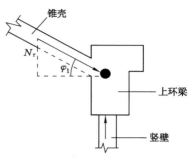

图 3-100　上环梁受力图

环梁的截面不宜小于 200 mm×300 mm,对于北方地区的水箱,由于竖壁外需设置保温材料,环梁截面尚要加大些(图 3-100),环梁内的环向钢筋配筋率不宜低于 0.4% 和 4Φ10,箍筋不应小于 $\phi 6@200$ mm。

3. 水箱竖壁与平底板

水箱通过平底板内的下环梁与塔身支架或支筒连接[图 3-98(a)]。水箱直径 D 与水箱支承下环梁直径 D_1 的比值,应在荷载作用下使底板的跨中弯矩与支座弯矩基本相等为宜,竖壁和平底板的厚度一般不宜小于 120 mm。

水箱竖壁是圆柱形薄壳,为了便于施工,一般沿竖向均取等厚度,与底板在水压力和自重作用下共同工作,本应按组合的旋转壳体结构进行精确计算,但手算是很麻烦的。平底式小型水箱的圆柱壳竖壁可按如下近似方法计算:将竖壁割出单位宽度的垂直壁厚,视作上端自由而下端固定来计算竖向弯矩,再按受弯构件进行竖向配筋;按上端自由而下端铰支计算环向拉力,对最大环拉力部位以下的竖壁按最大环向拉力进行计算,并按轴心受拉构件进行环向配筋。通过电算比较可知,上述计算方法实际误差不大,且偏于安全。

当平底板是圆形的并支承在下环梁上,其内力可按铰支于下环梁的悬挑圆形板计算,并配置钢筋,误差不大,计算简图如图 3-101 所示。

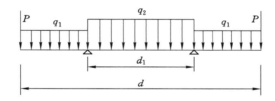

图 3-101　圆形平底板计算简图

平底圆板承受由竖壁传下来的水箱顶盖自重、活荷载、保温防水层重和竖壁自重等荷载 P(图 3-101)以及底板自重加上水压力 q_1、q_2,当底板为等厚度时,$q_1=q_2$。圆底板的内力可方便地通过《建筑结构静力计算手册》中的公式和图表算出。

经上述近似计算和电算精确解,可知水箱的竖向弯矩值是很小的,但由于受到边缘局部变形的影响,弯矩的符号是变化的。为了承受这种影响,并考虑不计算温度应力的情况,竖壁的中部与下部位置一般采用双层配筋,因为水压力小,且几乎没有竖向弯矩,上部可用单层配筋,竖壁和底板的单面配筋率不应低于 0.2% 和 $\phi 8@200$ mm。

4. 支承水箱的下环梁

当水箱支承在支架式塔身上,下环梁就作为支架顶的支承兼横梁,其内力可按垂直荷载和下环梁自重作用下的等跨连续曲梁计算,并应组合支架在风荷载或地震力等作用下的弯矩值再进行配筋。

(二)英兹式水箱的设计与计算

英兹式水箱由正锥壳顶、圆柱壳壁、倒锥和球面壳底以及支承环梁组成[图 3-98(b)]。它的主要特点:除竖壁外,这些壳体的主要内力基本为压力,因而充分发挥了混凝土的抗压强度。利用环梁把各个壳体互相联系起来构成一个空间薄壁结构,球面壳底承受压力,作为底部结构比平板合理,但是支模复杂,施工较麻烦。英兹式水箱一般常采用容量大于 $100~\mathrm{m}^3$ 的中型水塔。

1. 水箱顶盖和竖壁

水箱顶盖和竖壁的计算方法和构造与平底式水箱相同。正圆锥壳盖顶的矢高一般取内径的 $1/6\sim1/8$。水箱的经济尺寸与贮水容量、有效高度、给水工艺及水箱支承结构形式有关,同时要考虑建筑造型。当水箱容量 V 最大而表面面积最小时应符合以下两个式子[图 3-98(b)]。

$$V = \pi H^3 \tag{3-146}$$

$$H = \frac{1}{2}D \tag{3-147}$$

式中　H——竖壁高度;

　　　D——水箱直径。

当水箱容量 V 已知时,可得 $H = \sqrt[3]{\dfrac{V}{3.14}}$,又得 $D = 2H$。

2. 上环梁和中环梁

锥壳顶盖在荷载作用下于其下部边缘处产生径向压力 N_r,N_r 的水平分力就是上环梁的水平径向推力,使上环梁产生拉力。设置上环梁的目的就是承受 N_r 的水平分力。上环梁和中环梁分别按锥壳顶盖和倒锥壳上端传来的水平径向推力进行配筋计算和抗裂性验算,环梁的截面尺寸、配筋构造要求与平底式水箱的环梁相同。

3. 倒锥和球面壳底

倒锥壳底的锥面坡度宜取 $1:1$。球面壳的矢高一般宜取直径的 $1/6\sim1/8$。水箱的直径 D 与下环梁直径 D_1 的比值,以使支承下环梁在荷载作用下不出现拉力为宜,D 与 D_1 的比值可取 $1.35\sim1.5$。

倒锥和球面壳底在池内水压力和自重作用下,可近似按无弯矩理论计算径向力和环向力,边缘处的径向弯矩的配筋计算可按周边固定来考虑。倒锥壳底由于承受较大的拉力,根据抗裂性要求,其厚度应大于水箱竖壁的厚度。其环向筋根据环向拉力计算配置双层钢筋。径向筋两端应可靠地锚固在中环梁和下环梁内,以便有效地承受弯矩。球面壳底主要承受压力,一般采用构造配筋,但是其环向筋和径向筋均不少于 $\phi8@200~\mathrm{mm}$。

4. 下环梁支承

下环梁在倒锥壳和球面壳产生的水平推力的差值作用下,按轴心受力构件计算,但是在塔身为构架支承时,尚应组合构架在风荷载或地震力作用下产生的内力进行配筋计算。

对于容量大于 $500~\mathrm{m}^3$ 的水箱,通过精确算法和近似算法的比较,应按组合的旋转壳体结构进行精确计算,并根据节点间变形协调进行整体分析,利用通用电算"旋转壳程序"解算。

(三)倒锥壳式水箱的设计与计算

倒锥壳式水箱是一种新的水箱形式,是由正锥壳顶和倒锥壳底组成的贮水结构[图 3-98(c)]。

1. 倒锥壳式水箱的内力分析和配筋构造

倒锥壳式水箱的特点是水压力最大处直径最小,水压力最小处直径最大,为此倒锥壳底承受的环向拉力比较均匀,充分发挥了材料的性能,达到省料的目的。

对于容量大于 200 m³ 的倒锥壳式水箱,通过比较精确算法与近似算法,应按组合的旋转壳体结构进行整体的内力分析。小型水箱可以拆成多个构件分别进行内力分析。其正锥壳顶盖仍近按无弯矩理论计算内力,并配置径向和环向钢筋。倒锥壳底的环向钢筋同样按无弯矩理论求得的最大环向拉力配置,但径向钢筋应按锥壳两端固定支承计算配置。倒锥壳底的厚度可采用等厚度或者上薄下厚的变厚度,但是在环向要满足抗裂性要求。

倒锥壳式水箱的中环梁所受的拉力比较大,是连接上下正倒锥壳的重要构件,其截面尺寸一般应取大些。

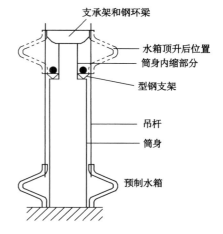

图 3-102　倒锥壳式水箱顶升法施工简图

2. 倒锥壳式水箱的施工方法

倒锥壳式水箱由于其体积和重量均较大,吊装不方便,因此宜采用提升法施工。水箱环绕已制作好的筒身在地面预制,然后用固定在筒身内缩部分顶部钢环梁上的吊杆和几十个千斤顶将水箱顶升到支筒顶部(图 3-102),用有效的固定措施(诸如型钢支架或筒身上部预留孔洞穿入钢梁等方法)将水箱牢靠地托住,再用后浇钢筋混凝土将水箱与筒身二次浇灌成一个整体(图 3-103)。

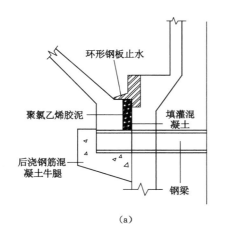

(a)

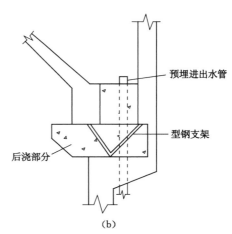

(b)

图 3-103　倒锥壳式水箱与筒身连接处的节点形式

3. 与英兹式水箱的比较

根据其外形、结构和构造特点,塔身支筒的直径比英兹式的小,100～500 m³ 容量的水箱的支筒直径相应为 2.4～4.0 m,而英兹式的则为 4～8 m。在有抗震设防要求的地区,筒身直径缩小,相应柔度增大,自振周期也增大,而地震影响系数随自振周期的增大而减小,即地震力减小。当然,筒身直径的缩小不能过多,否则钢筋用量会大量增加,反而更不经济,同时小筒径塔身也便于采用滑模施工,材料用量较省。

（四）水箱的防渗和保温措施

1. 水箱的防渗

用于浇筑水箱的混凝土，应采取如下措施以提高其抗渗能力：

（1）水箱一般应采用集料级配良好的强度等级不低于 C20 的防水混凝土。

（2）水箱防渗的关键是施工质量，混凝土施工中必须振捣密实，因为施工缝是薄弱环节，最易产生渗漏现象，应尽量连续施工，当避免不了时，也可以留施工缝，但应设在水箱壁上、下两端与顶或底的交接处。

（3）对施工缝应进行有效处理，做成企口；在浇灌上层混凝土前，均须将表面冲洗干净，涂净水泥浆 2 遍，再铺 1 层 1：2 水泥砂浆，接缝处务必捣固密实，使之结合紧密。混凝土灌注后要加强养护。

（4）一切预埋件均应按设计位置安设妥当，决不应采用事后凿洞的方法，以防止渗漏。这些预埋件包括铁梯、防雷装置、浮漂水位标尺、管卡、穿过水箱的预埋管件及照明线的引线管等预埋件。

2. 水箱的保温

北方寒冷地区的水箱应根据热工计算考虑其保温措施。

（1）箱壁的保温

当水箱壁外计算温度为 $-8\sim-20\ ℃$ 时，可采用砖护壁和空气层保温；$-20\sim-40\ ℃$ 时，应在空气层内填松散的保温材料，在地震区，还须用 $\phi 6$ 钢筋将砖护壁与钢筋混凝土竖壁拉结起来。另外，水箱壁的内表面还要抹 2 cm 厚的 1：2 水泥砂浆面，外表面刷一层热沥青，以防止水渗漏，英兹式水箱的倒锥壳底外露斜壁可根据保温的要求适当加厚，倒锥壳式水箱底斜壁是外露的，应采取有效的保温措施。

（2）水管的保温

在寒冷地区，若水管冻裂，将严重影响使用，因此水管的防冻是水塔防寒的关键。一般水管要有较好的保温措施，常用矿渣棉毡或玻璃棉毡包扎。

二、塔身

塔身有筒壁式和支架式两种结构形式（图 3-104）。

（一）筒壁式塔身的构造与计算

1. 构造特点

筒壁式塔身一般可由砖或钢筋混凝土做成。

（1）砖筒壁

砖筒壁是由砖砌筑的圆柱形筒体，其特点是便于就地取材，施工简单，节约钢材和木材，应用较广泛。砌体材料应采用不低于 MU7.5 的砖和不低于 M5 的混合砂浆砌筑。砖砌筒壁的壁厚应不小于 240 mm，按计算可采用半砖模数分段，筒壁在内侧呈阶梯形。一般沿筒壁高度每隔 4～6 m 宜设置环向圈梁一道。钢筋混凝土圈梁的宽×高不宜小于 240 mm×180 mm，配筋不少于 $4\phi 8$，箍筋不少于 $\phi 6@250$ mm。钢筋砖圈梁每两皮砖可配置 $3\phi 6$，不宜少于 3 层。在门洞上部应设置一道圈梁和宜做钢筋混凝土门框，门窗洞不宜过大，门上设雨篷。在地震区，砖筒壁的厚度一般根据地震作用控制，由于砖筒壁的抗拉和抗剪能力都较弱，应加大筒壁厚度，配置一定数量的纵向竖筋，采用砌体内配筋或留竖槽配筋灌以混凝土，并沿高度每隔六皮砖配置不小于 $\phi 8$ 的环向钢筋，详见《建筑抗震设计规范》（GB 50011—

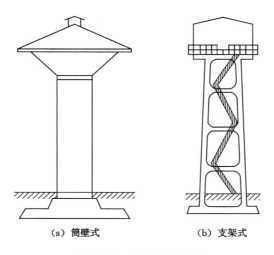

（a）简壁式 （b）支架式

图 3-104 塔身结构形式

2010)(2016 年版)。对于 8 度及以上的地震区,根据资料分析,砖筒壁并不比钢筋混凝土筒壁更经济。

（2）钢筋混凝土筒壁

钢筋混凝土筒壁是一个圆柱壳筒体结构,具有受力情况较好、刚度大的特点,根据施工要求,必须制作成等厚,如图 3-105(b)和图 3-105(c)所示。其厚度应不小于 100 mm,施工采用滑升模板时宜不小于 160 mm;在地震区,其壁厚应不小于 120 mm,混凝土强度不宜低于 C20。筒壁中的钢筋一般可靠外侧单层配置;环向钢筋的配筋率不应低于 0.2%,纵向钢筋的总配筋率不宜低于 0.4% 和 $\phi12@200$ mm,筒壁上的门窗洞口应予以加强。

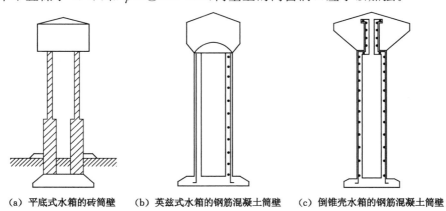

（a）平底式水箱的砖筒壁 （b）英兹式水箱的钢筋混凝土筒壁 （c）倒锥壳水箱的钢筋混凝土筒壁

图 3-105 筒壁式塔身

2. 荷载计算和内力分析

（1）荷载计算

① 设计荷载

设计荷载应按均在风荷载作用下的满水箱和空水箱两种不利情况计算。满水箱时,包括结构自重、设备自重、水箱内水压力、塔顶雪荷载或活荷载、楼梯及平台上的活荷载及风荷载等,算得作用于塔身筒壁(或立柱)的最大竖向荷载 N_{max} 及相应弯矩 M 的组合;空水箱时,包括结构自重、设备自重及风荷载,得到作用于塔身上的最小竖向荷载 N_{min} 及相应弯矩 M 的组合情况。

② 风荷载

风荷载和雪荷载等均按照《建筑结构荷载规范》(GB 50009—2012)确定。

水箱的风载体型系数 μ 由试验得到,圆柱形水箱(包括平板式水箱和英兹式水箱)为 0.6,倒锥形水箱为 0.7。

③ 地震作用

在地震区必须考虑地震作用。水塔是一种高柔构筑物,是以满水箱重量为主,即将水箱连同满水视为一个整体,通常称为头部。可将塔身支承结构的重量的一部分折算到头部重心处。由此所得到的计算简图便近似按一个单自由度体系考虑,并按底部剪力法计算水平地震作用 F_E 值。

$$F_E = \alpha_1 G_E \tag{3-148}$$

式中　F_E ——结构总水平地震作用引起的水平力,作用于水箱重心处。

　　　　α_1 ——相应于结构基本周期 T_1 的水平地震影响系数,根据场地类别、距震中距离和 T_1 确定,见《建筑抗震设计规范》(GB 50011—2010)(2016 年版)。

　　　　G_E ——计算地震作用时结构的总重力荷载代表值采用弯矩等效折算总重力荷载代表值。

$$G_E = G_{E0} + \beta G_{E1} \tag{3-149}$$

式中　G_{E0} ——水塔的满水箱部分重力;

　　　　G_{E1} ——水塔的支承结构、附属设备、平台等重力之和;

　　　　β ——弯矩等效折算系数,取 0.35。

考虑地震作用时,风荷载取 25%。在设防烈度为 8 度至 10 度的地区,要同时考虑竖向地震作用,其竖向地震影响系数详见抗震规范,并考虑上下两个方向地震作用和水平地震作用的不利组合的验算。

(2)内力分析

水塔的筒壁式塔身是一个空间壳体结构,可以用有限元法借助计算机求得精确解。但是对于一般的小型计算机,由于其内存和处理能力有限,单元划分的精度很难满足工程使用要求。这里介绍一种对工程实践来说已足够准确的分析方法,即将筒壁式塔身看作底端嵌固于基础上的悬臂构件来计算内力,筒臂的截面强度应按偏心受压环形截面构件计算。

① 满水箱时,筒壁沿高度各截面的最大边缘压应力应不大于砖砌体的抗压设计强度 f。于是砖筒壁截面最大压应力可用下式计算:

$$\sigma_{max} = \frac{N_{max}}{\varphi A} + \frac{My}{I} < f \tag{3-150}$$

式中　A, I, y ——所计算的圆筒截面的净面积、惯性矩及截面重心至最外边缘的距离;

　　　　φ ——纵向力偏心距的影响系数;

　　　　N_{max} ——计算截面以上的最大竖向荷载;

　　　　M ——计算截面上风荷载产生的弯矩。

② 空水箱时,筒壁沿高度各截面的最小边缘应力不出现拉应力。于是砖筒壁截面上某

点的最小压应力可用下式计算：

$$\sigma_{\min} = \frac{N_{\min}}{\varphi A} - \frac{My}{I} > 0 \tag{3-151}$$

式中　$N_{\min}$——计算截面以上的最小竖向荷载。

（二）支架式塔身的构造与计算

1. 构造特点

支架式塔身可由钢筋混凝土柱和横梁组成的空间框架做成。必要时可采用钢空间桁架，因为钢支架用钢量较多。

（1）形式

根据塔身的高度、水箱贮液容量、风荷载或水平地震作用的大小，支架式塔身可分别由4柱、6柱或8柱的空间框架（或空间桁架）构成。

（2）支柱与节点处理

支柱可采用斜柱或直柱，大多数采用斜柱式支架，其斜率一般取 $1/20 \sim 1/30$ 为宜。钢筋混凝土支柱最小截面尺寸应不小于 $300 \text{ mm} \times 300 \text{ mm}$，沿立柱高度每隔 $3 \sim 5$ m 设联系横梁与柱连接形成整体。框架立柱与横梁、环梁连接节点宜在梁两端上、下加做腋角，以提高节点的强度；腋角高度可取 $200 \sim 300$ mm，宽度可取 $400 \sim 600$ mm，腋角范围内的箍筋间距加密至 100 mm。

（3）优缺点

支架式塔身的优点是坚固耐用，具有较强的抗震性能，外形也美观，但是钢筋混凝土支架施工周期较长，支模工程量较大，木材消耗量也较多。在地震区，由于支架梁柱承载的内力较大，所用钢材比筒壁式塔身多，同时，支架式塔身也不利于竖向水管的防冻。

2. 荷载与内力分析

对支架式塔身，以及平面为多边形水箱的水塔，风荷载和地震作用均应分别沿正方向和对角线方向进行计算。

P_{w_1}、P_{w_2}、P_{w_3} 等分别为水箱部分和每段支架式塔身部分的风荷载值。即除了考虑水箱表面承受风荷载外，还应考虑支架自身的梁柱表面所承受的风荷载，对支架结构的矩形或方形断面梁、柱的风载体型系数，可取为 $0.8 + 0.5 = 1.3$。风力沿对角线作用时，每个柱风力可分解为平行于平面框架的分力。

支架式塔身为一空间框架结构，计算较为复杂，可用结构分析通用程序来电算。但对于中小型水塔，用便于手算的下列近似计算法，对于工程实践来说已足够准确。

（1）立柱计算

支架这个空间框架是由数个平面框架组成的。在求解构件内力时，可以近似地取其中一个平面框架来计算。竖向荷载作用下一般可用力矩分配法或其他实用方法。在水平风荷载或地震的作用下，一般可采用反弯点法，假定底层柱的反弯点位于离基础顶面 2/3 的底层层高处，顶层柱的反弯点位于离支架顶 2/3 的顶层层高处，其余各层柱的反弯点位于柱高的中部。各柱在反弯点处的剪力，可按各柱的线刚度 EI/l 分配求得，但是由于各柱的柱高 l 和弹性模量 E 相同，因此实际上是按各柱的 I 值确定其剪力值。

（2）横梁计算

众所周知，支架式塔身若按空间框架分析，横梁便会出现弯矩和扭矩，但近似的计算方法不考虑扭矩的影响,此时弯矩值就要取大些,即横梁端弯矩取该节点处相连的上下柱的柱端弯矩的总和。

3. 截面强度计算及配筋构造

(1)截面强度计算

立柱在水平荷载作用下分别根据正方向和对角线方向,同时考虑满水箱和空水箱两种不利情况下计算求得的 N_{max} 及其相应弯矩和 N_{min} 及其相应弯矩,按单向或双向偏心受压构件计算截面强度。若 N_{min} 为拉力时,要按偏心受拉构件进行强度验算。还应注意,由于塔身支架的高度与跨度之比值一般比较大,立柱的计算长度取柱高的 1.5 倍。

横梁按受弯构件计算截面强度。

(2)配筋构造

立柱和横梁均应对称配筋。应加密支架梁柱端部和节点箍筋,箍筋间距不大于 100 mm,并不大于 6 倍纵筋直径,以增强混凝土的约束作用,保证一旦受压区塑性变形大,保护层脱落时纵筋不发生压屈,防止梁端剪切破坏。立柱上下端箍筋加密的范围不应小于两节点间 1/6 柱高和 80 cm,横梁箍筋加密的范围不应小于梁高。考虑到腋角属于节点加强区,可能出现的塑性铰区在腋角外,为此梁柱箍筋加密的范围应从腋角以外算起,立柱总配筋量应按角柱考虑,不小于 0.8%。

三、基础

水塔基础的形式及其选择与地基承载能力、塔身支承结构、水箱容量等有关。

(一)基础的形式及其选择

水塔基础的形式一般常用的有刚性基础、钢筋混凝土环板和圆板基础、壳体基础、柱下独立基础和桩基。下面作简单介绍。

1. 刚性基础

刚性基础一般常用于地基承载力较高的砖筒壁塔身的基础,可用砖、块石砌筑或由混凝土浇筑,做成台阶式,基础台阶的宽高比应保证砌体不因拉力或剪力发生变形而开裂。根据计算要求,刚性基础可做成环形或圆形两种[图 3-106(a)、图 3-106(b)]。

2. 圆板基础和环板基础

一般情况下,采用钢筋混凝土圆平板或环形板基础较多[图 3-106(c)、图 3-106(d)]。其特点是基础承载面大,适用于地基承载力较低的地区,受力较明确,施工方便。板式基础边缘的最小厚度不宜小于 150 mm,悬臂长度不宜过大,混凝土等级不低于 C15,钢材宜用Ⅱ级钢。

3. 壳体基础

当地基承载力较低时可采用壳体基础,能大量节省混凝土,但是给施工带来困难,要根据各地条件因地制宜地合理选用[图 3-106(e)、图 3-106(f)]。当壳壁厚度大于 150 mm 时,宜配置双层构造钢筋,构造配筋应不少于 $\phi 8@200$ mm。混凝土等级不低于 C20。

4. 柱下单独基础

柱下单独基础适用于支架式塔身的基础,既经济又方便施工,为了增强基础的整体性,在地震区应用联系梁将单独基础连接起来。

5. 桩基

当地基软弱时可采用桩基。

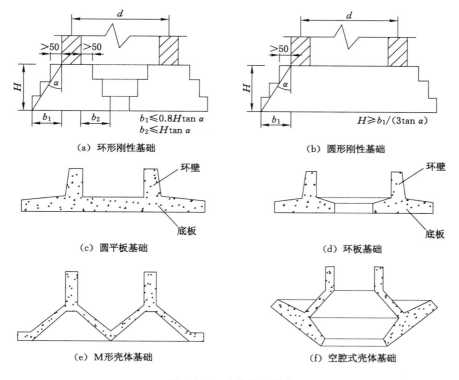

图 3-106　水塔基础形式

（二）基础底面积计算及其他尺寸的确定

基础底面地基反力应全部受压，最大边缘压应力 p_{max} 宜不大于 1.2 倍地基承载力设计值 f，并宜使基础底面最大与最小边缘压应力之比不大于 3。根据地基上承载力设计值用下列公式确定基础底面积尺寸：

$$\overline{p} = \frac{N_k + G_k}{A} \leqslant f \tag{3-152}$$

$$p_{max} = \frac{N_k + G_k}{A} + \frac{M_{zk}}{W} \leqslant 1.2f \tag{3-153}$$

板式基础：

$$p_{min} = \frac{N_k + G_k}{A} - \frac{M_{zk}}{W} \geqslant 0 \tag{3-154}$$

壳体基础：

$$p_{min} = \frac{N_k + G_k}{A} - \frac{M_{zk}}{W} \geqslant \frac{G_k}{A} \tag{3-155}$$

式中　$\overline{p}$ ——基础底面处的平均压应力设计值；

N_k ——上部结构传至基础顶面的标准轴力值；

G_k ——基础自重和其上土重的标准值；

f ——地基承载力设计值；

M_{zk} ——作用于基础底面上的总弯矩，取标准值，$M_{zk} = M_k + V_k H$；

M_k, V_k ——上部结构传至基础顶面的弯矩和剪力，取标准值；

A,W ——基础底面的面积和底面抗弯截面模量。

对于圆形底板基础，$A = \pi r_1^2$，$W = \dfrac{\pi r_1^2}{4}$。

对于环板基础，$A = \pi(r_1^2 - r_4^2)$，$W = \dfrac{\pi(r_1^2 - r_4^2)}{4\,r_1}$。

r_1 为圆板或环板的外半径；r_4 为环板的内半径；外形尺寸符号见图 3-107。

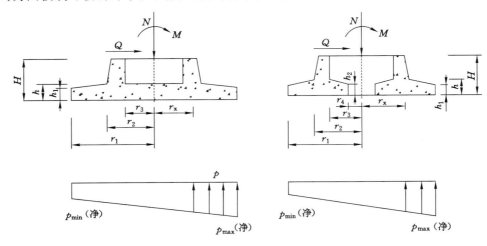

图 3-107　圆板和环板基础示意图

通过上述地基承载力计算确定了基础底面积后，还必须确定其他各部分的尺寸，如图 3-107 所示圆板和环板基础，其构造及计算考虑如下。

先通过求出由上部结构传下来的轴力 N、弯矩 M、剪力 Q（应分别取考虑相应荷载分项系数后的设计值）作用下产生的土的净反力值 p_{max}[净] 和 p_{min}[净]，算出底板悬壁部分中点处如图中所示最大地基净反力 p 值。

$$p_{max}[净] = \frac{N}{A} + \frac{M + QH}{W} \tag{3-156}$$

$$p_{min}[净] = \frac{N}{A} - \frac{M + QH}{W} \tag{3-157}$$

接着就要保证基础底板的厚度满足板冲切强度的要求，即基础底板有效高度 h_0（$h_0 = h - a_s$）应由冲切强度确定：

$$F \leqslant 0.3 f_t (s_1 - s_2) \tag{3-158}$$

式中　F——冲切破坏面以外的基础底的设计冲切力，其计算分别按不同位置和情况考虑。

当确定杯口外边缘 h_0 时：

$$F = p\pi[r_1^2 - (r_2 + h_0)^2]$$

当确定杯口内边缘 h_0 时：

环板基础：

$$F = p\pi[(r_3 - h_0)^2 - r_4^2]$$

圆板基础：

$$F = p\pi(r_3 - h_0)^2$$

式中　f_t——混凝土设计抗拉强度，按《混凝土结构设计规范》(GB 50010—2010)(2015 年版)数值采用；

s_1 —— 冲切破坏锥体截面的上边周长,按下式采用:

验算杯口外边缘时,$s_1 = 2\pi r_2$。

验算杯口内边缘时,$s_1 = 2\pi r_3$。

s_2 —— 冲切破坏锥体截面的下边长,按下式采用:

验算杯口外边缘时,$s_2 = 2\pi(r_2 + h_0)$。

验算杯口内边缘时,$s_2 = 2\pi(r_3 - h_0)$。

同时为了确保基础有一定的刚度,并在使用荷载作用下满足一定抗裂度的要求,基础高度还宜满足下列规定:

环板基础:

$$\begin{cases} h \geqslant \dfrac{r_1 - r_2}{2.2} \\ h \geqslant \dfrac{r_3 - r_4}{3} \end{cases} \tag{3-159}$$

圆板基础:

$$\begin{cases} h \geqslant \dfrac{r_1 - r_2}{2.2} \\ h \geqslant \dfrac{r_2}{4} \end{cases} \tag{3-160}$$

为了使混凝土用量得以节省,环板或圆板可做成变厚度。但同时为了使径向、环向钢筋不增加,建议 h_1、h_2 不宜小于 $h/2$,且不小于 200 mm。此外,其配筋率宜控制在 0.6% 以内,使基础保证有一定的厚度。

(三)内力分析与配筋构造

圆板和环板的内力分析,目前常用的计算方法有两种。其一是"弹性薄板理论"计算法,一般有现成的表格可供查用,具体详见《建筑结构静力计算手册》;其二是"极限平衡法",其优点是公式简单、应用方便、配筋均匀等,但必须控制内力的调幅,避免裂缝过早出现或裂缝开展过宽,应用时可查阅《钢筋混凝土特种结构》。

在配筋时,基础底板外悬挑部分一般配置单面钢筋,仅当基础底面压力在扣除基础自重及其上的土重后出现负值时,底板外悬挑上部才配置钢筋;环壁内的圆形底板部分,可由计算确定配置单面或双面钢筋。钢筋直径除基础环壁纵向筋直径不宜小于 $\phi 12$ 外,其他钢筋直径均不宜小于 $\phi 10$,钢筋间距除环壁的不宜大于 250 mm 外,其他一般间距不宜大于 300 mm,钢筋搭接长度应不小于 $40d$。

当圆板或环板基础的上部为支架式塔身时,环壁就要按照支承在支架立柱上的曲梁考虑,计算其在底板悬臂部分中央处最大的地基净反力 p(近似偏于安全)作用下的弯矩和扭矩,并按该内力值配筋。

第六节　钢筋混凝土贮液池

一、贮液池上的荷载及荷载组合

作用在贮液池上的荷载可能是下面各种荷载的全部或部分的组合,如图 3-108 所示。

它包括池外部的侧向压力、池内液体的侧压力、池顶盖上的填土、顶盖自重及活荷载、池底的液体压力及地基反力、地下水的浮力、地震作用、温度变化产生的附加力。

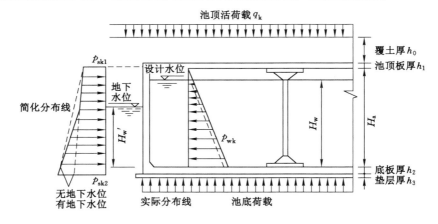

图 3-108   作用在贮液池上的主要荷载

（一）池顶荷载

作用在水池顶板上的永久荷载，包括顶板自重、防水层重、覆土层重等均按实际情况计算。作用在水池顶板上的可变荷载，包括活荷载和雪荷载。活荷载是考虑池顶可能走人、行车、堆放物品等引起的重力，计算时可按实际考虑。若无专门使用要求可取活荷载标准值为1.5 kN/m²。建造在靠近道路边的地下式水池，应使覆土顶面高出附近地面至少 300～500 mm，或采取防止超载的措施。雪荷载标准值应根据《建筑结构荷载规范》（GB 50009—2012)的有关规定来确定。

活荷载和雪荷载不同时考虑，选择数值较大的一种进行计算。

（二）池壁荷载

池壁承受的荷载除了池壁自重和池顶荷载引起的竖向压力和可能的端弯矩外，主要是作用于水平方向的水压力和土压力。

池内底面处的最大水压力标准值（水压力按三角形分布）为：

$$p_{wk} = \gamma_w \, H_w \tag{3-161}$$

式中 p_{wk} ——池内最大水压力标准值，kN/m²；

g_w ——水的重力密度，可取 10 kN/m；

H_w ——设计水深，m。

设计水位一般在池内顶面以下 200～300 mm 处，但是为了简化计算，常取池壁的计算高度或池壁的净高。池壁外侧的侧向压力包括土压力、地面活荷载引起的附加侧向压力及有地下水时的地下水压力。

当池壁高度范围内无地下水时，池壁土压力按侧压力为梯形分布的主动土压力计算。

池壁顶端土压力标准值为：

$$p_{sk1} = \gamma (h_s + h_1) \tan^2 \left(45° - \frac{\varphi}{2}\right) \tag{3-162}$$

池壁底部土压力标准值为：

$$p_{sk2} = \gamma(h_s + h_1 + h_n)\tan^2\left(45° - \frac{\varphi}{2}\right) \tag{3-163}$$

当池壁高度范围内有地下水时,以地下水位为界,分两段按梯形分布。在地下水位以上的土压力计算同无地下水情况。在地下水位以下的侧向力除考虑地下水压力外,还应考虑地下水位以下的土由于水的浮力而使其有效重度降低对土压力的影响。为了简化计算,通常将按折线分布的侧压力图形取成直线分布图形。

池壁底部土压力标准值为:

$$p'_{sk2} = \left[\gamma(h_s + h_1 + H_n - H'_w) + \gamma' h'_w\right]\tan^2\left(45° - \frac{\varphi}{2}\right) \tag{3-164}$$

地面活荷载引起的附加侧压力沿池壁高度分布为常数,其标准值可按下式计算:

$$p_{qk} = q_k \tan^2\left(45° - \frac{\varphi}{2}\right) \tag{3-165}$$

地下水压力按三角形分布,池壁底部的地下水压力标准值为:

$$p'_{wk} = \gamma_w h'_w \tag{3-166}$$

式中　　γ ——池外回填土重度,kN/m³,一般可取 18 kN/m³。

h_s ——池顶覆土厚度,m。

h_1 ——池顶板厚度,m。

φ ——回填土的内摩擦角,(°),根据土工试验确定。

H_n ——池壁净高,m。

H'_w ——地下水位至池壁底部的距离,m。

γ' ——地下水位以下池外回填土的有效重度,kN/m³,一般可取 10 kN/m³,也可以由 $\gamma' = \dfrac{G_s - 1}{e + 1}$ 计算,G_s 为土颗粒重度,e 为土的孔隙比,具体数值按场地的工程地质报告取用。

q_k ——地面活荷载标准值,一般可取 1.5 kN/m²。当池壁外侧地面可能有堆积荷载时,应取堆积荷载标准值,一般可取 10 kN/m²。

池壁外部侧压力应根据实际情况取上述各种侧压力的组合值。当池底处于地下水位以上时,顶端外侧压力组合标准值为:

$$p_{k1} = p_{qk} + p_{sk1} \tag{3-167}$$

底端侧压力组合标准值为:

$$p_{k2} = p_{qk} + p_{sk2} \tag{3-168}$$

当池底处于地下水位以下时,底端侧压力组合标准值为:

$$p_{k2} = p_{qk} + p_{sk1} + p_{wk} \tag{3-169}$$

（三）池底荷载及地基土压力

池底荷载是指板底产生弯矩和剪力的那一部分地基反力或地下水浮力。由池顶盖上的所有荷载、池壁自重和池顶支柱的自重在底板上的集中力所引起的地基反力才会使底板产生内力,这个部分地基反力由下列三项组成。

（1）由池顶荷载引起的,可直接取池顶活荷载标准值 $q_k = 1.5$ kN/m²;

（2）由池顶覆土引起的,可直接取池顶单位面积覆土重 q_s;

（3）由池顶板自重 G_r、池壁自重 G_w 及支柱自重 G_c 引起的,可将池壁和所有支柱的总重

力除以池底面积 A,再加上单位面积自重。

当地基不是太软弱时,可以测定这些重量引起的地基反力为均匀分布,其值为:

$$p_n = q_k + q_s + \frac{G_r + G_w + G_c}{A} \tag{3-170}$$

当底板向池壁外挑出时,池底面积将大于池顶面积,上述荷载取值方法带有近似性,但偏于安全。较精确的计算方法应为池顶活荷载与覆土重取整个池顶上的总重力之和除以池底面积。

当池壁与底板按弹性固定设计时,为了便于进行最不利内力组合,池底荷载的上述三个分项应分别单独计算。

无论有无地下水浮力,池底荷载的计算方法相同。当有地下水浮力时,地基土的应力将减小,但是作用于底板上的总反力不变。

(四)荷载组合

在进行地下水池承载能力极限状态设计时,一般应根据下列三种不同的荷载组合分别计算内力。

① 池内满水,池外无土;

② 池内无水,池外有土;

③ 池内水满,池外有水。

第一种荷载组合出现在回填土以前的试水阶段,第二种、第三种组合是使用阶段的放空和满池时的工作状态。在任何一种荷载组合时,结构自重总是存在的。对第二种、第三种荷载组合来说,应考虑活荷载和池外地下水压力。

一般来说,第一种、第二种组合是引起相反最大内力的两种最不利的状态。但是如果绘制池壁最不利内力包络图,则在包络图极值点以外的某些区段内,第三种荷载组合很可能起控制作用,这对池壁的配筋会有影响。而这种情况常常发生在池壁两端为弹性嵌固的水池中,若能判断出第三种荷载组合在池壁的任何部位均不会引起最不利内力,则在计算中可以不考虑这种荷载组合。池壁两端支撑条件为自由、铰支或固定时,往往就属于这种情况。

对于无保温措施的地面式水池,在承载能力极限状态设计时应考虑下列两种荷载组合:

① 池内满水;

② 池内满水及温(湿)差作用。

第二种荷载中的温(湿)差作用应取壁面温差和湿度当量温差中较大者进行计算。对于有顶盖的地面式水池,应该考虑池顶活荷载参与组合。对于有保温措施的地面式水池,只考虑第一种荷载组合。对于水池的底板,不论水池是否采取了保温措施,都可以不计温度作用。

水池结构按正常使用极限状态设计时应考虑哪些荷载组合,可根据正常使用极限状态的设计要求来决定,即主要是裂缝控制。当荷载效应为轴心受拉或小偏心受拉时,其裂缝控制应按不允许开裂考虑。此时,凡进行承载力极限状态设计时必须考虑的各种荷载组合,在抗裂验算时都应予以考虑。当荷载效应为受弯、大偏心受压或大偏心受拉时,裂缝控制按限制最大裂缝宽度考虑,此时只考虑使用阶段的荷载组合,但可不计入活荷载短期效应的影响。正常使用极限状态设计所采用的荷载组合均以各种荷载的标准值计算,即不考虑荷载分项系数。在计算荷载长期效应组合时,池顶活荷载的准永久值系数可参照上人的平屋顶,采用 0.4。

对于多格的矩形水池,还必须考虑可能某些格充水,某些格放空,类似于连续梁活荷载最不利布置的荷载组合。

二、贮液池的设计与构造

(一)圆形贮液池

1. 初拟尺寸

圆形水池高度一般为 $3.5 \sim 6.0$ m,容量为 $50 \sim 500$ m³,高度常取 $3.5 \sim 4.0$ m;容量为 $600 \sim 2\,000$ m³ 时,常取 $4.0 \sim 4.5$ m。直径在高度确定后,可由容量推算出。

池壁厚度主要取决于环向拉力作用下的抗裂要求,从构造要求出发,壁厚不宜小于 180 mm,对单层的小水池不宜小于 120 mm。顶、底板厚度,一般不小于 100 mm,且支座截面应满足下式要求:

$$V \leqslant 0.7 f_t b h_0 \tag{3-171}$$

若不满足,应增大板厚。

2. 计算简图

计算池壁内力时,水池的计算直径 d 应按池壁截面轴线确定。池壁的计算高度 H 则应根据池壁与顶盖和底板的连接方式来确定。当上、下端均为整体连接,上端按弹性固定,H 为池壁净高 H_n 加顶板厚度的一半[图 3-109(a)],当两端均按弹性固定计算时,H 取净高 H_n 加顶板及底板厚度的一半;当池壁与顶板和底板均采用非整体式连接时,H 应取至连接面处[图 3-109(b)]。当采用铰接时,计算高度取至铰接中心处。

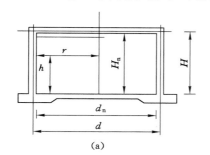
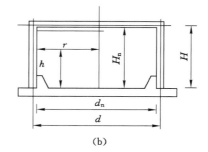

图 3-109　池壁的计算尺寸

池壁两端的支承条件应根据实际采用的连接构造方案确定。

池壁底端如果与底板整体连接,又能满足下面三个条件时,则可作为固定支承计算。这些条件是:

① 如图 3-110 所示,$h_1 \geqslant h$。

② $a_1 > h$ 且 $a_2 \geqslant a_1$。

③ 地基良好,地基土为低压缩性或者中压缩性(压缩系数 $a_{1-2} < 0.5$)。

池壁顶端通常只有自由、铰接或弹性固定三种边界条件,无顶盖或顶板搁置于池壁上时,属于自由边界。但若搁置情况如图 3-111 所示,则在池内水压力作用下按自由端计算,在池外土压力作用下按铰支计算。池壁与顶板整体连接且配筋可以承受端弯矩时,应按弹性固定计算。如果只配了抗剪钢筋,则应按铰接计算。

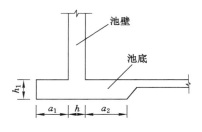

图 3-110　池壁与池底连接

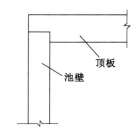

图 3-111　池壁与顶板连接

3. 池壁截面的设计

池壁截面的设计包括:① 计算所需的环向钢筋和竖向钢筋;② 按环向拉力作用下不允许出现裂缝的要求验算池壁厚度;③ 验算竖向弯矩作用下的裂缝宽度;④ 按斜截面受剪承载力要求计算池壁厚度。

池壁环向钢筋应根据最不利荷载组合所引起的环向内力计算。严格来说,这些内力包括环向拉力和环向弯矩两项,但不考虑温(湿)差引起的内力时环向弯矩的数值通常很小,可以忽略不计,故环向钢筋仅根据环向拉力按轴心受拉构件的正截面承载力公式计算确定。由于环向拉力沿壁高变化,计算时可将池壁沿竖向分成若干段,每段用该段的最大环向拉力来确定单位高度所需要的钢筋截面积,最后选定的钢筋应对称分布于池壁的内外两侧。当考虑温(湿)差引起的内力时,环向弯矩不可忽略,则环向钢筋应按偏心受拉正截面承载力公式计算确定。

竖向钢筋一般按竖向弯矩计算确定,如果池盖传给池壁的轴向压力 N_x 较大,相对偏心距 $\dfrac{e_0}{h} = \dfrac{M_x}{N_x h} < 2.0$ 时,则应考虑 N_x 的作用,并按偏心受压构件进行计算(但不考虑纵向弯曲影响,取 $h=1.0$)。池壁顶端、底端和中间应分别根据其最不利正、负弯矩计算外侧和内侧的竖向钢筋。根据弯矩分布情况,两端的竖向弯矩可在离端部一定距离处切断一部分。竖向钢筋应布置在环向钢筋的外侧,以增大截面有效高度。

池壁底端如果做成滑动连接而按底端自由计算池壁内力时,考虑到实际上必然存在摩擦约束作用,可能使池壁产生一定的竖向弯矩,故池壁仍应按底端为铰支时竖向弯矩的 $50\% \sim 70\%$(根据可滑动程度)选择确定竖向钢筋。

池壁在环向受拉时的抗裂验算和竖向弯矩(或偏压)时的裂缝宽度验算属于正常使用极限状态验算。当池壁在环向按轴心受拉或偏小受拉验算抗裂未能满足要求时,应增大池壁厚度或提高混凝土强度等级。显然池壁斜截面受剪承载力不够时也应增大池壁厚度或提高混凝土等级。但这种情况很少遇到,即对池壁厚度其控制作用的主要是环向抗裂。为避免设计计算时返工,通常在设计开始阶段确定水池的结构尺寸时,就按环向抗裂要求对池壁厚度作初步估算。

池壁竖向弯矩作用下允许开裂,但最大裂缝宽度计算值应不超过规范规定的允许值。清水池、给水处理池不应超过 0.25 mm;污水处理池不应超过 0.2 mm。

4. 构造要求

(1)构件最小厚度

池壁厚度一般不小于 180 mm,但对采用单面钢筋的小型水池池壁,可不小于 120 mm。

现浇整体式顶板的厚度,当采用肋梁顶盖时,不宜小于 100 mm;采用无梁板时,不宜小于 120 mm。当采用肋梁底板时,底板的厚度不宜小于 120 mm;采用平板或无梁底板时,底板的厚度不宜小于 150 mm。

（2）池壁钢筋

池壁环向钢筋的直径应不小于 6 mm,竖向钢筋的直径不小于 8 mm。钢筋间距应不小于 70 mm,壁厚在 150 mm 以内时,钢筋间距不大于 200 mm;壁厚超过 150 mm 时,不大于 1.5 倍壁厚。但是在任何情况下,钢筋最大间距不宜超过 250 mm。

环向钢筋通常采用焊接或搭接接头,焊接或搭接长度应符合《混凝土结构设计规范》（GB 50010—2010）（2015 年版）的规定,且不小于 $40d$（d 为钢筋直径）。

（3）保护层厚度

受力钢筋的最小保护层厚度,对于池壁、顶板的钢筋和基础、底板的上层钢筋一般为 35 mm,当与污水接触或受水汽影响时,应取 35 mm。基础、底板的下层钢筋,当有垫层时为 40 mm,无垫层时为 70 mm。池内的梁、柱受力钢筋保护层最小厚度为 35 mm,当与污水接触或受水汽影响时应取 40 mm;梁、柱箍筋及构造钢筋的保护层最小厚度一般为 20 mm,当与污水接触或受水汽影响时应取 25 mm。

（4）池壁与顶盖和底板的连接构造

池壁两端连接的一般做法如图 3-112 和图 3-113 所示。

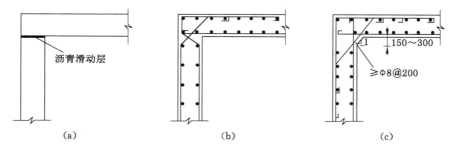

图 3-112　池壁与顶板的连接构造

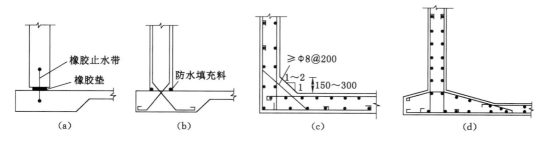

图 3-113　池壁与底板的连接构造

池壁与池底的连接是一个比较重要的问题,既要尽量符合计算假定,又要保证足够的抗渗漏能力。一般以采用固接或弹性固接较好。但对于大型水池,采用这两种连接可能使池壁产生过大的竖向弯矩。此外,当地基较弱时,这两种连接的实际工作性能与计算假定的差距可能较大,因此最好采用铰接。图 3-113（a）为采用橡胶垫及橡胶止水带的铰接构造,这种做法时的实际工作性能与计算假定比较一致,而且抗渗漏性也比较好,但是橡胶垫及止水带必须用抗老化橡胶(如氯丁橡胶)特制。当地基良好,不会产生不均匀沉降时,可不用止水带而只用橡胶垫。图 3-113(b)为一种简易的铰接构造,可用于抗渗漏要求不高的水池。

(5)地震区水池的抗震构造要求

加强结构的整体性是水池抗震构造措施的基本原则。水池的整体性主要取决于各部分构件之间连接的可靠程度及结构自身的刚度和强度。对顶盖有支柱的水池来说,顶盖与池壁的可靠连接是保证水池整体性的关键。因此,当采用预制装配式顶盖时,在每条裂缝内应配置不小于 1 根 $\phi 6$ 钢筋,并用 M10 水泥砂浆灌缝;预制板应通过预埋铁件与大梁焊接,每块板应不少于三个角与大梁焊在一起。当设防烈度为 9 度时,应在预制板上浇筑混凝土叠合层。钢筋混凝土池壁的顶部也应设置预埋件,以便与顶盖构件通过预埋件焊牢。

由于柱子是细长构件,对水平地震力比较敏感,故其配筋适当加强。当设防烈度为 8 度时,柱内纵筋的总配筋率不宜小于 0.7%,而且在柱两端 1/8 高度范围内的箍筋应加密且间距不大于 100 mm;当设防烈度为 9 度时,柱内纵筋的总配筋率不宜小于 0.9%,并将两端 1/6 高度内的箍筋加密且间距不大于 100 mm;柱与顶盖应连接牢靠。

(二)矩形贮液池设计要点

1. 一般构造要求

矩形水池各个部分的截面最小尺寸、钢筋的最小直径、钢筋的最大间距和最小间距、受力钢筋的净保护层厚度等基本构造要求,均与圆形水池相同。

浅池池壁水平构造钢筋的一般要求,在浅池池壁截面设计部分已有论述,此处不再赘述。对于顶端自由的浅池池壁,除了按前述要求配置水平钢筋外,顶部还宜配置水平加强钢筋,其直径不小于池壁竖向受力钢筋的直径,且不小于 12 mm,一般内、外两侧各设置 2 根。

池壁的转角以及池壁与底板的连接处,凡按固定或弹性固定设计的,均宜设置腋角,并配置适量的构造钢筋。

采用分离式底板时,底板厚度不宜小于 120 mm,通常为 150～200 mm,并在底板顶面配置不小于 $\phi 8@200$ 的钢筋网,必要时在底板地面也应配置,使底板在温、湿度变化影响以及地基存在局部软弱土层时都不至于开裂。当分离式底板与池壁基础连成整体时,底板内的钢筋应锚固在池壁基础内。当必须利用底板内的钢筋来抵抗基础的滑移时,其锚固长度应不小于按充分受拉考虑的锚固长度 l_a。当必须设置分隔缝时,应切实保证填缝的不透水性,并可按图 3-114 或类似的方法进行辅助的排水处理,以防止漏水时产生渗水压力。

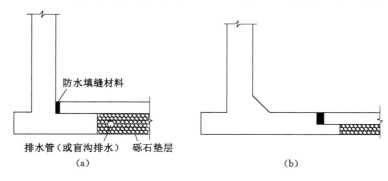

图 3-114　池壁与底板连接处设分隔缝时的做法

2. 配筋方式

矩形水池池壁及整体式底板均采用网状配筋。壁板的配筋原则与双向板的配筋原则相同,但通常只采用分离式配筋。

矩形水池的配筋构造关键在各转角处。图 3-115 为池壁转角处水平钢筋布置的几种方式。

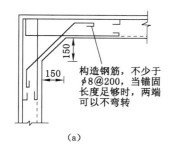
(a)

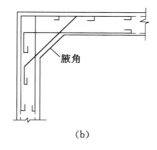
(b)

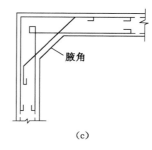
(c)

图 3-115　池壁转角处的水平钢筋布置

池壁和基础的固定连接构造,一般采取图 3-116 所示形式。池壁顶端设置水平框架作为池壁侧向支承时,其配筋方式一般如图 3-117 所示。总的原则是钢筋类型要少,避免过多的交叉重叠,并保证钢筋的锚固长度。特别要注意转角处的内侧钢筋,如果它必须承担池内水压力引起的边缘负弯矩,则其伸入支承边内的锚固长度不应小于 l_a。为了满足这个要求,常常必须将其弯入相邻池壁,此时应将它伸至受压区及池壁外侧后再进行弯折。如果相邻池壁的内侧水平钢筋采用连续配筋时,则应采用弯折方式。

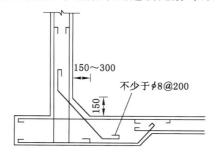

图 3-116　池壁与基础的连接方式

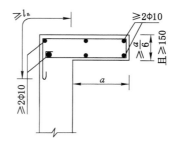

图 3-117　壁顶水平框架截面配筋方式

3. 伸缩缝的构造处理

水池的伸缩缝必须从顶部到底部完全贯通。从功能上说,伸缩缝必须满足以下两个要求:① 保证伸缩缝两侧的温度区段具有充裕的伸缩余地;② 具有严密的抗漏能力。在符合上述要求的前提下,构造处理和材料的选用要力求经济、耐久、施工方便。

伸缩缝的宽度一般取 20 mm。当温度区段的长度为 30 mm 或更大时,应适当加宽,但是最大宽度通常不超过 25 mm。采用双壁式伸缩缝时,缝宽可适当加大。

伸缩缝的常用做法如图 3-118 所示,不与水接触的部分不必设置止水片。止水片常用金属、橡胶或塑料制品。金属止水片以紫铜或不锈钢片最好,普通钢片易锈蚀。但前两种材料价格较高,目前用得最多的是橡胶止水带,这种止水带能经受较大的伸缩,在阴暗潮湿的环境中具有良好的耐久性。塑料止水带可以用聚氯乙烯或聚丙乙烯制成,其伸缩能力不如橡胶,但耐光和耐干燥性较好,且具有容易热烫熔接的优点,造价也较低廉。

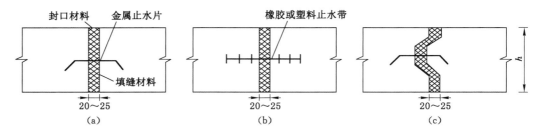

图 3-118　伸缩缝的一般做法

伸缩缝的填缝材料应具有良好的防水性、可压缩性和回弹能力。理想的填缝材料应能压缩到其原有厚度的一半,而在壁板收缩时又能回弹充满伸缩缝,而且最好能预制成板带形式,以便作为后浇混凝土的一侧模版。最好采用不透水的,但浸水后能膨胀的掺木质纤维沥青板或聚丙烯塑料板。封口材料是用在伸缩缝迎水面的不透水韧性材料。封口材料应能与混凝土面黏结牢固,可用沥青类材料加入石棉材料、石粉、橡胶等材料,或采用树脂类高分子合成塑胶材料制成封口带。

当伸缩缝处采用橡胶或塑料止水带,而板厚小于 250 mm 时,为了保证伸缩缝处混凝土的浇筑质量及使止水带两侧的混凝土不至于太薄,应将板局部加厚(图 3-119)。加厚部分的板厚以与止水带宽度相等为宜,每侧局部加厚的宽度以 2/3 止水带宽为宜,加厚处应增设构造钢筋。

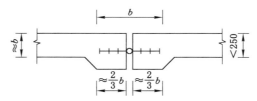

图 3-119　底板伸缩缝时止水带做法

4. 抗震构造要求

建造在地震区的矩形水池,也必须满足同圆形水池相同的抗震构造要求。除此以外,对矩形水池还必须注意池壁拐角处的连接构造。当设防烈度为 8 度或 9 度时,池壁拐角处的内外层水平钢筋配筋率不宜小于 0.3%,伸入两侧池壁内的长度不应小于 1.0 m。

第四章　塌陷区既有建(构)筑物保护

第一节　采动区铁路桥加固大幅度不均匀沉陷综合治理技术研究

一、概述

随着煤炭消耗量的增加和地下储量的减少,我国许多新建矿区或老矿区的开采范围将延伸到密集的城市、村庄、道路和桥梁下面。据统计,我国现阶段"三下"压煤量巨大。另外,随着国民经济的发展,要进行大量的道路和桥梁建设,由于受到条件的限制,一些道路和桥梁不得不建在采矿区塌陷地上,如京福高速公路和徐州环城高速公路穿越徐州市采矿区塌陷地,徐州市城北风景区"时代大道"也建在塌陷地上。建在塌陷地上的桥梁在继续采矿和老采空区"活化"下会产生大的基础下沉,远超过现行桥梁设计规范的要求,势必要采用桥梁基础大幅度下沉条件下的桥梁结构综合处理技术。如淮南济河铁路桥由于桥下采煤,基础下沉达 8 m,若改线重建需要投资 4 000 万元,采用新的塌陷地桥梁结构综合处理成套技术治理仅花费 1 000 余万元就圆满地解决了技术难题。目前,国内外建在塌陷区上的桥梁针对桥基由于采矿或采空区"活化"引起的下沉,一般采用的技术对策和处理方法为加高桥梁墩台或者改线避开采矿塌陷区。传统的塌陷区桥梁处理方法仅能解决桥梁基础下沉 1 m 范围内的技术问题,无法圆满解决地基大幅度下沉桥梁结构安全可靠性问题。塌陷区桥梁结构综合处理成套技术包括:大幅度不均匀沉陷条件下桥梁抗地表变形的结构体系和抗变形技术和桥梁结构加固技术;不中断交通条件下桥梁地基抗变形加固增强技术,桥梁健康检测及地表变形过程中结构受力变形监测技术,减小地表不均匀沉陷的开采技术和采动区地表变形预测技术等。该成套技术在塌陷区新桥结构设计和旧桥加固处理中具有良好的推广和应用前景,会产生较大的社会效益和经济效益。

(一)工程概况

济河铁路中桥位于谢桥矿首采区,作为煤炭运输的专用线,该桥是保证谢桥煤矿正常生产和运输的必要条件。而谢桥煤矿是一座设计年产 400 万 t 的特大型现代化矿井,服务年限为 100 年,该矿隶属淮南矿业(集团)有限责任公司。谢桥煤矿 1221(3)、1122(8)和1132(3) 3 个综放(综采)工作面于 2001 年 4 月开始相继回采,采煤方法为综放和综采,顶板管理采用垮落法。回采工作面上方主要塌陷范围内有谢桥铁路专用线、济河铁路中桥和济河等。

济河铁路中桥下还有 5 个工作面,从 2003 年到 2010 年可采煤量为 530 万 t,因此,淮南矿业(集团)有限责任公司从谢桥矿的发展和经济技术角度出发决定桥下不留煤柱开采。

根据《谢桥煤矿济河中桥和铁路下开采优化方案及沉陷预测报告》的下沉预计结果,当桥下工作面1211(3)采完后济河中桥下沉量为4.087 m,工作面1201(3)采完后济河中桥下沉量达6.071 m,最终下沉量为8.248 m,而且地表变形是不均匀的,最大不均匀沉降量为0.808 m,原济河中桥不能保证铁路的正常通车,必须对其进行加固改造或重新选址建新桥。淮南矿业(集团)有限责任公司在广泛调研的基础上,决定委托中国矿业大学研究谢桥济河铁路中桥下沉治理技术,确保治理方案技术可行,经济合理。

(二)地质条件概况

1. 地质条件

谢桥矿铁路在矿区铁路汤店车站西段南侧接轨引出至矿井装车站,沿线所经地区属于淮河冲积平原,地形平坦,地貌简单,地方沟渠、道路纵横交错,地面标高一般为21.5～25.50 m,南、北高,在济河北侧河岸略低。

矿区地质采矿条件具有煤层赋存深(−400～−1 000 m)、采高大(共采2层,总厚24.61 m)、新地层特厚(194.1～485.64 m,平均363.95 m)等特点。

矿区地质及水文地质条件简单。煤层倾角为12°～14°,平均值为13.5°。煤层产状及厚度变化不大,局部变薄或含一层碳质泥岩夹矸,厚度约为0.2 m。第四系冲积层厚度约为380 m,钻孔柱状图如图4-1所示。地面标高约为+23 m。

区内13槽煤平均采高为5 m,基本顶为砂质泥岩,直接顶为泥岩,直接底为泥岩,老底为粉砂岩。

区内8槽煤平均采高为3.2 m,基本顶为粉砂岩,直接顶为砂质泥岩,直接底为泥岩。

2. 自然条件

本地区属于温暖半湿润气候,受季风影响大,四季分明,历年平均气温为15.1 ℃,历史极端最高气温为41.1 ℃,历史极端最低气温为−22.8 ℃。历年平均降水量为897.8 mm,最大降水量为1 723.5 mm(1954年),最小降水量为523.7 mm(1978年)。年平均蒸发量为1 103.6 mm。以东南风为主,平均风速为3.18 m/s,最大风速为20 m/s。最大相对湿度为100%,最小相对湿度为5%,平均相对湿度为74%,平均无霜期为220 d,最大降雪量为160 mm,土壤最大冻结深度为0.35 m。

(三)铁路桥基本概况

(1)铁路桥概况

谢桥煤矿济河铁路中桥位于淮南矿务局谢桥煤矿首采区,作为煤炭运输的专用线,该桥是保证煤矿正常生产和运输的必要条件。该桥是由合肥煤炭设计院设计,于1996竣工、1997年3月投入使用的。该桥总长72.2 m,总宽18.1 m,由18个箱形框架组成,每个框架纵向长12 m,框架横向宽6 m(斜交$\alpha=10°$),框架总高8 m或9 m。框架之间设50 mm沉降缝,原桥体平面图和剖面图如图4-2和图4-3所示。

该桥的设计和施工依据《铁路桥涵设计规范》(TB 10002—2017)和《铁路桥涵施工规范》(TB 10203—2009)。

原荷载按"中—活载"设计,不考虑温度影响。

材料:混凝土C35,钢筋20MnSi。基底土壤承载力应大于120 kPa。

(2)设计运量、行车组织和主要技术标准

图 4-1 钻孔柱状图（左幅）

系	统	组	层深/m	层厚/m	柱状(1:400)	岩性描述
第四系			381.20	381.20		
二叠系	上统	上石盒子组	388.51	7.31		黏土岩
			392.17	3.66		中砂岩
			397.41	5.23		黏土岩
			400.26	2.86		细砂岩
			408.21	7.95		砂质泥岩
			409.16	0.95		细砂岩
		下石盒子组	424.13	14.91		花斑泥岩
			426.62	2.49		细砂岩 下部0.4 m煤
			430.14	2.52		(13)煤
			432.52	2.38		中砂岩
			436.83	4.31		细砂岩下部 0.57 m炭质泥岩
			445.96	9.13		泥岩
			448.62	2.66		粉砂岩
			450.73	2.11		泥岩

图 4-1 钻孔柱状图（右幅）

系	统	组	层深/m	层厚/m	柱状(1:400)	岩性描述
二叠系	上统	上石盒子组	453.34	2.61		中砂岩、泥岩
			453.81	0.47		(11-3)煤
			461.26	7.45		泥岩
			463.45	2.19		(11-2)煤
			466.00	2.55		泥岩
		下石盒子组	469.53	3.53		上下薄煤 中间泥岩
			471.69	2.16		下部0.4 m细砂岩 泥岩
			475.31	3.62		上部0.17 (11-1)米煤中部0.48 m菱铁矿下部泥岩
			476.82	1.51		两层煤中间夹 0.63 m泥岩
			492.47	15.65		泥岩
			492.65	0.18		(10-2)煤
			496.24	3.59		泥岩、砂质泥质
			496.40	0.16		(10-1)煤
			503.18	6.78		泥岩
			507.22	2.04		细砂岩
			507.26	2.04		泥岩
			507.54	0.28		煤
	下统	下石盒子组	519.76	12.22		泥岩，中部2.23 m细砂岩
			519.91	0.15		煤
			531.53	11.62		泥岩
			531.84	0.31		(9)煤
			535.56	3.72		中砂岩
			540.01	4.45		泥岩
			543.44	3.43		(8)煤
			548.44	5.00		砂质泥岩 中砂、粉砂岩
			549.44	1.00		(7-2)煤
			552.42	2.98		泥岩

图 4-1 钻孔柱状图

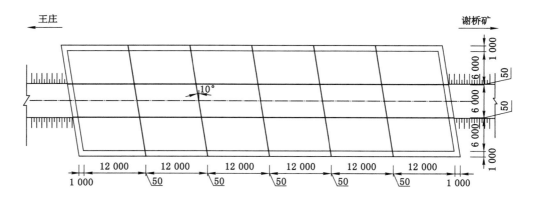

图 4-2 济河中桥平面图

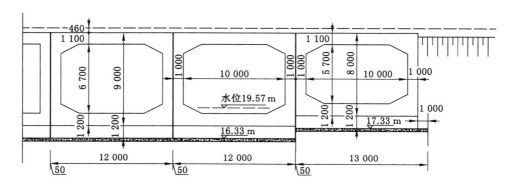

图 4-3 济河中桥剖面图

① 设计运量。

根据淮南矿务局委托函,谢桥矿井年设计规模为 6 Mt。2000 年外运量为 3 Mt,2005 年外运量为 6 Mt。矿井外来材料按煤炭运出量的 5% 计,设计货流密度见表 4-1。流向:原煤通过矿区铁路南运。

表 4-1　货流密度　　　　　　　　　　单位:Mt

年份	上　行	下　行	合　　计
	运出煤炭	运入材料	
2000 年	3	0.15	3.15
2005 年	6	0.30	6.30

② 行车组织。

因本矿井为大型矿井,煤炭外运以整列装车始发直达,运人、运材料等可随送空车时带入,或由矿区铁路汤店车站单送。

整列车牵引定数按矿区铁路及附近国铁阜淮线 3 500 t,净载 2 500 t,每列车由 44 辆车组成。

表 4-2 煤炭外运列车对数

年份	原煤产量/万 t	日运量/t		日装车/辆	日最大列车对数
		不平衡运输系数为 1.0	不平衡运输系数为 1.15		
2000 年	300	10 000	11 500	202	4.6
2005 年	600	20 000	23 000	404	9.2

注:1. 运输年工作日按 300 天计。

　　2. 每辆车净重按 60 t 计。

③ 主要技术标准。

a. 线路等级——按照《工业企业标准轨距铁路设计规范》(GB 12—2007)确定为Ⅰ级工企铁路;

b. 正线数目——单线;

c. 限制坡度——4‰(与矿区铁路相同);

d. 最小曲线半径——一般地段为 600 m,困难地段为 350 m(实际为 400 m);

e. 牵引种类及机型——蒸汽前进型(与矿区铁路相同);

f. 牵引定数——3 500 t(与矿区铁路相同);

g. 限制速度——5 km/h (1211(3)工作面开采后);

h. 发线有效长——850 m;

i. 闭塞方式——继电半自动,车站电气集中。

g. 钢轨——采用 50 kg/m、长 25 m 的新轨。

k. 轨道连接配件——采用双头式夹板,钢丝混凝土枕采用弹条Ⅰ型扣件。

l. 轨枕——采用 S-2 型钢丝混凝土枕,1 520 根/km。

m. 轨道高度——152 mm(钢轨)+200 mm(轨枕)+10 mm(垫板)+400 mm(道床)+150 mm(路拱)=912 mm=0.912 m。

(3) 桥址工程地质情况

桥址工程地质纵断面及各土层的承载力基本值见图 4-4。

二、桥下开采规律及采动对铁路桥的影响

地下开采引起地表变形的规律受多种因素的影响,主要有地下开采方法、开采层倾角、厚度、埋藏深度以及上覆岩土层的物理力学性质等,地表变形预计是进行地面建筑物保护和抗变形建筑设计的基础。一方面,通过桥下采煤工作面布置及开采方案的研究,尽可能减小地下开采对铁路桥产生的不利影响;另一方面,通过对地表沉陷规律的研究,预测地下开采对铁路桥的影响程度,为铁路桥的沉陷治理提供依据。

(一) 井下采矿工作面布置及开采方案

1. 桥下工作面布置

影响济河中桥的主要开采工作面包括 1112(3)(已开采)、1132(3)、1221(3)(已开采)、11228(已开采)、1211(3)(已开采)、1201(3)、12418 和 12518,如图 4-5 所示,其中 1112(3)(已开采)、1132(3)工作面的影响较小,可以不考虑。铁路桥下采煤工作面的详细情况见表 4-3。

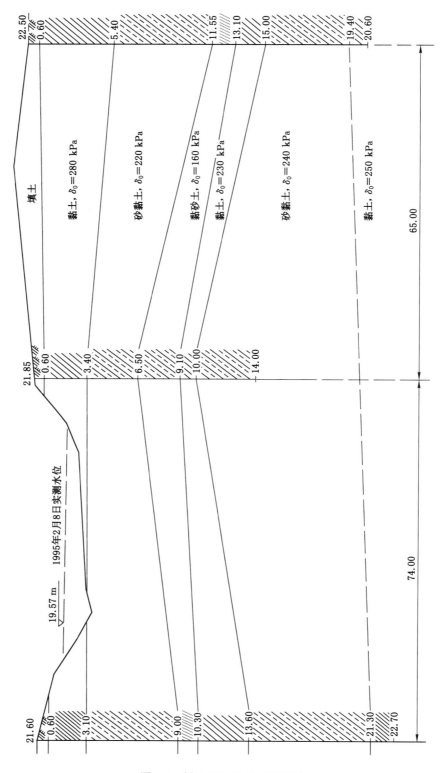

图 4-4 桥址工程地质纵断面图

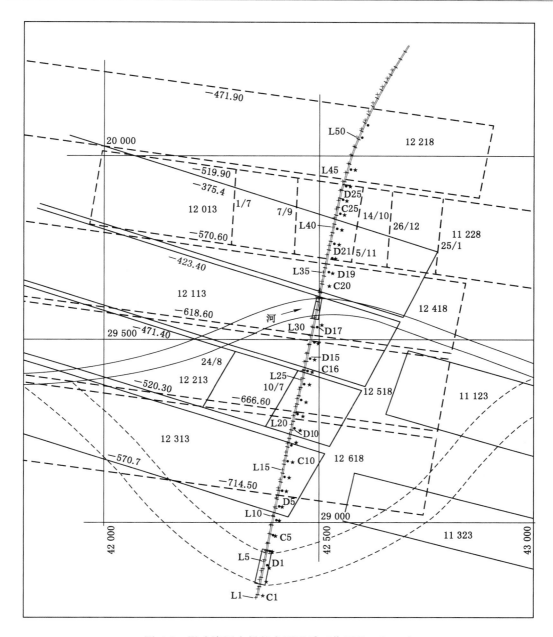

图 4-5 影响济河中桥的主要开采工作面(1:6 000)

表 4-3 铁路桥下采煤工作面一览表

工作面名称	推进速度/(m/d)	倾斜长/m	上平巷标高/m	下平巷标高/m	采高/m
1112(3)	4.0	150	−440	−478	5.0
1221(3)	3.0	180	−467	−518	5.0
11228	3.0	213	−507	−588	3.2
1132(3)	3.5	140	−549	−584	5.0

表 4-3(续)

工作面名称	推进速度/(m/d)	倾斜长/m	上平巷标高/m	下平巷标高/m	采高/m
1211(3)	4.0	200	−423	−466	5.0
1201(3)	3.6	145	−367	−412	5.0
12418	4.0	180	−570	−618	3.0
12518	4.0	180	−618	−667	3.0

在开采过程中,对桥体影响最大的 1211(3)、1201(3)、12418 三个工作面,要求尽可能保持匀速推进,不要停顿,而且工作面应尽可能平行于铁路线。

2. 最优开采方案

为了减小影响济河桥稳定性及决定桥梁加固方案的移动变形,使桥梁尽可能地平稳下沉,工作面的开采顺序是关键。

经分析,在谢桥煤矿现有的开拓系统不变的条件下,最优的开采方案为按照 1221(3)(已开采)——11228(已开采)——1211(3)(已开采)——1201(3)——12418——12518 工作面先后顺序进行开采,而且开采时间间隔最好在 1 年内。

目前,1221(3)和 11228 工作面开采后整个桥梁处于拉伸状态,向北倾斜;1211(3)工作面开采后桥梁由拉伸转为压缩,由向北倾斜转为向南倾斜;1201(3)工作面开采后桥梁由压缩转为拉伸,由向南倾斜转为向北倾斜;12418 工作面开采后桥梁水平变形由拉伸转为压缩,并继续向北倾斜,但是倾斜量有所减小;全部工作面结束后,桥梁的变形基本消除。整个过程可以较好地控制变形值的大小,但是桥梁要经受反复的拉、压交替变化。

(二)地表(路、桥)移动变形规律的研究

1. 铁路桥沉陷预计

根据铁路桥下工作面开采方案,对铁路桥的沉陷预计分五种工作面开采组合工况进行。

工况Ⅰ:1221(3)+11228(现状)。

工况Ⅱ:1221(3)+11228+1112(3)+1211(3)。

工况Ⅲ:1221(3)+11228+1112(3)+1211(3)+1201(3)。

工况Ⅳ:1221(3)+11228+1112(3)+1211(3)+1201(3)+12418。

工况Ⅴ:1221(3)+11228+1112(3)+1211(3)+1201(3)+12418+12518。

预计结果见图 4-6 及表 4-4。

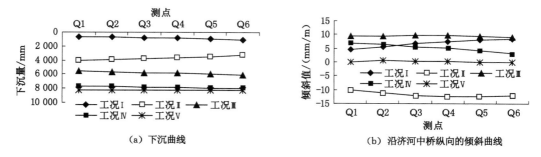

(a) 下沉曲线   (b) 沿济河中桥纵向的倾斜曲线

图 4-6 济河中桥沉陷预计结果

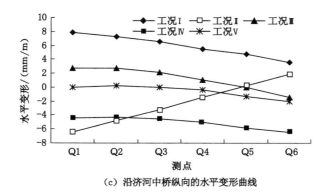

（c）沿济河中桥纵向的水平变形曲线

图 4-6（续）

表 4-4　济河中桥沉陷预计结果表

点	X/m	Y/m	$\varphi/(°)$	W	$i\varphi$	$k\varphi$	$U\varphi$	$\varepsilon\varphi$	$i\varphi+90°$	$k\varphi+90°$	$U\varphi+90°$	$\varepsilon\varphi+90°$
工况 I												
Q1	29 568	42 483	0	640	4.5	0.09	504.6	7.8	0.3	0.01	62.7	0.6
Q2	29 580	42 485	0	702	5.6	0.08	603.4	7.2	0.7	0.01	91.8	0.6
Q3	29 593	42 487	0	781	6.7	0.07	694.2	6.5	1.0	0.01	116.1	0.5
Q4	29 605	42 489	0	872	7.5	0.06	767.8	5.5	1.3	0.00	136.1	0.4
Q5	29 616	42 492	0	962	8.1	0.05	828.8	4.7	1.4	0.00	151.3	0.3
Q6	29 628	42 494	0	1 063	8.6	0.03	879.8	3.6	1.6	0.00	164.5	0.2
工况 II												
Q1	29 568	42 483	0	4 087	−10.0	−0.11	−140.2	−6.4	−9.7	−0.07	−484.9	−4.9
Q2	29 580	42 485	0	3 948	−11.1	−0.08	−208.8	−4.8	−9.7	−0.06	−488.7	−4.2
Q3	29 593	42 487	0	3774	−12.1	−0.05	−266.4	−3.2	−9.7	−0.05	−486.0	−3.4
Q4	29 605	42 489	0	3 613	−12.4	−0.03	−288.6	−1.5	−9.4	−0.04	−471.7	−2.7
Q5	29 616	42 492	0	3 447	−12.5	0.00	−294.5	0.2	−9.2	−0.03	−458.4	−2.1
Q6	29 628	42 494	0	3 279	−12.1	0.03	−272.1	1.9	−8.7	−0.02	−430.1	−1.4
工况 III												
Q1	29 568	42 483	0	5 522	9.4	0.01	1 180.7	2.7	−3.8	−0.09	−69.3	−6.2
Q2	29 580	42 485	0	5 633	9.6	0.01	1 217.5	2.7	−3.5	−0.09	−43.0	−5.9
Q3	29 593	42 487	0	5 750	9.7	0.00	1 250.7	2.1	−3.1	−0.09	−14.9	−5.7
Q4	29 605	42 489	0	5 866	9.7	−0.01	1 272.2	1.1	−2.9	−0.09	8.2	−5.5
Q5	29 616	42 492	0	5 963	9.5	−0.03	1 280.8	0.0	−2.8	−0.08	17.1	−5.4
Q6	29 628	42 494	0	6 071	9.2	−0.05	1 280.9	−1.5	−2.7	−0.08	32.1	−5.2
工况 IV												
Q1	29 568	42 483	0	7 643	7.0	−0.05	1 182	−4.4	−0.3	−0.03	186	−2.2
Q2	29 580	42 485	0	7 728	6.6	−0.05	1 147	−4.3	−0.1	−0.03	194	−2.0
Q3	29 593	42 487	0	7 809	5.7	−0.06	1 078	−4.6	−0.2	−0.03	191	−1.9

表 4-4(续)

点	X/m	Y/m	φ/(°)	W	iφ	kφ	Uφ	εφ	iφ+90°	kφ+90°	Uφ+90°	εφ+90°
工况Ⅳ												
Q4	29 605	42 489	0	7 871	5.1	−0.06	1 023	−5.0	−0.1	−0.03	190	−1.8
Q5	29 616	42 492	0	7 931	4.2	−0.08	958	−5.8	−0.3	−0.03	181	−1.8
Q6	29 628	42 494	0	7 963	3.3	−0.09	890	−6.5	−0.4	−0.03	172	−1.8
工况Ⅴ												
Q1	29 568	42 483	0	8 230	0.1	0.00	599	0.0	−1.7	−0.03	68	−2.1
Q2	29 580	42 485	0	8 235	0.5	0.00	619	0.2	−1.4	−0.03	88	−1.9
Q3	29 593	42 487	0	8 240	0.3	0.00	613	0.0	−1.2	−0.03	97	−1.8
Q4	29 605	42 489	0	8 235	0.4	−0.01	615	−0.4	−1.1	−0.03	108	−1.7
Q5	29 616	42 492	0	8 248	0.1	−0.02	600	−1.3	−1.1	−0.03	109	−1.7
Q6	29 628	42 494	0	8 233	−0.1	−0.04	592	−2.0	−1.1	−0.03	113	−1.7

1211(3)工作面开采时最大下沉速度为 56 mm/d(工作面推进速度为 3 m/d)。1201(3)工作面开采时最大下沉速度为 69 mm/d(工作面推进速度为 3 m/d,考虑重复采动活化系数1.1)。12418 工作面开采时最大下沉速度为 32 mm/d(工作面推进速度为 3 m/d,考虑重复采动活化系数 1.2)。

在开采过程中,对桥体影响最大的 1211(3)、1201(3)、12418 三个工作面,要求尽可能保持匀速推进,不要停顿,而且工作面应尽可能平行于铁路线。

注意,上面给出的是工作面开采结束后的移动变形值,在工作面推进过程中,桥梁在垂直线路方向($\varphi+90°$方向)将会出现较大的动态移动变形值。该方向上移动变形最大值为:倾斜 14.4 mm/m,曲率为 0.11 mm/m²,水平移动 1 197 mm,水平变形 11.2 mm/m。

2. 桥面移动、变形观测结果

工作面 1112(3)、1221(3)、11228 已开采,这 3 个工作面的开采已影响济河中桥,引起桥体下沉和水平移动等,根据桥面测点布置位置(图 4-7),得到桥面水平移动观测值(表 4-5),桥面下沉观测值列入表 4-6。以下观测结果是已开采 3 个工作面的共同影响值。

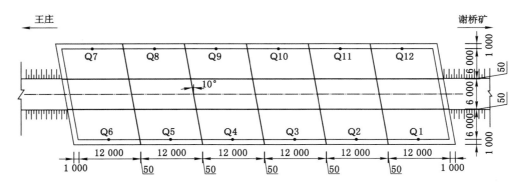

图 4-7　桥面实测点位布置图

表 4-5　桥面水平移动观测结果　　　　　　　单位:mm

点号	水平移动(2001 年 9 月 7 日)		水平移动(2002 年 1 月 25 日)	
	X 轴方向	Y 轴方向	X 轴方向	Y 轴方向
Q1	−95	−225	216	−203
Q2	−91	−228	245	−177
Q3	−85	−208	287	−159
Q4	−71	−231	286	−143
Q5	−67	−231		
Q6			345	−86
Q7	−45	−226	330	−123
Q8	−54	−231	326	−126
Q9	−62	−228	269	−150
Q10	−60	−218	263	−179
Q11	−72	−218	235	−207
Q12	−87	−216	193	−234

表 4-6　桥面下沉量观测结果　　　　　　　单位:mm

点号	2001 年 9 月 7 日	2001 年 11 月 7 日	2001 年 12 月 26 日	2002 年 1 月 25 日	2002 年 3 月 8 日
Q1	125	286	382	501	565
Q2	112	284	375		
Q3	113	290	390		
Q4	106	304	414		
Q5	106	315	441		
Q6	107	336	484		
Q7	85	298			
Q8	90	282	406		
Q9	90	267	378	559	638
Q10	100	258	360		
Q11	106	259	354		
Q12	113	259	356	483	555

3. 开采过程中桥面沉陷分析

在 1221(3)、11228 工作面开采过程中桥面的下沉曲线如图 4-8 所示。2001 年 9 月 7 日和 2002 年 1 月 25 日桥面的水平移动情况如图 4-9 所示。

4. 已采工作面结束后桥面沉陷现状

1221(3)、11228 工作面开采结束后桥面沉陷情况如图 4-10 所示。

在上述移动变形作用下,桥梁各箱体之间出现了错动,箱体的错动情况如图 4-11 所示。

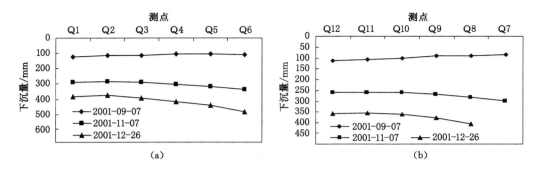

图 4-8　桥面各测点动态下沉曲线

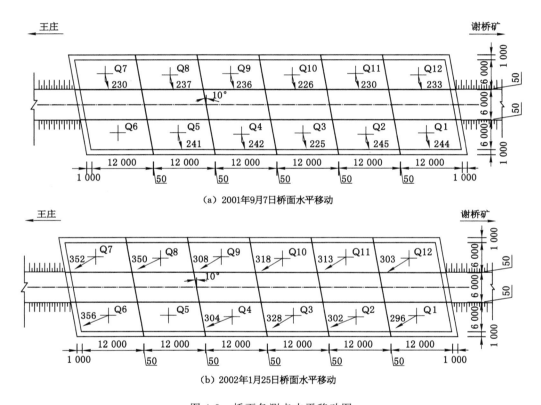

图 4-9　桥面各测点水平移动图

（四）采动对地基土影响规律的研究

1. 地表裂缝规律

在开采 1221(3) 工作面时，对地表产生的裂缝进行了实测。裂缝带外围裂缝基本连续；裂缝宽度多数为 3～8 cm，部分裂缝宽度为 8～15 cm；裂缝带宽度为 40～60 m；在工作面上方和下方均出现了 10～20 cm 的台阶。

沉陷区的地表裂缝可以分为两组。一组为永久性裂缝带，位于采区边界周围的拉伸区，裂缝的宽度和落差较大，平行于采区边界方向延伸。另一组为动态裂缝，随工作面的推进，出现在工作面前方的动态拉伸区。裂缝的宽度和落差较小，呈弧形分布，大致与工作面平行

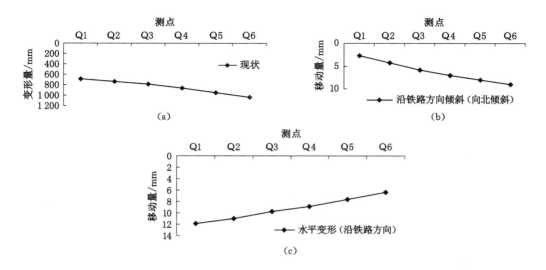

图 4-10　桥面上各测点移动、变形现状

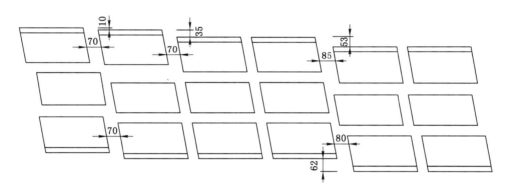

图 4-11　原桥各箱体之间的错动情况

而垂直工作面的推进方向。随着工作面的继续推进,动态拉伸区随后变为动态压缩区,动态裂缝可重新闭合。

　　地表裂缝的分布规律和动态演化规律可更确切地描述如下:

　　裂缝并非在地表沉陷一开始就产生,而是工作面推进至一定面积,地表某一点的主应力达到裂缝临界值后开始逐步形成的。地表有一点处于裂缝临界状态时已开采的面积称为裂缝临界开采面积。裂缝临界开采面积取决于开采深度、开采高度、上覆岩层的物理力学性质和结构等因素。产生裂缝的临界值主要取决于地表上的物理力学性质。

　　开采工作面开切眼、上山边界、下山边界和停采线边界上方的地表一旦产生永久裂缝,这些裂缝只有当相邻工作面如 12113 工作面的开采,或者人工充填,或者经历较长时间的自然作用才能闭合。

　　回采工作面上方的裂缝区是随着工作面的推进而前移的。当已开采的面积大于裂缝临界开采面积后,在采空区周边上方出现裂缝区域[图 4-12(a)];当采空区面积连续增大,开切眼、上山边界、下山边界上方的裂缝区域扩大,而工作面上方地表裂缝区向前移动。先前的裂缝区逐渐进入压缩变形区,产生的裂缝逐渐闭合,而在裂缝区外侧产生新的裂缝[图 4-12(a)至图 4-12(c)]。工作面继续推进,各边界上方裂缝区范围不再扩大,工作面上方裂缝有规律前移[图 4-12(c)至图 4-12(e)]。工作面停采后,只存在采空区周边上方的裂缝区[图 4-12(f)]。

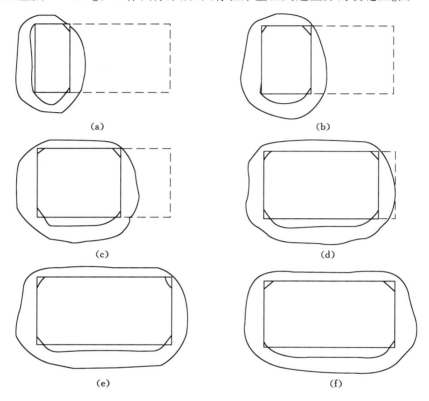

图 4-12　地表裂缝动态演化示意图

总结实测资料并结合模拟试验,可以获得如下定性结论:

(1)竖向裂缝首先从地表开始,不会从某一深度处开始发育。

(2)地表达到裂缝临界变形值之后即产生裂缝,有几处达到裂缝临界变形值就产生几条裂缝。

(3)裂缝处变形明显集中。

(4)产生裂缝后地表面上变形分布是非连续的,两条裂缝之间或裂缝之外的地表的变形值不会超过裂缝临界变形值。

(5)裂缝沿竖直方向的发育是有限的,因此存在裂缝发育的极限深度。

(6)裂缝沿竖直方向的发育不是一条直线,其弯曲变化主要取决于土层的性质和变形状态。

(7)土层中裂缝的发育受到水平变形和竖向变形的综合影响。设 ε_x 为水平变形,ε_z 为竖直方向变形,ε_x、ε_z 为"+"时表示拉伸,为"—"时表示压缩,则:$\varepsilon_x + \varepsilon_z \leqslant 0$ 时,不会产生裂缝;$\varepsilon_x + \varepsilon_z \geqslant 0$ 且 $\varepsilon_x < \varepsilon_J$ 时,不会产生裂缝;$\varepsilon_x + \varepsilon_z \geqslant 0$ 且 $\varepsilon_x \geqslant \varepsilon_J$ 时,从地表首先产生的裂缝有可能发育到该点或经过该点。ε_J 为所在土层的裂缝临界水平变形值。

经过理论推导,判断地表是否产生裂缝的临界水平变形值为:

$$\varepsilon_J = 2 \cdot (1 - \mu^2) \cdot c \cdot \tan(45 + 0.5\varphi)/E$$

式中　c——内聚力；

　　　φ——内摩擦角；

　　　μ——泊松比；

　　　E——压缩模量或弹性模量。

获得地表裂缝发育极限深度的计算公式为：

$$h = (1/r) \cdot E\varepsilon_J/(1 + \mu)$$

式中　h——裂缝发育的最大深度；

　　　r——重度；

　　　ε_J——裂缝临界水平变形值。

2. 采动对地基承载力的影响规律

(1) 地基强度的意义

为了保证工程安全与正常使用,除了防止地基的有害变形外还应确保地基的强度足以承受上部结构的荷载,即在建筑物的上部荷载作用下,确保地基的稳定性,不发生地基剪切破坏或滑动破坏。尽管这一类地基强度事故的数量比起地基变形引起的事故要少,但是其后果极为严重,往往是灾难性的破坏。因此,对于采动过程中的地基强度变化情况的研究具有重要意义。

(2) 地基强度变化规律

根据莫尔-库仑理论,材料承受荷载发生破坏是剪切破坏,在破坏面上的剪应力 τ_f 是法向应力 σ 的函数。土体的破坏表现为剪切破坏,土的强度一般特指抗剪强度。库仑通过一系列土的强度试验,总结得出土的抗剪强度计算公式：

$$\tau_f = \sigma\tan\varphi + c$$

式中　τ_f——土体破坏面上的剪应力,即土的抗剪强度；

　　　σ——作用在剪切面上的法向应力；

　　　φ——土的内摩擦角；

　　　c——土的黏聚力。

在采动影响的初期(开采长度为 179 m,工作面处于取土点正下方),由于土体受挤压产生超孔隙水压,导致土的有效应力减小,从而降低了土体强度。而且土工试验也证实了采动初期土体的黏聚力与内摩擦角和开采前相比均有不同程度减小。根据库仑定律,当土的黏聚力与内摩擦角同时减小时,土体的抗剪强度也随之减小。

在采动影响的后期(开采长度为 289 m,工作面与取土点水平距离为 102 m),超孔隙水压消散,土体的含水量相比开采前减小,土体二次固结,土的抗剪强度随之增大。土工试验表明：扰动土体的动后期有明显减小,而黏聚力和内摩擦角等抗剪指标有着不同程度的增大。因此可以认为：采动初期地基强度降低,采动后期地基强度逐渐恢复,并最终大于原来的值。

(五) 采动对桥体结构的影响

地下开采引起地表移动变形,从而使桥体地基产生移动变形,由于铁路桥的刚度大于地基的刚度,使建筑物移动变形与地表移动变形不协调,这种不协调表现在两个方面：① 地基移动变形大于基础的移动变形,使地基卸载,出现卸载区,卸载区主要出现在桥体靠近地表下沉量大的一侧。由于桥体一侧卸载,应力向另一侧转移,使下沉量小的桥体一侧应力增大,出现加载区。在卸载区,由于作用在地基上的应力减小,使地基部分回弹,从而导致卸载区桥体下沉量小于地基下沉量。相反,在加载区,由于作用在地基上的应力增大,使地基产生压缩变形,从而导致加载区建筑物下沉量大于地基下沉量。随着地下开采的进行,这种加卸载过程不断重复变换,使桥体地基、基础、上部结构处于不断的相互作用之中,当桥体上产生的移动变形大于极限变形时,桥体损害。② 地表水平变形产生的作用在基础上的水平应力是一定的,不会超过基础与地基之间的摩擦力,当大于二者之间摩擦力后,基础相对于地基滑动,应力不再向上传递。

1. 计算模型的建立

为了对原桥体结构破坏情况进行评价,同时为加固改造方案的可行性提供计算依据,主要分析计算了地表活动影响下的原桥体应力分布和移动变形。

2. 钢筋混凝土材料的均匀化和数值反演

原济河中桥是钢筋混凝土结构,由于钢筋遍布整个桥体,含钢筋的实体有限元建模工作量十分庞大。考虑到桥体布筋的规律性,这里采用均匀化处理方法。

原桥的一个箱形框架如图 4-13 所示,双点画线为主筋方向,主筋、箍筋及联系筋的布置十分有规律。因为原桥框架主要承受图 4-13 中所示 2 方向荷载,则上下横梁以弯曲变形为主,$\sigma_1 \gg \max(\sigma_2,\sigma_3)$,而左右立柱以压弯变形为主,$\sigma_2 \gg \max(\sigma_1,\sigma_3)$。这样,由正交各向异性的广义胡克定律有:

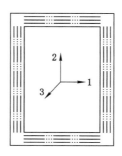

图 4-13 原桥框架布筋示意及主方向

$$\varepsilon_i = \frac{\sigma_i}{E_i} - \frac{\mu_{ij}}{E_j}\sigma_j - \frac{\mu_{ik}}{E_k}\sigma_k \quad (i,j,k \text{ 为 } 1,2,3 \text{ 轮换}) \tag{4-1}$$

在横梁的大部分钢混材料中有:

$$\varepsilon_1 = \frac{\sigma_1}{E_1} - \frac{\mu_{12}}{E_2}\sigma_2 - \frac{\mu_{13}}{E_3}\sigma_3 \approx \frac{\sigma_1}{E_1} \tag{4-2}$$

立柱的大部分钢混材料中有:

$$\varepsilon_2 = \frac{\sigma_2}{E_2} - \frac{\mu_{21}}{E_1}\sigma_1 - \frac{\mu_{23}}{E_3}\sigma_3 \approx \frac{\sigma_2}{E_2} \tag{4-3}$$

注意:对于横梁,$\mu_{12} \approx \mu_{13} = \mu_1$,且由于 $\sigma_1 \gg \sigma_2$,$\sigma_1 \gg \sigma_3$,用 E_1 代替 E_2,E_3 对式(4-2)后两项影响不大;同理,对于立柱,$\mu_{21} \approx \mu_{23} = \mu_2$,可用 E_2 代替 E_1,E_3,故式(4-1)在横梁和立柱中有如下简化式:

$$\varepsilon_i \approx \frac{\sigma_i}{E_1} - \frac{\mu_1}{E_1}\sigma_j - \frac{\mu_1}{E_1}\sigma_k \tag{4-4}$$

和

$$\varepsilon_i \approx \frac{\sigma_i}{E_2} - \frac{\mu_2}{E_2}\sigma_j - \frac{\mu_2}{E_2}\sigma_k \tag{4-5}$$

式(4-4)和式(4-5)与各向同性材料的胡克定律在形式上完全一样,其中 E_1,μ_1 和 E_2,μ_2 分别是横梁和立柱的相当弹性模量和相当泊松比。

由于桥体布筋的规律性,这里将原桥的每一个箱形框架分割成八个部分,如图 4-14 所示。由于具有对称性,只需对其中的五个部分进行详细分析。在对每一个部分的处理当中,注意到钢筋分布有十分明显的周期性,可取有代表性的一个典型单位体进行详细分析计算,单位体中的相当弹性模量和相当泊松比即该部分整体所求。计算中采用了数值反演技术。

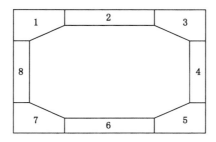

图 4-14　原桥框架分割各部分位置图

$$\mu_i = \frac{\sigma_2\varepsilon_1 - \sigma_1\varepsilon_2}{\varepsilon_1(\sigma_1 + \sigma_3) - \varepsilon_2(\sigma_2 + \sigma_3)} \tag{4-6}$$

和

$$E_i = \frac{\sigma_1 - \mu_1(\sigma_2 + \sigma_3)}{\varepsilon_1} \tag{4-7}$$

对于横梁和立柱, i 分别取 1 和 2。应力为输出节点应力,应变为平均应变:

$$\varepsilon_i = \frac{u_{m+1}^i - u_m^i}{x_{m+1}^i - x_m^i} \tag{4-8}$$

这里, i 代表方向, m 和 $m+1$ 为 i 方向上的相邻节点, u 和 x 代表位移和坐标。

采用 ANSYS 软件进行分析,参数选取和计算结果列于表 4-7。在施加反演荷载和约束时以保证式(4-2)和式(4-3)成立为前提,即与桥体实际受载情况相符,使横梁和立柱中单位体的主要响应内力分别沿 1、2 方向。为避免结果奇异,样点选取都尽可能远离钢筋和混凝土的交界面,对钢筋和混凝土的样点结果采用了体积加权平均,所得平均值作为单位体中的相当弹性模量和泊松比,这也是整体计算时的所需参数。

表 4-7　单位体计算选取参数及桥框数值反演结果

	C35 混凝土	Φ8 钢筋	Φ14 和Φ25 钢筋	块 2/块 6	块 3/块 5	块 4
弹性模量/GPa	31.5	210.0	200.0	33.5/38.0	34.0/36.0	33.0
泊松比	0.18	0.25	0.25	0.19/0.21	0.20/0.21	0.19

3. 原桥体数值计算建模及网格划分

对原18个箱形桥体按具体尺寸进行有限元建模(图4-15)。另外,桥下地基建模时选取三层,表层和第二层为砂黏土,$E = 18$ MPa,$\mu = 0.25$,$\gamma = 20$ kN/m³,$h = 3$ m;第三层为黏土,$E = 8$ MPa,$\mu = 0.35$,$\gamma = 20$ kN/m³,$h = 1$ m。桥头路基对桥体的作用,以20 cm弱层让压区加水平支承处理。箱体与箱体之间以5 cm柔性材料夹层连接。

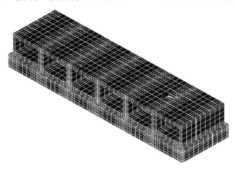

图4-15　18个箱形框架桥数值计算建模及网格划分图

4. 数值计算结果和分析

(1) 原桥体在地表变形时的响应

数值计算中桥上施加的荷载主要有列车竖向活荷载、轨道静载、路基静载及新加结构自重,桥洞中的填埋土压力忽略不计。

数值计算不仅要考虑竖向荷载作用,还要考虑由于采动引起的地表变形,按预计的最不利情况选取以下工况进行计算:桥整体沿长度方向不均匀下沉20.4 mm/m,同时沿下沉增大方向不均匀侧移13.2 mm/m。图4-16和图4-17显示的计算结果是较容易发生破坏的中排6个箱形框架和边缘单框在最不利工况下的应力分布特征。

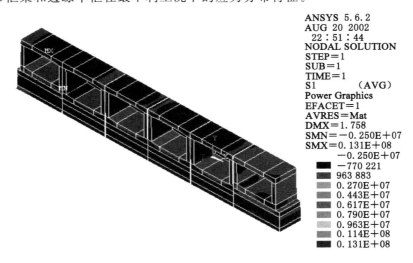

图4-16　中排6箱体侧移下沉后的应力分布

从图中可以看出:桥体在地表活动影响下,以受拉破坏为主,而且局部地区已超出混凝土的抗拉强度,这些地方有桥面下表面局部、桥基上表面局部、两端6桥框基座与中部桥框

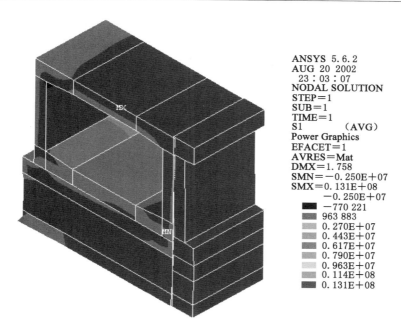

ANSYS 5.6.2
AUG 20 2002
 23：03：07
NODAL SOLUTION
STEP=1
SUB=1
TIME=1
S1　　(AVG)
Power Graphics
EFACET=1
AVRES=Mat
DMX=1.758
SMN=−0.250E+07
SMX=0.131E+08

－0.250E+07
－770 221
963 883
0.270E+07
0.443E+07
0.617E+07
0.790E+07
0.963E+07
0.114E+08
0.131E+08

图 4-17　最大破坏边缘桥框侧移下沉后的应力分布

基座高差位错影响区及位错水平平面内。由于应力水平远未达到钢筋的屈服极限,而且模型未考虑框体之间的拉开让压,所以为小范围局部破坏,可通过加固和结构调整处理,不影响继续使用。

三、采动区铁路桥大幅度不均匀沉陷治理技术

为了确保铁路桥不留煤柱开采,桥体将产生大幅度的不均匀沉陷,预测最终下沉量为 8.248 m,最大不均匀沉降量为 0.808 m。为了保证铁路桥的正常运输,研究了以下综合治理技术对铁路桥进行综合治理:

(1)地基基础加固技术;

(2)原桥体修补和结构加固技术;

(3)在原桥体上实施的加高技术;

(4)桥体的抗变形技术。

(一)地基基础加固技术研究

1. 地基加固方案选取

在采动影响的初期,地基强度降低,地基承载力势必也会降低,由此可能会引发地基的滑动或剪切破坏,造成严重的工程事故。因此,在采动影响前必须采取一定措施,对地基进行加固,提高地基强度和承载力。地基加固设计时必须考虑到扰动土的特性,即土体强度先降低后升高的特殊性质。

结合目前国内外采动区地基加固治理技术的理论和经验,一般有钻孔灌注桩、粉喷桩和高压旋喷注浆等方案。

通过比较,决定选取高压旋喷注浆法进行地基加固,因为这种加固方案与其他地基处理方法相比较,有以下独特的优点:(1)注浆全套设备结构紧凑、体积小、机动性强,能在狭窄

和低矮的现场施工;(2)施工时不影响正常的生产活动,不对周围的环境产生公害,不影响邻近建筑物;(3)注浆材料通常只需要普通水泥,可节省钢材等其他建筑材料。钻孔直径小。

同时由于本桥的结构形式为箱形框架结构,如果采用钻孔灌注桩或粉喷桩施工,会大范围破坏箱形框架桥底板,影响其承载能力,且在箱形框架桥内进行施工相当困难。而采用高压旋喷注浆,在箱形框架桥内施工方便,底板钻孔直径小(50~80 mm),对底板承载能力影响较小,因此,本工程采用高压旋喷注浆复合地基方案加固桥基。在每个箱形框架桥下进行高压旋喷桩施工,使每个箱形框架桥下的土和旋喷桩组成复合地基。

2. 加固原理

高压旋喷注浆法于20世纪60年代末出现在日本。70年代以来在我国的岩土工程领域得到了应用与发展。其是在有百余年历史的注浆法的基础上发展引入高压水射流技术所产生的一种新型注浆法。它具有加固体强度高、加固质量均匀、加固体形状可控的特点,已成为国内工程界普遍接受的、多用、高效的地基处理方法。

高压旋喷注浆法适用于处理淤泥、淤泥质黏土、黏性土、粉土、黄土、砂土、人工填土和碎石土等。它是利用钻机把带有喷嘴的注浆管钻入土层的预定位置,然后将浆液或水以高压流的形式从喷嘴中射出,喷射流以 360°旋转,由下而上提升,冲击破坏土体,高压流切割搅碎的土层,呈颗粒状分散,一部分被浆液和水带出钻孔,另一部分与浆液搅拌混合,随着浆液的凝固,组成具有一定强度和抗渗能力的圆形固结体。这种旋喷形成的圆柱状固结体,就作为垂直承载桩或加固复合地基。其加固机理如下。

(1)高压喷射破坏土体

高压喷射破坏土体的机理可以归纳为以下几类:

流动压——高压喷射流冲击土体时,由于能量高度集中地作用在一个很小的区域,这个区域内的土体结构受到很大的压力作用,当这些外力超过土的临界破坏压力时,土体破坏。

高压喷射流的破坏力 p 可以表达为:

$$p = \rho A v_{\mathrm{m}}^2$$

或

$$p = \rho Q v$$

式中　　p ——破坏力,(kN·m)/s²;

　　　　ρ ——重度,kN/m³;

　　　　Q ——流量,m³/s;

　　　　v_{m} ——喷射流的平均速度,m/s;

　　　　A ——喷嘴面积,m²。

由公式可以看出破坏力与流量和流速的积成正比,或和流速的平方、喷嘴的面积成正比。压力越大,流量越大,则破坏力越大。

喷射流的脉动负荷——当喷射流不停地脉冲式冲击土体时,土粒表面受到脉动负荷的影响,逐渐积累残余变形,使土粒失去平衡而破坏。

① 水块的冲击力——由于喷射流继续锤击土体产生冲击力,促进破坏进一步发展。

空穴现象——当土体没有放射出孔洞时,喷射流冲击土体以冲击面的大气压为基础,产生压力变动,在压力差大的部位产生空洞,出现类似空穴的现象,在冲击面上的土体被气泡的破坏力所腐蚀,使冲击面破坏。此外空穴中由于喷射流的激流激烈紊流,也会把较软的土体掏空,造成空穴破坏,使更多的土粒发生破坏。

② 水楔效应——当喷射流充满土层,由于喷射流的反作用力,产生水楔,楔入土体裂隙或薄弱部分,这时喷射流的动压变为静压,使土体发生剥落裂隙加宽。

③ 挤压力——喷射流在终期区域能量衰减很大,不能直接破坏土体,但能对有效射程的边界土产生挤压力,对四周土有压密作用,并使部分浆液进入土粒之间的空隙中,使固结体与四周土紧密相依,不产生脱离现象。

④ 气流搅动——空气流具有将已被水或浆液的高压喷射流破坏了的土体,从土的表面迅速吹散的作用,使喷射流的作用得以保持,能量消耗得以减少,因而提高了高压喷射流的破坏能力。单管喷射注浆使浆液作为喷射流;二重管喷射注浆也使浆液作为喷射流,但是在其四周又包裹了一层空气,成为复合喷射流;三重管以水汽为复合喷射流并注浆填充;三者使用的浆液都随时间凝固硬化。其加固的范围是喷射距离加上渗透部分或挤压部分。加固过程中一部分细小的土颗粒被浆液置换,随着浆液被带到地面(即冒浆),其余的土粒与浆液混合。在喷射动压、离心力和重力的作用下,在横断面上按土粒质量的大小有规律排列,小颗粒在中部居多,大颗粒在外侧或边缘部分形成了浆液主体、搅拌混合、压缩和渗透等部分,经过一定时间便凝固成强度较高、渗透系数较小的固结体。通常中心部分强度低,边缘部分强度高。

对大砾石的旋喷固结机理有别于砂土和黏土。在大砾石中,喷射流因砾石的体大量重,不能将其切削和使其重新排列,喷射流只能通过空隙,使空隙被浆液充填。由于喷射压力可以使浆液向四周挤压,其加固机理类似于渗透注浆。

(2) 水泥与土的固化机理

高压喷射所采用的硬化剂主要是水泥,并增添防治沉淀或加速凝固的外加剂。旋喷固结体是一种特殊的水泥-土网络结构,水泥土的水化反应比纯水泥浆复杂得多。

由于水泥土是一种空间不均匀材料,在高压旋喷搅拌过程中,水泥和土被混合在一起,土颗粒间被水泥浆填满。水泥水化后在土颗粒的周围形成了各种水化物的结晶。它们不断生长,特别是钙矾石的针状结晶,很快生长交织在一起,形成空间的网络结构,土体被分隔包围在这些水泥的骨架中,随着土体的不断被挤密,自由水不断减少、消失,形成了一种特殊的水泥土骨架结构。

水泥的各种成分所生成的胶质膜逐渐发展连接为胶质体,即表现为水泥的初凝状态。随着水化过程的不断发展,凝胶体吸收水分并不断扩大,产生结晶体。结晶体与胶质体相互包围渗透,并达到一种稳定状态,这就是硬化的开始。水泥的水化过程是一个长久过程,水化作用不断地深入水泥的微粒中,直到水分完全被吸收,胶质凝固结晶充满为止。在这个过程中,固结体的强度将不断提高。

固结体抗冻和抗干湿循环,一般 -20 ℃条件下凝固后的固结体是稳定的,因此在冻结温度不低于 -20 ℃条件下固结体可用于永久性工程。

3. 设计计算

(1) 布孔形式和孔距

箱形框架桥底板外两侧按 1.5 m 间距各布置 2 排高压旋喷桩,旋喷桩排距为 1.5 m,距离桥底板外边缘 1 m,箱形框架桥底板下按 1.5 m 的间距等距布置 504 根旋喷桩。根据目前高压旋喷桩成熟的工艺,决定采用中等直径的高压旋喷桩进行桥基加固,选第五层砂黏土作为持力层,加固深度为 10 m,旋喷桩有效直径为 0.60 m。具体布置形式和尺寸如图 4-18 和图 4-19 所示。

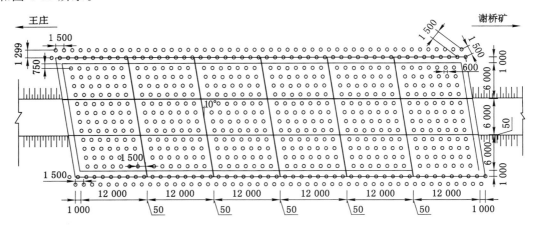

图 4-18　旋喷桩平面布置图

（2）单桩承载力

$$R_k^d = \min \begin{cases} \eta f_{cu \cdot k} A_p \\ \pi D \sum h_i q_{si} + A_p q_p \end{cases} \tag{4-9}$$

式中　η——旋喷桩强度折减系数,0.35~0.5,取 $\eta = 0.45$;
　　　$f_{cu \cdot k}$——桩身试块无侧限抗压强度平均值,3~8 MPa,取 $f_{cu \cdot k} = 4.5$ MPa;

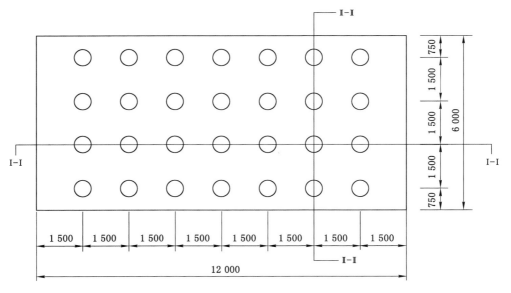

（a）单箱底面旋喷桩平面布置图（1∶150）

图 4-19　旋喷桩剖面图

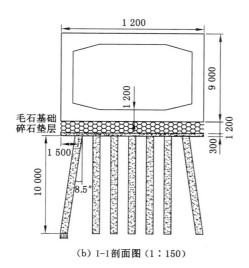
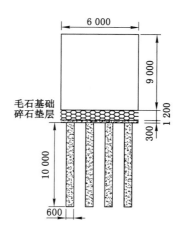

(b) I—I剖面图(1∶150)　　　　　　(c) I—I剖面图(1∶150)

图 4-19(续)

A_p——桩有效面积,$A_p = 0.283$ m^2;

D——桩有效直径,$D = 0.6$ m;

h_i——桩周第 i 层土的厚度,m;

q_{si}——桩周第 i 层土的摩擦力的标准值,取值见表4-8;

q_p——桩端天然地基土承载能力标准值,取 $q_p = 240$ kPa。

表 4-8　桩周土摩擦力标准值

土　层	1	2	3	4	5
q_{si}/kPa	80	70	85	70	80

注:表中数据取自《建筑桩基技术规范》(JGJ 94—2008)。

将上述数据代入式(4-9)得:

$$R_k^d = \min \begin{cases} 0.45 \times 4\,500 \times 0.283 = 573.1 \text{ kN} \\ 3.14 \times 0.6 \times (2 \times 80 + 3.1 \times 70 + 2.6 \times 85 + 0.9 \times 70 + 1.4 \times 80) + 0.283 \times 240 \\ = 1\,524.3 \text{ kN} \end{cases}$$

取 $R_k^d = 573.1$ kN。

(3) 复合地基承载力

复合地基承载能力 f_{spk}:

$$f_{spk} = \frac{1}{A_e} \left[R_k^d + \beta f_{sk} (A_e - A_p) \right] \tag{4-10}$$

式中　f_{spk}——复合地基承载能力标准值,kPa;

A_e—— 一根桩承担的处理面积,$A_e = \dfrac{12 \times 6}{28} = 2.57$ m^2;

β——桩间天然地基土承载能力折减系数,取 $\beta = 0.5$;

f_{sk}——桩间天然地基土承载能力,取 $f_{sk} = 220$ kPa。

将上述数据代入式(4-10)得：

$$f_{spk} = \frac{1}{2.57} \times [573.1 + 0.5 \times 220 \times (2.57 - 0.283)] = 320.9 \ (kPa) > f_k = 300 \ (kPa)$$

故加固后的地基承载力满足要求。

（4）施工要求

① 高压旋喷施工前选择桥梁附近相同的地层进行试喷成桩，并进行质量检测，以确定喷射工艺参数、单桩承载能力、喷射体无侧限抗压强度等技术指标。采用425普通硅酸盐水泥，根据需要掺加外加剂或掺合剂，剂量由试验确定。水灰比为1∶1，施工中根据试验情况适当调整。

② 首先进行桥梁外两排旋喷桩喷射施工，然后进行箱形框架桥底板下旋喷桩喷射施工。

③ 靠近箱形框架桥两侧壁的两排旋喷桩钻孔时向侧壁一侧倾斜，但是旋喷桩不得超出侧壁外侧，其余旋喷桩垂直向下。

④ 旋喷桩施工顺序为首先施工靠近箱形框架桥侧壁旋喷桩，要求两排同步进行，然后逐次两排同步向中心推进。

⑤ 旋喷桩施工完毕，用C40混凝土封堵箱形框架桥底板上的钻孔。

⑥ 施工过程中对喷射压力、流量、喷头喷射速度和提升速度进行监控和记录。

（二）原有桥体加固技术研究

1. 原桥体病害分析

工作面1221(3)、11228开采结束后，原济河铁路中桥所在地表处出现移动变形，引起原桥体移动变形，现桥体最大下沉量已达到1.063 m，不均匀沉降达到0.423 m，大幅度不均匀沉降导致箱体之间的错位、碰撞、挤压，使原桥体出现一些病害：

（1）原铁路中桥部分混凝土脱落。

（2）原铁路中桥出现高差。

（3）原铁路中桥变形缝张开或挤压。

（4）可能有规则的裂纹，必须对桥体表面和箱体内部进行仔细检查确定，如果有裂纹，必须修补裂缝。

由于需要在原桥体基础上添加新的桥体，为了保证原桥体的承载能力，保持整体稳定，便于新箱体施工，对原桥体需要进行结构加固。

对原桥体的加固归结为两个方面：

（1）原桥体的修补；

（2）原桥体的结构补强加固。

2. 原桥体损坏的修补

在原桥体南端第二排与第三排框架箱体变形缝处发现大块混凝土脱落（图4-20），而且框架箱体内部的钢筋已经裸露出来，很容易在空气中锈蚀，引起更多的混凝土脱落，必须进行混凝土的修补。

具体修补方法如下：

（1）清除表层损坏的混凝土

桥梁表面的混凝土缺陷的修补方法比较多，但是不管采用哪种方法，首先要做的工作是

图 4-20　变形缝混凝土脱落

清除混凝土的表层损坏部分,常用的方法有以下几种:

① 人工凿除法:对于浅层或面积较小的损坏,一般可用手工工具(如尖嘴榔头)凿除。

② 汽动工具凿除法:对于损坏面积比较大且有一定深度的缺陷,一般采用汽动工具(如风镐)凿除。

③ 高速射水清除法:对于浅层且面积较大的缺陷,可用高速水流冲射法除去混凝土损坏部位。

对本工程来说,混凝土损坏部位接近水面不利于人工作业,因此采用高速射水的方法清除表层的混凝土缺陷。高速水流可以全部或几乎全部冲去有缺陷的混凝土、钢筋上的锈蚀以及表面微量的侵蚀性化学物,并且振动小,无噪声和灰尘。同时,清除工作完成后,混凝土表面干净湿润,为后续修补工作提供便利。

(2) 修补表层损坏混凝土

混凝土桥梁结构表层修补的常用方法有混凝土修补法、水泥砂浆修补法、混凝土黏结剂修补法和环氧树脂修补法四种。

本工程选用水泥砂浆修补法。水泥砂浆采用与原混凝土同品种的新鲜水泥拌制而成,水泥砂浆的修补可用人工涂抹填压的方法,也可以用喷浆修补的方法。本工程选用喷浆修补的方法。

喷浆修补法是指将水泥、砂和水的混合料,经高压通过喷嘴喷射到修补处的一种补修方法。此方法主要用于重要混凝土结构物或大面积的混凝土表面缺陷和破损的修补。

① 喷浆法的特点。

a. 可以采用较小的水灰比,较多的水泥,从而获得较高的强度和密实度;

b. 喷射的砂浆层与受喷面之间具有较高的黏结强度,耐久性好;

c. 工艺简单,工效较高;

d. 材料消耗较多,当喷浆层较薄或不均匀时,干缩率大,容易产生裂缝。

② 喷浆准备。

a. 对旧混凝土进行凿毛处理,并将其表面清理干净,同时凿毛面应有一定的深度,但是凹度过大时,则使表面各处在喷浆时所经受的压力不均匀,会影响其与旧混凝土的黏结。

b. 当修补要求挂网时,在施工前应进行钢筋网的制作和安装,并将其位置固定。

c. 在喷浆前一小时,应对受喷面进行洒水处理,使之保持湿润状态,但是应无水珠存在,以保持喷浆和原混凝土的良好结合。采用高速喷水清除时,此项可免。

d. 当被喷面有渗水时,应先阴干,以保证黏结良好。

③ 喷浆施工工艺流程

采用干料法,干法喷浆工艺流程如图 4-21 所示。

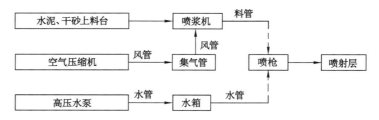

图 4-21 喷浆工艺流程框架图

3. 原桥体的补强加固

根据计算要求,必须对原桥体进行结构加固,主要采取改变结构体系加固法。改变结构体系加固通常是指增设附加构件,或进行技术改造,使桥梁体系和受力改变,从而改善桥梁受力性能,达到提高承载能力的目的。

目前常用的这种加固方法大致有增设八字撑架、梁的连续加固、梁拱结合及斜拉改造等方法。

以上这些方法主要针对梁式桥体进行加固,对本桥的这种箱形框架结构,参照其原理,创新性地提出在原箱形框架结构中设钢筋混凝土支撑墙进行加固,通过减小箱形框架桥的跨度来提高桥体的承载能力。

（1）支撑墙设计

① 支撑墙布置。

在原箱形桥体跨中加设钢筋混凝土支撑墙,墙厚为 600 mm,由于配筋和几何尺寸不同,支撑墙分为四种,编号分别为 1~4 号,支撑墙的编号和平面位置如图 4-22 所示,立面位置如图 4-23 所示。

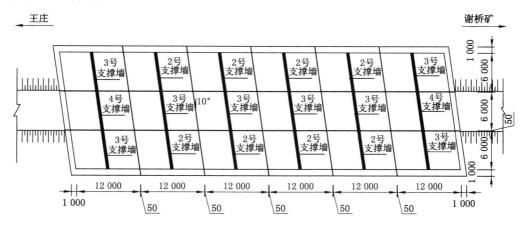

图 4-22 支撑墙平面布置图(1∶250)

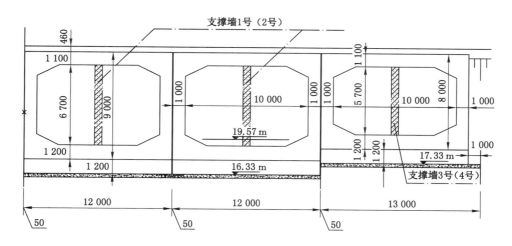

图 4-23 支撑墙立面布置图(1:250)支撑墙配筋

② 支撑墙配筋图。

支撑墙采用材料:混凝土为 C35,钢筋Ⅰ级钢和Ⅱ级钢分别表示为 φ 和 ϕ,主要受力钢筋直径为 16 mm、20 mm 和 25 mm,拉结钢筋直径为 8 mm。1 号(2 号)支撑墙配筋图如图 4-24 和图 4-25 所示。3 号(4 号)支撑墙配筋图如图 4-26 和图 4-27 所示。

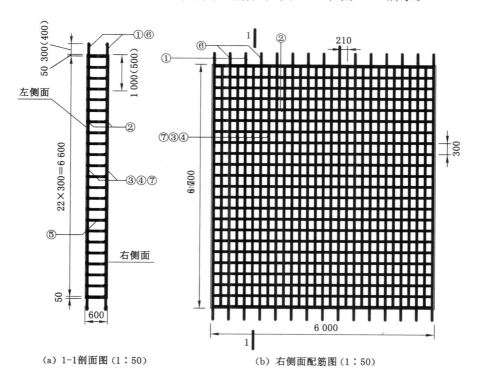

(a) 1-1剖面图(1:50)　　　　　　(b) 右侧面配筋图(1:50)

图 4-24 1 号(2 号)支撑墙配筋图(1)

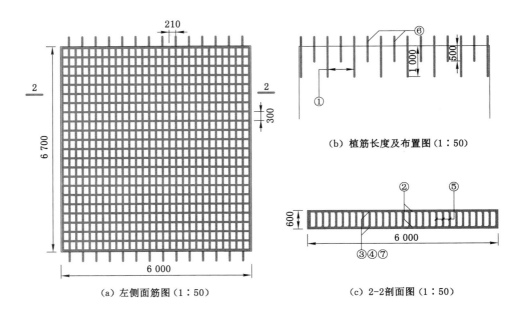

（a）左侧面筋图（1∶50）

（b）植筋长度及布置图（1∶50）

（c）2-2剖面图（1∶50）

图 4-25　1 号（2 号）支撑墙配筋图（2）

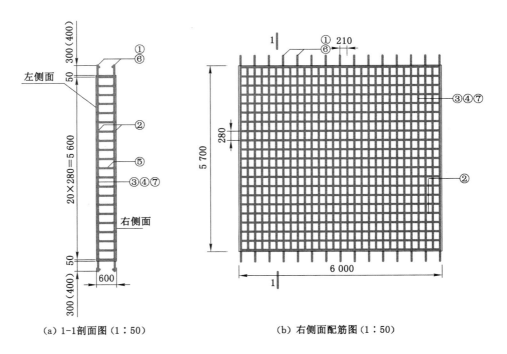

（a）1-1剖面图（1∶50）

（b）右侧面配筋图（1∶50）

图 4-26　3 号（4 号）支撑墙配筋图（1）

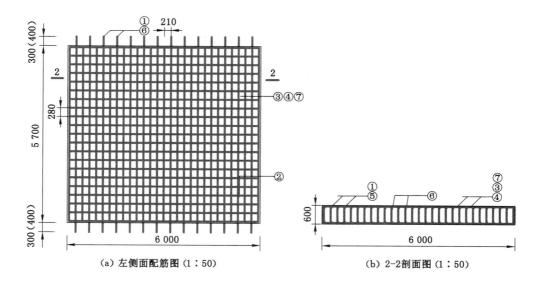

(a) 左侧面配筋图 (1:50)　　　　　(b) 2-2剖面图 (1:50)

图 4-27　3 号(4 号)支撑墙配筋图(2)

③ 支撑墙配筋验算。

由于上端铰接下端固接：

$$l_0=0.7l=0.7\times6.7=4.69(\text{m})$$

支撑墙的高跨比：

$$\frac{l_0}{b}=\frac{4.69}{0.6}=7.82\leqslant8$$

满足规范要求。

$\varphi=1.0$，$A'_s=314.2\times28\times2=17\,595(\text{mm})$，$A=6\,000\times600=3\,600\,000(\text{mm})$

配筋率验算：

$$17\,595/3\,600\,000=0.49\%>0.3\%$$

支撑墙承载力：

$$N=\varphi(f_cA+f'_AA'_s)$$

$$N=(10\times3\,600\,000+310\times17\,595)\,\text{N}=4.145\times10^7\,\text{N}=41\,450\,\text{kN}$$

满足设计要求。

(2) 加固前后的结构内力比较

对桥体采用箱形框架跨中加墙的加固方案，分别取 $E=1$ GPa 的相对柔性材料与 $E=31.5$ GPa 的混凝土材料，选取工况为桥整体沿长度方向不均匀下沉 20.4 mm/m，同时沿下沉增大方向不均匀侧移 13.2 mm/m 进行试算。加固前和加固后的计算结果如图 4-28 至图 4-30 所示。

由图 4-24 至图 4-27 可以得出：原桥体加固前后的内力计算结果见表 4-9。采用柔性材料墙加固时，框架中应力分布变化不大。而采用钢筋混凝土墙加固时，框架应力分布有明显变化，趋于材料的充分利用，更加合理，同时最大应力值也比柔性加固下降得更多。

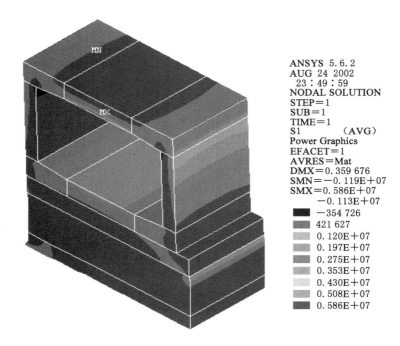

图 4-28　桥端单框架加固前的应力分布

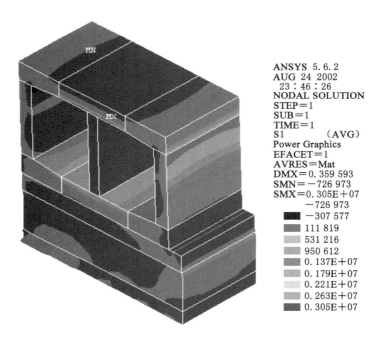

图 4-29　桥端单框架柔性材料加固后的应力分布

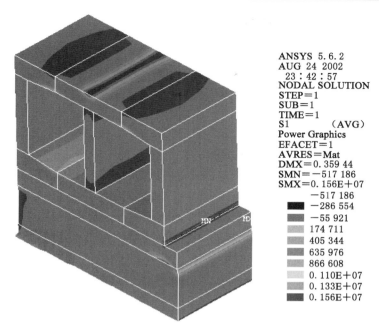

```
ANSYS 5.6.2
AUG 24 2002
 23：42：57
NODAL SOLUTION
STEP＝1
SUB＝1
TIME＝1
S1          （AVG）
Power Graphics
EFACET＝1
AVRES＝Mat
DMX＝0.359 44
SMN＝－517 186
SMX＝0.156E＋07
        －517 186
        －286 554
        －55 921
        174 711
        405 344
        635 976
        866 608
        0.110E＋07
        0.133E＋07
        0.156E＋07
```

图 4-30　桥端单框架混凝土加固后的应力分布图

表 4-9　原桥体加固前后的内力计算比较　　　　　　　　单位：MPa

最大应力	加固形式		
	原结构	柔性材料墙	钢筋混凝土墙
最大拉应力	5.86	3.05	1.56
最大压应力	1.13	0.73	0.52

（3）施工技术措施

① 支撑墙的施工必须在原桥体地基处理完成后施工。

② 地基处理时在箱形框架桥底板上的钻孔必须用混凝土 C40 封堵。

③ 支撑墙与原桥体的连接是通过植筋进行连接的,在原桥体的上顶板和下底板分别进行植筋,植筋必须由专业植筋人员施工,保证植筋质量。

④ 在支撑墙内的水平分布钢筋应伸到墙端并向内弯折 $15d$ 后截断,其中 d 为水平分布钢筋直径。

⑤ 支撑墙每根水平分布钢筋的搭接接头与同排另一根水平分布钢筋的搭接接头以上下相邻的水平分布钢筋的搭接接头之间沿钢筋方向的净间距不宜小于 500 mm;搭接长度不应小于 700 mm。

⑥ 支撑墙竖向分布钢筋可以在同一高度搭接,搭接长度不应小于 700 mm。

⑦ 支撑墙竖向钢筋与植入顶板和底板的钢筋采用对接焊接连接。

（4）植筋要求

支撑墙与原桥体的连接是通过植筋进行连接的,植筋技术是运用高强度的化学黏合剂,使钢筋与混凝土产生握固力,从而达到预留效果,植筋示意如图 4-31 所示。施工后产生高负荷承载力,不易产生移位、拔出,并且密实性能良好,无需做任何防水处理。由于其通过化学黏合固定,不但对基材不会产生膨胀破坏,而且对结构有补强作用,是本设计中新加支撑墙与原桥体连接最有效的方法。

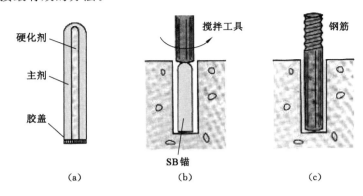

图 4-31　植筋示意图

操作顺序:定位——→钻孔——→吹孔除屑——→丙酮洗孔——→锚筋制作——→灌注锚固料——→安放固定钢筋——→固化前保护。

① 强度计算。

抗拉拔强度是由混凝土抗剪强度和钢筋的抗拉强度决定的。

② 最大拉拔荷载(P_k)。

对于混凝土:　　　　　$P_{ck} = \pi d l \tau_0$,$\tau_0 = 0.94 \times \sigma_{ck}^{1/2} \times l \geqslant 200$ mm

对于锚栓:　　　　　　　　　$P_{sy} = A_S \sigma_{sy}$

P_k 取 P_{ck}、P_{sy} 中的较小值。

③ 容许拉拔荷载(P_a)。

对于混凝土:　　　　　　　　$P_{ca} = P_{ck}/n$

对于钢筋:　　　　　　　　　$P_{sa} = A_S \cdot \sigma_{sa}$

P_a 取 P_{ca}、P_{sa} 中的较小值。

以上公式中的符号含义见表 4-10。

表 4-10　符号含义

符号	含　义	单位	符号	含　义	单位
P_k	最大拉拔荷载	N	τ_0	混凝土抗剪强度	N/mm²
P_a	容许拉拔荷载	N	σ_{ck}	混凝土抗压强度	N/mm²
P_{ck}	混凝土破坏荷载	N	σ_{sy}	锚栓拉伸屈服强度	N/mm²
P_{ca}	混凝土容许拉拔荷载	N	σ_{sa}	锚栓容许拉伸强度	N/mm²
P_{sy}	锚栓拉伸屈服强度	N	d	钻孔直径	mm
P_{sa}	锚栓容许拉拔荷载	N	l	锚栓埋入长度	mm
A_s	锚栓的有效截面积	mm²	n	安全系数	—

根据上述公式,取 C35 混凝土的抗压强度标准值 $\sigma_{ck} = 23.4$ N/mm²($\tau_0 = 0.94 \sigma_{ck}^{1/2} l$),得到植筋参考数据(表 4-11)。

表 4-11　植筋参考数据表

钢　筋			钻　孔		混凝土		植筋
直径	屈服荷载	容许荷载	直径	深度	破坏荷载	容许荷载	容许抗拔荷载
d/mm	P_{sy}/N	P_{sa}/N	d/mm	l/mm	P_{ck}/N	P_{ca}/N	P_a/N
d20	84 231	50 424	28	200	80 184	26 728	26 728
				300	120 275	40 092	40 092
d22	113 807	68 130	30	300	128 866	42 955	42 955
				400	171 822	57 274	57 274
d25	148 970	89 179	30	400	194 732	64 811	64 811
				500	243 414	81 138	81 138

（三）原有桥体加高技术研究

由于桥体下部沉陷区沉陷量过大,预计最大下沉量为 8.248 m,原设计桥体利用填道砟仅可以满足下沉 4 m 的要求,而且这种加高仅是临时性的,填的道砟不能填得很高,或是需要进行一些处理。为了保证大幅度沉陷发生后仍可以继续通车使用,这种加固必须要求是永久性的。这就需要采取合理的手段对原桥体进行加高处理。

1. 现有桥体顶升加高技术

目前国内对由于基础下沉所引起的病害,像墩柱倾斜,桥面下凹、开裂,并且严重影响行车及结构安全性的加固处理,一般先对基础进行注浆加固,然后对上部结构利用千斤顶进行顶升至原标高或新的设计标高,用这种加固方案在目前的一些加固工程中取得了较好的效果,像广东省三善大桥的加固和顶升,大洞大桥的顶升与加固等。

但是这种加固方案,对桥体的顶升是一种静态情况下的顶升,而且下沉量较小,其加高的高度仅为几百毫米,无法解决大下沉量问题。按照谢桥煤矿的生产计划,2003 年 1 月开采 1211(3)工作面,该煤层厚度为 5 m,该工作面开采完,预计桥体下地表产生的最大下沉量为 4.087 m,5 年内,当周围工作面均开采完成,预计桥体下地表产生的最大下沉量为 8.248 m,而且沉陷不断进行。在沉陷的过程中,为了保证上部铁路继续通车,随着沉降的进行,必须要对桥体不断进行加高,维持原轨道标高,这种加高是动态的,而且加高不能是临时性的,必须是永久性的,这就需要一种新的加高方案。

2. 新的加高方案

根据开采 1211(3)工作面的最大下沉量和五年一遇的洪水位要求,在原桥治理中分为两个阶段。预计第一阶段下沉量为 4.087 m,最终下沉量为 8.248 m。第一阶段在原桥两侧加 11.8 m×6 m×3.6 m 的箱形框架桥,在原桥中间加 11.8 m×6 m×2.6 m 的箱形框架,第二阶段由于下沉时间较长,采用填碎石道砟保证铁路运输,直到桥体下沉超过 7.2 m 时,形成外形尺寸为 11.8 m×6 m×7.2 m 的箱形框架,如图 4-32 所示。

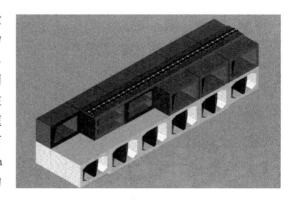

图 4-32　原桥改造模型图

在第一阶段初期,首先利用道砟随沉随填,在道砟填至一定高度时设置挡砟墙,一方面限制道砟外流,保持轨道标高,另一方面,在中间箱体施工中起架空轨道的作用。

然后进行两侧半个箱体的施工,待两侧箱体强度满足要求后,开始铺设预制桥板。安装两侧桥板时留下军用墩支撑的位置。

接下来利用军用梁将铁路线路架空,拆除挡砟墙,清除道砟,进行新箱体的施工,待中间箱体的强度满足要求后,进行中间箱体的桥板铺设。最后拆除军用梁等完成剩下桥面铺板。

第二阶段的下沉很缓慢,在较长的时间内完成,按第一阶段的方法继续进行,采用填道砟保证铁路运输,进行另一部分新箱体的施工,直到加高全部完成。

(四)抗变形技术研究

1. 抗变形措施

由于桥体随着不均匀沉陷不断下沉,而桥体采用的是箱形框架结构,箱体与箱体之间必然会产生碰撞变形,结构自身也有温度变形。为了保证整个桥体在大幅度的不均匀沉陷下保持变形协调一致,防止箱体由于碰撞产生变形不一致而产生新的病害。需要在箱体之间进行抗变形的处理,主要措施包括以下三个方面:

① 对原箱体损坏的变形缝进行处理。

② 在新箱体之间设置变形缝,选取合理的充填材料进行充填。

③ 由于要在原桥体上部添加新箱体,为了消耗上部动荷载和下部沉降的变形能,保证沉陷过程中原箱体与新箱体之间变形协调,在原箱体与新箱体之间设置弹性支座。

2. 充填材料的选取

在选取充填材料的时候考虑以下因素:

① 黏结性能好。

充填材料用于垂直变形缝中应具有非下垂性,用于水平变形缝中应具有自流平性,主要是为了使构件间能形成连续的防水层,达到良好的水密性和气密性的目的。

② 弹性好。

当气温变化时,变形缝宽度也随之变化,为了适应这种温度变形,密封材料应具有很好的弹性性能。

③ 耐老化性能优良。

由于建筑物在自然界中会受到各种恶劣介质的侵蚀,因此嵌缝材料必须具有良好的耐候性(耐气候的变化)、耐水解性及耐腐蚀性,即耐老化性优良。

④ 施工性能好。

施工前,贮存稳定性好,即贮存期要长,不易变质,对贮存温度限制不严。施工中,使用期要长,即施工时它的黏度变化不大,有足够时间供工人操作。挤出性好。用挤出枪将密封膏挤出来时,挤出力不要太大,便于施工。抗下垂性好,下垂值要求≥3 mm。固化过程中,失黏时间尽量短,施工完成后能快速固化,即要求使用期长,后期硬化快。初期耐水性要好,固化后耐久性要好,这包括耐候性、耐臭氧性、拉伸黏性、耐化学药品性、污染性等。

综合考虑工程情况,参照相关资料和经验,采用沥青软木和弹性橡胶支座。

3. 原桥体变形缝的维修

原桥体由于地基不均匀沉降引起了变形缝的损坏,如图 4-33 所示,包括垂直方向和水平方向的变形,使原有的表面水泥砂浆损坏,内部充填的木板脱落。为了避免在即将采动变

形影响下进一步破坏,在各箱体之间及桥体
与路堤之间,首先要扫清原缝隙处泥土和其
他杂物,重新注入新的柔性可压缩填充材料。

变形缝平面布置如图 4-34 所示,原桥箱
体之间及桥体与路堤之间变形缝处理如
图 4-35 所示。

4. 新桥体变形缝的设置

新桥体变形缝设置和处理与原箱体类
似。新箱体变形缝平面布置如图 4-36 所示,
新箱体之间变形缝处理如图 4-37 所示。

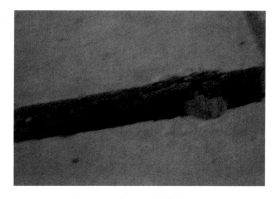

图 4-33　变形缝拉伸变形图

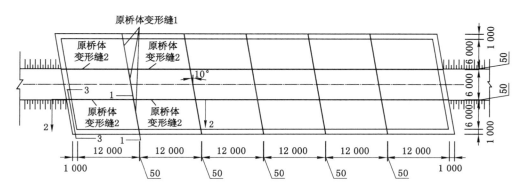

图 4-34　变形缝平面布置图(1∶400)

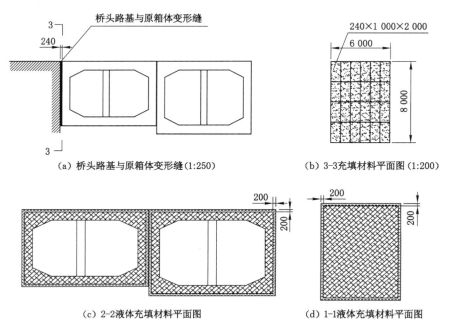

(a) 桥头路基与原箱体变形缝(1:250)

(b) 3-3充填材料平面图(1:200)

(c) 2-2液体充填材料平面图

(d) 1-1液体充填材料平面图

图 4-35　原桥变形缝处理图

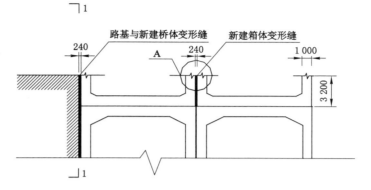

图 4-36　新建箱体变形缝平面图(1：250)

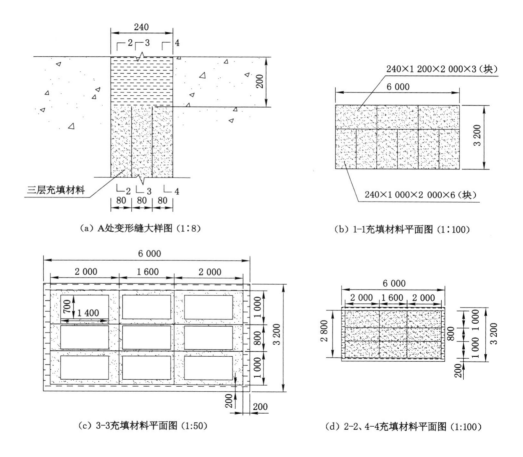

（a）A处变形缝大样图（1:8）　　　　（b）1-1充填材料平面图（1:100）

（c）3-3充填材料平面图（1:50）　　　　（d）2-2、4-4充填材料平面图（1:100）

图 4-37　新箱体之间变形缝处理图

（四）下沉加高时不中断铁路运输的新技术

1. 设计新方法

（1）下沉概况

按照谢桥煤矿的生产计划，2003 年 1 月开采 1211(3)工作面，该工作面在济河中桥的正

下方－423.4 m,该煤层厚度为 5 m,该工作面开采完,预计桥体下地表产生的最大下沉量为
4.087 m。5 年内,当周围工作面均开采完成后,预计桥体下地表产生的最大下沉量为
8.248 m(图 4-38)。因此,该工程为动态沉降,不但下沉量大,而且下沉特点复杂(竖向、水
平、侧向均有位移),给治理带来一定的难度。

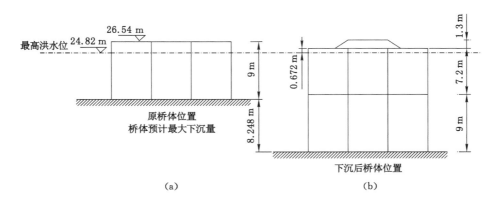

图 4-38　原桥下沉和最大洪水位示意图

(2) 挡砟墙设计

由于沉降不间断,随时需要加填道砟,但加填的道砟又不能影响两侧箱体的施工,因此
就需要在保证火车通行宽度和两侧箱体施工宽度的同时设置挡砟墙。挡砟墙的主要作用是
保证沉降过程中道砟不外流,同时在中间箱体施工时起架空线路的作用。

挡砟墙平面布置如图 4-39 所示,根据计算确定其断面形式及断面尺寸,分别如图 4-40、
图 4-41、图 4-42 所示。设计过程中,主要考虑挡砟墙要承受道砟的静压力和火车通过时的
动荷载,并以这两种荷载作为挡砟墙的设计依据,初步确定挡砟墙的尺寸。经过计算发现,
如果按照纯重力式挡砟墙设计,其截面尺寸较大,无法在限定的宽度内施工。因此,考虑沿
挡砟墙每隔 1.2 m 增加 Φ25 拉筋 1 根,以承受巨大的侧向荷载,拉筋与挡砟墙墙体接触部
分加钢板垫块(图 4-43、图 4-44)。

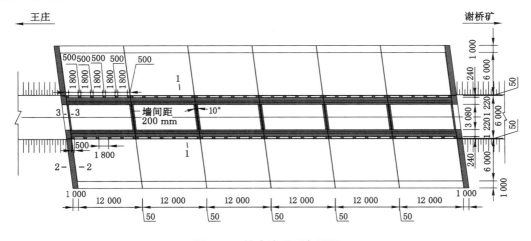

图 4-39　挡砟墙平面布置图

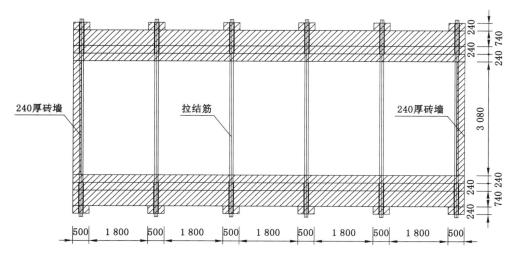

图 4-40 挡砟墙俯视剖面图

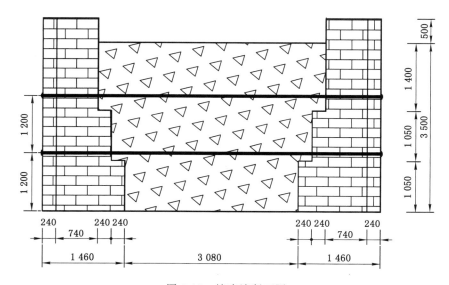

图 4-41 挡砟墙断面图

2. 施工新技术

(1) 施工方法

为了满足不中断铁路运输的要求,在施工过程中主要通过控制施工顺序和采用合理的施工方法来达到不影响运输的目的。

该工程主要工序施工主线如下:桥体两端变形缝——挡砟墙——两侧箱体混凝土预制梁板——架上游侧梁板——线路加固——拆除挡砟墙——中间箱体混凝土——架中间箱体铁路梁——架两侧箱体剩余梁板。其主要施工过程如图 4-43 和图 4-44 所示。

① 桥体两端变形缝。

桥体两端变形缝处理按设计要求将旧桥体开挖至基底后贴橡胶缓冲块,开挖深度为8.0 m 以上,基坑水深达 1.5 m。以上工作要在不影响列车运营的情况下完成,施工难度可

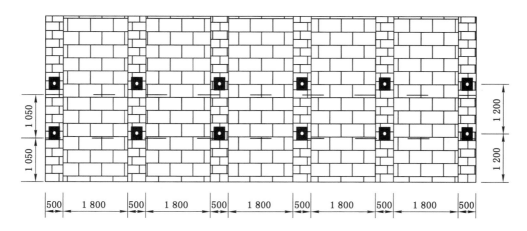

图 4-42　拉筋垫块布置图

图 4-43　挡矸墙整体示意图

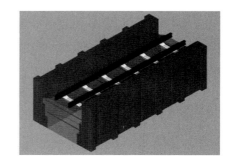

图 4-44　挡矸墙局部示意图

想而知。根据现场路基为煤矸石填筑,不适于打钢板桩的特点及现场设备材料的情况,对原方案进行修正,采用在桥头架设 14 m 军用梁的方案。封锁线路 6 h,完成线下 2.5 m 高道砟、路基矸石开挖及军用梁基础处理、架设、加固等工作。

②　挡矸墙施工。

挡矸墙施工采用要点施工。由于桥体沉降及变形的影响,桥体向上游方向的位移为 47~65 cm,线路中线与桥体中线偏差最大达 65 cm。原设计线路东侧挡矸墙与线路中线距离仅为 890 mm,已侵入枕木下,且为保证线下挡矸墙稳定安全,根据设计变更线下挡矸墙由原厚度 210 mm 改为 160 mm。因此,挡矸墙基础砌筑常规方法(扣轨、利用运营间隙施工)已不符合施工及安全要求,为此采用要点施工,封锁线路后迅速砌筑线下基础部分,并恢复线路。

③　两侧箱体施工。

两侧箱体施工包括凿除原桥找平层、拆除栏杆、安装橡胶支座、安装底板钢筋、立底板模板、浇筑底板混凝土、绑扎侧墙钢筋、立侧墙模板、浇筑侧墙混凝土等工序(图 4-46)。施工过程中主要控制模板质量和混凝土的浇筑、振捣以及养护。

由于有中间挡矸墙的保护,在两侧箱体施工时可以做到不影响运输,施工中在箱体侧墙与支撑墙之间搭设两道钢轨滑槽,上置两道滚杠,将桥板拖拉至滚杠上,拖拉至安装位置,用两组千斤顶支撑桥板,取出滑槽,卸载千斤顶使桥板就位。如此往复,直至安装完毕(图 4-47)。

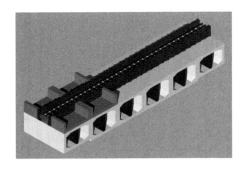

图 4-45　两侧箱体施工

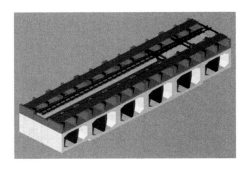

图 4-46　中间箱体施工、架两侧箱体剩余梁板

图 4-47　两侧箱体桥板吊装就位

根据设计需要,新箱体之间选用沥青软木充填,以保证在沉降过程中箱体之间的变形和受力满足要求。

④ 中间箱体施工。

由于中间箱体需对线路进行加固后架空线路施工,因此中间箱体的施工是最关键的工序,也是难度最高的工序。根据设计要求,中间箱体要在桥下 1211(3)工作面开采通过桥体且地表变形基本稳定后施工。

中间箱体施工要架空线路,采用 3-5-3 扣轨加工字钢纵横梁加固法施工。此方案经有限元程序验算,应力应变都能满足要求。

箱体施工采用"一跳一"施工,即先施工"6#、4#、2#"箱体,再施工"1#、3#、5#"箱体,每个箱体施工工序如下:抽换枕木——→拨正枕木——→垫片垫高行车轨——→将线路起道至架空所需标高、军用墩拼装就位——→穿工字钢——→扣轨——→上紧扣件、U 形螺栓——→安设纵梁——→要点落道(落工字钢)——→机车压道——→拆挡砟墙、清砟——→凿除底板找平层混凝土——→安支座、底模与沥青软木伸缩缝——→绑扎底板钢筋——→支底板模板——→浇筑底板混凝土——→绑扎侧墙钢筋——→立侧墙模板——→浇筑侧墙混凝土——→养护——→架梁——→上道砟——→拆工字钢——→拆除军用墩。

中间箱体桥板位于线下,安装较困难。在每跨端头纵梁与钢轨之间搭设架板工作平台,同样采用 12 m 钢轨作为滑槽,将盖板拖至安装位置,然后使用千斤顶支撑取出滑车,卸载千斤顶落板(图 4-48 至图 4-50)。

图 4-48 中间箱体支墩图

图 4-49 中间箱体侧墙混凝土浇筑

图 4-50 线下桥板的安装

（2）施工质量控制

本工程的施工过程,不仅受地下工作面开采的影响,还受地面火车通行的影响,因此施工难度较大,施工质量和施工安全的控制尤为重要。为保证质量,从测量、试验、检测到施工、验收,严格把关,并在每个分项工程施工前设置控制点,确保万无一失。

① 砌体工程质量控制。

砌体工程主要是挡砟墙部分的施工,由于挡砟墙为要点施工,施工时间有限(6 h),质量难以保证。施工过程中的干砖上墙和灰浆不饱满现象,均由监理单位及时发现并通知施工单位妥善解决。最终结果表明:挡砟墙的质量满足要求,达到其设置目的。

② 混凝土工程质量控制。

该工程的混凝土工程量较大,主要集中在两侧及中间箱体的施工中。首先在浇筑混凝土前要做好桥面的清扫及润湿,底板根据规范分两层浇筑,施工中要保证上下层混凝土在初凝之前结合好,防止形成施工棱缝;侧墙混凝土浇筑时则要控制混凝土的倾落高度,防止混凝土下落高度过高,造成骨料离析。

混凝土的振捣在施工中相当重要,振捣由专业工人进行,每层的浇筑厚度宜为 30 cm。采用插入式振捣器,插入式振捣器在施工中移动间距不应超过振捣器作用半径的 1.5 倍,与侧模应保持 5～10 cm 的距离,分层浇筑时,插入下层混凝土 5～10 cm。每处振动即将完毕时,边振动边缓慢提起振动器,即"快插慢拔",插入深度不超过振捣器长度的 1.25 倍。应避免振捣器碰撞模板,钢筋及其他预埋件。插入点要均匀排列。

混凝土必须振动到停止下沉、不再冒气泡、表面呈现平坦、泛浆。振捣过程中应严防漏振或过振发生,以免混凝土结构表面产生蜂窝、麻面。浇筑混凝土期间,应设专人检查模板、钢筋和预埋件等稳固情况，当发现有松动、变形、移位时，应及时处理。

混凝土浇筑完毕，在收浆后尽快予以养护。当气温低于 5 ℃时，应覆盖保温，不得向混凝土洒水，当气温较高时，要采用草袋覆盖，养护用水应该与拌和用水相同。

第二节　采动区水闸沉陷加固设计

一、工程概述

淮南矿业（集团）有限责任公司谢桥煤矿位于安徽省颍上县东北部，距颍上县城约 20 km，是一座原设计年生产能力为 400 万 t 的特大型现代化矿井。煤炭储量为 8.9 亿 t，可采储量为 5.6 亿 t，设计服务年限为 100.5 a。井田东西长 11.5 km，南北宽 4.3 km，面积为 46.6 km²。

老济河闸位于谢桥矿西翼采区的地表中央，位于济河与颍利公路交会处，既担负济河的防洪、灌溉，又兼顾颍利公路的交通要求。老济河闸地下蕴藏着 3 629.3 万 t 煤，可开采量为 2 696 万 t，老济河闸处在采煤塌陷范围内。根据"济河闸移址重建及影响工程协议书"，谢桥煤矿考虑采煤塌陷影响，将济河闸位置上移 2.4 km 重新建设，现有老济河闸增建桥梁工程（或其他排洪工程），满足济河闸下泄流量和颍利公路（224 省道）的交通要求。

由于时间紧迫，老济河闸位置处改建的桥梁工程还未实施，受地下采煤工作面的影响，为了确保老济河闸在采煤沉陷过程中已经采煤沉陷稳定后老济河闸处的泄洪和交通功能的正常发挥，现需要对老济河闸的整体结构进行评估，以便为下一个阶段的工程实施提供理论依据。

（一）济河闸基本信息

1. 原始资料

（1）济河闸原设计条件

现有老济河闸于 1958 年 6 月 14 日破土动工，于 1958 年 8 月 1 日完工。济河闸原设计条件见表 4-12。

表 4-12　济河闸原设计条件

序号	工况	闸上水位/m	闸下水位/m	落差/m	设计流量/(m³/s)	备注
1	设计排涝	23.90	23.60	0.30	174	5 年一遇
2	校核排涝	25.90	19.20	6.70		排洪
3	正常蓄水	23.40	19.20	4.20		
4	最大水位差	25.90	19.20	6.70		

（2）济河闸原始设计

① 闸室结构

闸室采用筏式基础、钢筋混凝土墩墙结构，顺水流长 13.0 m，共 5 孔，中孔闸室净宽 4.5 m，其余 4 孔净宽 3.5 m，总宽 28.0 m。

底板：闸底板顶面高程为 19.20 m，采用大小底板的分离式结构，其中 1#、3#、5# 为大底板，2#、4# 孔为小底板。小底板宽度为 1.00 m，大底板宽 8.5 m，大、小底板均厚 0.7 m，大小底板间设齿形搭接缝，搭接长度 0.3 m，缝间设镀锌铁皮止水。

闸墩:钢筋混凝土结构,3#孔闸孔两个闸墩厚1.0m,2#、4#闸孔4个闸墩厚0.8 m,1#、5#闸孔边墩顺水流长9.96 m,块石混凝土重力式结构边墩顶厚0.65 m、墩底厚1.2 m。闸墩外观质量较差,表面普通露石,局部混凝土脱落,水位变动区尤其严重。

启闭机台:启闭台、排架墙均为钢筋混凝土结构形式,启闭台台面宽度为2.0 m,台顶高程为31.00 m,大梁由为2根"T"形梁组成,上游侧梁横截面尺寸为0.3 m×0.6 m(宽×高),下游侧梁横截面尺寸为0.4 m×0.6 m(宽×高),面板厚0.1 m,混凝土强度为C15。启闭台支撑在实体排架墩墙,墩墙长3.0 m、高4.8 m,边墩厚0.65 m,中墩厚1.0 m、0.8 m,混凝土强度等级为C15。

4#孔启闭机大梁、翼板底面混凝土空鼓脱落、露筋锈蚀;启闭机大梁及排架墩墙混凝土碳化平均深度超过钢筋保护层厚度,内部钢筋轻微锈蚀、局部锈蚀严重。

② 交通公路桥

闸上交通桥为钢筋混凝土简支板结构形式,设计荷载为汽-10。全桥共5跨,桥面净跨为4.50 m、3.50 m,桥板两端支承长度均为0.30 m;桥路面总宽5.20 m,行车道宽4.90 m。桥面板混凝土强度等级为C15,厚0.28 m,上设厚0.15 m的C10混凝土铺装。桥面护栏为钢筋混凝土结构,高0.90 m。

该工程实施处于特定的历史时期,桥设计标准按汽-10设计,设计标准低,施工质量差,桥面宽度明显不能满足两岸日益繁重的交通要求。

③ 上下游消能防冲工程

上游护坦为干砌块石结构,长为15.00 m,下设0.10 m砂石垫层;下游消能工程设施由挖深式消力池、砌石海漫组成,下游消力池采用钢筋混凝土结构形式,长度为20.90 m,设两道坎,池底高程为18.20 m,坎顶高程为20.20 m,池深2.00 m;紧邻消力池为干、浆砌石海漫,长36.10 m,浆砌石段长36.10 m,干砌石段长20.00 m,干、浆砌石海漫均厚0.5 m,下设0.10 m砂石垫层。

消力坎受水流冲刷表层混凝土严重剥蚀,表面蜂窝露石现象严重。

④ 翼墙和护坡

上、下游翼墙均采用重力式结构形式,墙身由80#浆砌石面石、青砖腹石组成,底板为C15素混凝土,墙体最大挡土高度为8.0。上游翼墙平面上呈圆弧形接一字形布置,顺水流方向长度为15.00 m,墙顶高程为26.40 m;下游翼墙平面上呈八字接一字形布置,顺水流方向长度为20.90 m,墙顶标高为25.20 m。

上游干砌块石防护段长3.0 m,护底和护坡干砌块厚度为0.40 m,下设厚度为0.10 m的砂石结构。

根据现场检查,翼墙存在竖直方向和水平方向的多条裂缝,缝宽为2~5 mm,翼墙与边墩分缝间有错台现象,翼墙顶安全护栏老化破损严重,立柱混凝土多处脱落,裂缝开展普遍,钢筋外露锈蚀。

上下游护坡:砌石护坡缝宽过大,平整度差。浆砌石护坡存在裂缝、破损等严重缺陷;干砌石护坡杂草丛生,局部缺损。

2. 历次加固情况

工程自建成投入运行以来,据已有资料不完全统计,济河闸闸上最高水位为25.00 m,闸下最高水位为24.76 m,均发生在2003年7月23日;最大水位差为5.08 m,相应闸上水位为 24.43 m,闸下水位为 19.35 m;闸上蓄水位最高一般蓄至 24.50 m 左右。

该闸建设期较早,规划及设计标准低,施工工期短,工程完工后未验收,工程整体质量差。根据现有资料查证并经现场管理工作人员介绍,该闸至今从未进行大的加固及维修,仅利用年修及水毁经费进行几次局部维修、加固。

1991 年大水过后,修建了启闭机房,启闭机改造为手电两用;1993 年闸门更换为混凝土闸门;2000 年下游护坡接长 20.0 m。

总体上济河闸结构自身不具备抗采动变形能力。

3. 抗开采加固设计资料

(1)现行规划设计成果

济河闸经工程规模重新复核后,采用排涝 5 年一遇,即设计排涝流量为 305 m³/s;排洪采用 20 年一遇洪水标准,即设计排洪流量为 480 m³/s,具体参见淮河流域重点平原洼地治理工程相关设计文件。

济河闸现行规划设计条件详见表 4-13。

表 4-13　济河闸现行规划设计条件

运行条件	闸上水位/m	闸下水位/m	落差/m	流量/(m³/s)	备注
排涝	23.55	23.35	0.20	305	5 年一遇
排洪	25.20	25.0	0.20	480	20 年一遇
最高蓄水位	24.50				
恶劣放水	24.50	无水	5.30		现状底板高程 19.20 m
检修	23.55	20.0			

(2)抗开采加固设计

① 工程安全鉴定结论

2009 年 12 月,中国矿业大学与安徽省水利水电勘测设计院合作,对济河闸进行安全复核分析,编制《安徽省阜阳济河闸工程安全复核分析及评价报告》,报告认为:济河闸大部分运行指标达不到设计标准,工程严重损坏。按照《水闸安全鉴定规定》(SL 214—1998),该闸被鉴定为四类闸。建议尽快对该闸实施除险加固,完善管理与观测设施。在未进行除险加固前,加强观测,合理调度,确保运行安全。

a. 抗开采过渡性加固设计。

本着经济、合理、可操作性强的原则,考虑到济河闸有移址重建的设计方案,按照满足 2～3 年使用年限,即满足 1252(1)工作面开采下沉要求(表 4-14),不降低济河闸现行防洪排涝标准,确定济河闸过渡性加固方案,如下所述:

表 4-14　1252(1)工作面开采沉陷预计结果

工作面编号	累计下沉量/mm	东西方向移动变形				南北方向移动变形			
		倾斜/(mm/m)	曲率/(×10⁻³/mm)	水平移动/mm	水平变形/(mm/m)	倾斜/(mm/m)	曲率/(×10⁻³/mm)	水平移动/mm	水平变形/(mm/m)
1252(1)	573.3	1.33	0.002	159.9	0.20	−4.66	0.018	−559.0	2.39

　　闸底板、闸室水平撑梁加固:闸室底板按结构强度计算要求重新布置受力钢筋,浇筑厚度为 0.6 m C25 板,新浇混凝土底板通过树脂锚筋与原闸室底板相连为一个整体,闸底板高程由现状 19.20 m 抬高至 19.80 m(后期沉降至 19.20 m)。为加强闸室整体性控制段抗变形能力,在 25.00 m 高程每孔闸室增设两根钢筋混凝土系梁,系梁体尺寸为 0.7 m×0.7 m(宽×高),其配筋图如图 4-51 所示。

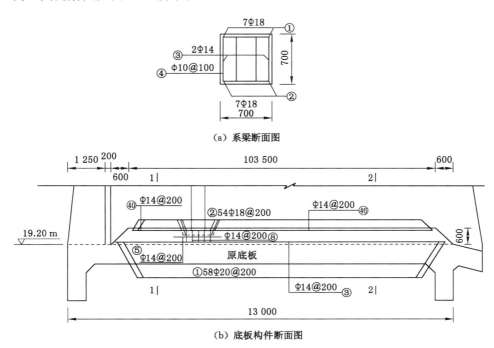

图 4-51　系梁及底板构件断面图

　　公路桥重建设计:新建的公路桥采用矩形型板结构,与边、中孔闸墩用树脂锚筋加强连接整浇为一体。桥面板宽度为 6.0 m、厚度为 0.6 m,长度为 23.7 m,其配筋图如图 4-52所示。

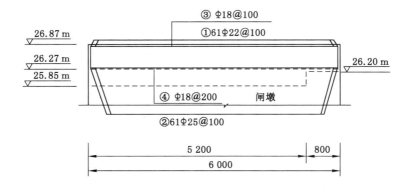

图 4-52　桥面板配筋图

加固工程于 2010 年底进行,加固后济河闸整体性得到了加强,具备一定的抗采动变形能力,顺利抵抗近 0.6 m 的采动变形,闸体结构总体完好。

(3) 现状概况

2014 年 12 月中国矿业大学设计院对济河闸的现状进行实地考察,发现经过多年运营以及受地下采煤沉陷的影响,济河闸及其附属结构的多个部位结构老旧,难以满足大幅度采煤下沉的要求。闸上公路狭窄拥挤、交通量大、重车货车占比大,严重制约颍利公路(S224 省道)交通通行。现场调查情况如图 4-53 所示。

(a) 上游断面

(b) 下游断面

(c) 闸上交通

图 4-53　老济河闸现状实地考察

(二) 工程地质概述

合肥建材地质工程勘察院根据建设单位和设计单位要求,进行地质勘探。

1. 地形地貌

济河闸处属于淮河冲积平原地貌单元,微地貌为济河河漫滩相,呈两端高中间低,局部高差较大。附近民房聚集,交通较便利。实测孔口高程为 23.45~24.96 m,最大高差为 1.51 m,高程系统为黄海高程,高程引测点为现状桥面,高程由矿方提供。

2. 地基土组成

现场投入施工设备 2 组(一台 RTK 测量仪器和一台汽车钻机),并于 2015 年 3 月 3 日结束外业工作。本次勘察共完成勘探点 4 个,均为取土、标贯孔,总进尺 144.70 m。取原状样 30 件,标贯试验 54 次。勘探孔现场布置如图 4-54 所示。其地质概况如下:

经勘察揭露并结合现场原位测试及室内土工试验,场地地层岩性构成层序自上而下依次为:

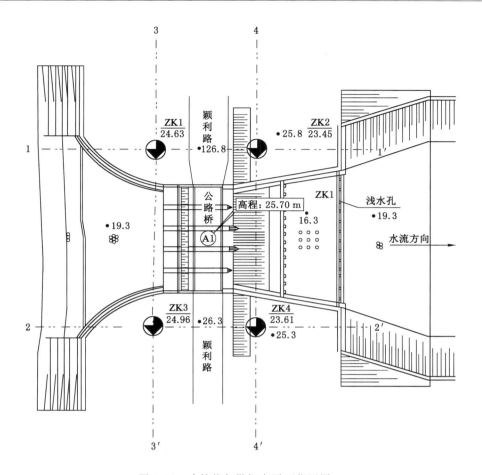

图 4-54　建筑物与勘探点平面位置图

①　层素填土(Q^{ml})——层厚为 6.10～8.60 m,层底标高为 15.85～18.53 m。灰褐色,稍湿,松散。主要由黏性土组成,还包括少量河流冲刷带来的细砂等,表层含少量碎石。此层土属于欠固结高压缩性土。

②　层粉质黏土(Q_4^{al+pl})——层厚为 2.10～4.10 m,层底标高为 13.56～14.43 m。黄褐色,可塑状态,含少量氧化铁及铁锰结核等,摇振无反应,切面稍光滑,干强度中等,韧性中等。其标贯试验实测击数 N 值一般为 6～7 击/30 cm,平均值为 6.4 击/30 cm。此层属于中等偏高压缩性土。

③　层粉砂(Q_4^{al+pl})——层厚为 5.80～10.40 m,层底标高为 3.35～8.01 m。灰色,饱和,中密状态。含长石、石英等矿物。摇振析水,切面粗糙,干强度低,韧性低。局部钻遇粉质黏土及粉土,呈薄层状和透镜体状。其标贯试验实测击数 N 值一般为 18～26 击/30 cm,平均值为 22.0 击/30 cm。此层属于低压缩性土。

④　层粉质黏土(Q_4^{al+pl})——层厚为 2.10～5.60 m,层底标高为 －0.95～2.76 m。青灰色,可塑状态,局部为软塑状态。含少量氧化铁,可见贝壳碎屑等,摇振无反应,切面稍光滑,干强度中等,韧性中等。其标贯试验实测击数 N 值一般为 8～11 击/30 cm,平均值为 9.4 击/30 cm。此层属于中等偏高压缩性土。

⑤ 层粉土(Q_4^{al+pl})——层厚为 3.60~9.00 m,层底标高为 -6.24~-2.57 m。青灰色,饱和,稍密状态,摇振析水,切面粗糙,干强度低,韧性低。局部钻遇粉砂及粉质黏土,呈薄层状和透镜体状。其标贯试验实测击数 N 值一般为 12~14 击/30 cm,平均值为 13.3 击/30 cm。此层属于中等偏低压缩性土。

⑥ 层粉细砂(Q_4^{al+pl})——未揭穿,最大钻遇 9.00 m。青灰色,饱和,局部为中密~密实状态。含长石、石英等矿物。摇振析水,切面粗糙,干强度低,韧性低。局部钻遇粉质黏土、粉土及中细砂,呈薄层状和透镜体状。其标贯试验实测击数 N 值一般为 25~33 击/30 cm,平均值为 28.8 击/30 cm。此层属于低压缩性土。

(三)场地稳定性评价

根据本次勘察结果、安徽省基岩埋深图及区域地质资料分析,老济河闸址(原文为"拟建桥址区",下同)为素填土和第四系全新统(Q_4^{al+pl})冲洪积成因的粉质黏土、粉砂、粉质黏土、粉土及粉细砂,下伏基岩为三叠系下三叠统基岩,埋深大于 200 m。老济河闸发育一条性质不明的断层。老济河闸北侧采空区的边缘,随着煤矿生产的持续进行,采空区可能对本工程的基础稳定产生影响,故本场区稳定性较差。

老济河闸地基土分布稳定,老济河闸区域地质构造相对稳定,但因紧邻采空塌陷区,本场区应判定为建筑适宜性较差场地。

(四)不良地质作用评价

根据本次勘察结果及现场地质调查,本场区主要不良地质作用为采空塌陷区的影响,老济河闸北侧不足 500 m 处为采空塌陷区,故老济河闸已临近或位于沉陷变形带边缘,随着矿井开采活动的持续,给老济河闸基础的稳定带来不利影响。

(五)场地地震效应评价

① 依据《公路桥梁抗震设计规范》(JTG/T 2231-01—2020)的规定,颍上县基本烈度为 6 度,设计基本地震加速度值为 0.05 g,为第一组,特征周期为 0.45 s。

② 根据钻探及测试结果,拟建场地覆盖层厚度约为 200 m,场地土类型属于中软土,为 Ⅱ 类,拟建场地属于抗震不利地段。

二、开采沉陷预计

本部分由中国矿业大学环测学院依据矿方提供资料结合数值分析要求进行开采沉陷地表变形预计。

依据 1242(3)工作面开采沉陷预计结果,采动过程中地表变形值大于沉陷稳定后地表变形值,开采沉陷过程中的地表变形对闸体结构不利影响大于沉陷稳定后地表变形。数值分析中采用采动过程中的地表变形最大值作为闸体结构分析的变形荷载。

三、开采沉陷对老济河闸结构影响数值分析研究

正在开采的 1242(3)工作面将会对济河闸带来不利影响。为了获得该工作面开采对济河闸结构影响程度,采用 ANSYS 通用有限元分析软件对该闸进行计算分析,计算分析重点对象为后期加固部分:系梁、桥面板和底板。

(一)数值建模

1. 基本假定

① 水闸闸室混凝土视为均质各向同性材料,结构无缺陷,符合混凝土专用的屈服准则

与破坏准则。

②　选取的土体仅考虑为单一黏性土,视为均质各向同性材料。

③　闸室模型忽略闸门和启闭机室部分,不考虑作用在闸门和闸墩上的水压力。

2.　水闸计算模型

(1)　模型尺寸

水闸模型由底板、闸墩、挡墙等组成,几何尺寸采用水闸的实际尺寸,并对部分结构实施简化处理。水闸有限元计算模型如图 4-55 所示。

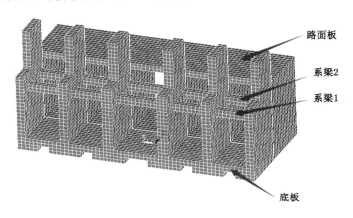

图 4-55　闸体计算模型

(2)　单元及材料属性

闸体模型采用 Solid65 单元。Solid65 单元专门用于模拟混凝土结构或钢筋混凝土结构。闸体为 C30 混凝土材料,弹性模量 $E_s = 3 \times 10^4$ MPa,泊松比为 0.25,密度为 2 500 kg/m^3;钢筋采用整体式配筋,弹性模量为 0.27。

3.　土体计算模型

(1)　土体模型尺寸的确定

根据数值分析经验,假定顺水流方向,向上下游取水闸宽度的 7 倍;垂直水流方向,向外取水闸长度的 7 倍。水闸下土体厚度取闸体总高度的 2 倍,水闸左右(即垂直水流方向)两侧的土体与闸尾挡墙齐平。

(2)　单元及材料属性

土体模型采用 Solid45 单元。土体为黏土层,弹性模量 $E_s = 20$ MPa,泊松比为 0.20,密度为 2 000 kg/m^3,内聚力为 20 MPa,内摩擦角为 16°。

4.　边界条件

合理设置计算模型的边界条件,是为了使计算模型与实际情况能较好地吻合,只有这样才能使计算结果具有实际参考价值。

由于计算模型最终要模拟采动区地表变形对水闸结构受力的影响,因此土体模型主要考虑竖向的变形,水平方向的位移在边界处不考虑,所以沿水流方向两侧土体和垂直水流方向两侧土体约束水平方向位移,竖直位移自由;土体顶面为自由边界。水闸模型与土体模型接触的部位通过定义接触单元来约束。其他部位为自由边界。

5. 车辆荷载、变形荷载

① 车辆荷载

取 100 t 的车辆荷载,由于桥面板长 23.7 m,宽度为 6.0 m,按均布荷载布置,车辆按满布情况布置于桥面及两侧路基上,则长度为 23.7 m 的桥面板上将布置 1.5 辆车辆,于是换算后的均布荷载值为:

$$p = \frac{1.5 \times 100 \times 10}{23.7 \times 6} = 10.55 \,(\text{kPa})$$

② 地表变形

土体的采动下沉模拟是通过对底面每个节点施加 x、y、z 三个方向的位移实现的,而底面每个节点的位移值,又是通过采煤沉陷预计计算得到的。通过采煤沉陷预计,得到了节点的最大和最终沉陷位移值,由于采动过程中的最大沉陷位移对闸体最不利,故模型分析中采用最大沉陷位移值。

(二)开采沉陷对闸体影响模拟分析

1. 阶段一

(1)数值建模计算结果

首先对全模型在交通荷载和采动变形荷载作用下进行计算分析,得到全模型的第一主应力云图,如图 4-56 所示。

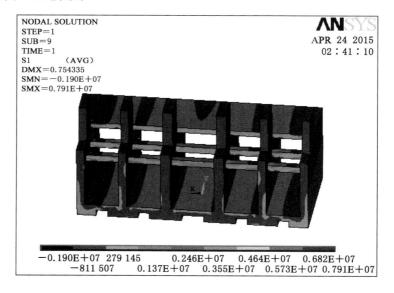

图 4-56 全模型第一主应力云图

从计算得到的云图中可以清晰得知系梁与闸墩连接处产生的拉应力大,于是选取该截面处的内力作为分析计算点,如图 4-57 所示。

对以上截面提取相应的内力,见表 4-15。

根据表 4-15 中的各截面内力值,计算相应截面内钢筋的拉应力或剪应力,下面以截面 XL1-2、ZD2 和 MB1 为例进行验算,其他截面的验算均按此方法进行,其中桥面板和底板的验算相同。

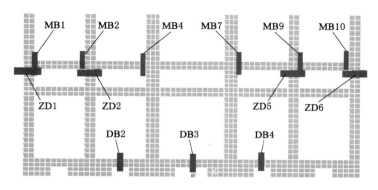

（a） 前方正视图

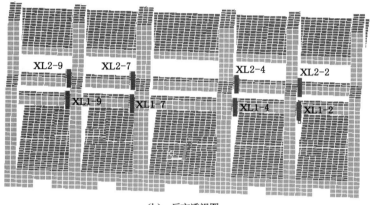

（b） 后方透视图

图 4-57　阶段一选取的截面位置和标号

表 4-15　阶段 1 各个截面内力值

编号	F_x/kN	F_y/kN	F_z/kN	M_x/(kN·m)	M_y/(kN·m)	M_z/(kN·m)
XL1-2	−167.83	−216.12	−20.34	−0.62	−33.72	347.33
XL2-2	−168.06	−233.82	−22.46	−0.53	−41.55	381.19
XL1-4	−475.81	−177.89	−16.14	−0.81	−24.44	296.82
XL2-4	−150.14	−190.39	−18.19	−0.76	−24.39	312.73
XL1-7	478.69	−166.10	−7.95	1.70	11.65	−275.16
XL2-7	146.45	−184.37	−13.04	1.78	15.91	−301.71
XL1-9	172.81	−209.73	−15.14	1.40	25.33	−335.76
XL2-9	165.26	−231.33	−19.20	1.58	36.48	−376.39
MB1	493.27	395.68	84.45	17.33	−194.22	1 112.66
MB2	−493.30	−925.93	−84.54	86.24	−99.80	1 200.26
MB4	−1 436.43	−768.98	−96.16	55.20	392.08	1 143.97
MB7	1 444.51	−782.98	−26.72	−195.23	−942.67	−1 168.37
MB9	497.94	−940.76	−96.23	132.41	229.44	−1 223.52

表 4-15(续)

编号	F_x/kN	F_y/kN	F_z/kN	M_x/(kN·m)	M_y/(kN·m)	M_z/(kN·m)
MB10	−498.11	410.52	96.14	140.69	308.84	−1 139.75
ZD1	−469.71	−251.93	−48.09	−13.88	118.21	−1 052.78
ZD2	−849.18	811.98	−31.33	177.09	881.86	−1 866.52
ZD5	866.66	808.51	26.60	193.96	−794.13	1 924.02
ZD6	480.05	−268.75	−60.82	−88.57	−258.11	1 084.87
DB2	−870.50	988.83	−139.49	−8.30	−282.04	−1 172.94
DB3	−1 342.06	−93.76	−117.57	153.77	−405.35	−1 117.48
DB4	906.53	981.69	75.52	−276.49	408.77	1 185.91

（2）截面 XL1-2 的验算

① M_z 产生的正应力

根据公式：

$$\sigma_1 = \frac{M_z}{A_s\left(h_0 - \dfrac{x}{2}\right)} \tag{4-11}$$

式中　　M_z ——正截面外弯矩；

σ_1 —— M_x 产生的钢筋拉应力；

A_s ——受压区纵向钢筋面积；

h_0 ——截面有效高度；

x ——等效受压区高度。

其中，

$$x = h_0 - \sqrt{h_0{}^2 - \frac{2M_z}{\alpha_1 f_c b}}$$

α_1 为矩形应力图中的强度与受压区混凝土最大应力 f_c 的比值。

则：

$$\sigma_1 = \frac{M_z}{A_s\left(h_0 - \dfrac{x}{2}\right)} = \frac{347.33 \times 10^3}{254 \times 7 \times \left(652.5 - \dfrac{67.1}{2}\right)} = 315.61\ (\text{N/mm}^2)$$

② M_y 产生的正应力 σ_2

由图 4-58 所示，根据弯矩平衡可得：

$$(F_1 \times 3 \times 115.7 + F_2 \times 2 \times 115.7 + F_3 \times 1 \times 115.7) \times 4 = M_y$$

由于钢筋拉力呈线性分布，可得：

$$\frac{F_1}{3} = \frac{F_2}{2} = \frac{F_3}{1}$$

计算可得：

$$F_1 = 0.463M_y$$

则：

$$\sigma_2 = \frac{0.463 \times 33.72 \times 1\ 000}{254} = 61.47\ (\text{N/mm}^2)$$

③ F 产生的正应力 σ_3

根据公式：

$$\sigma_3 = \frac{F}{S}$$

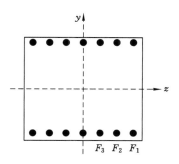

图 4-58 系梁计算示意图

则：
$$\sigma_3 = \frac{F}{S} = \frac{167.83}{0.7 \times 0.7} \times 10^{-3} = 0.34 \ (\text{N/mm}^2)$$

因此,钢筋最大应力为：

$$\sigma_{\max} = \sigma_1 + \sigma_2 + \sigma_3 = 315.61 + 61.47 - 0.34 = 376.74 \ (\text{N/mm}^2) > f_y = 335 \ (\text{N/mm}^2)$$

因此,XL1-2 截面处受拉钢筋屈服,说明该处系梁或闸墩最有可能在地表变形作用下最先破坏。

（3）截面 ZD2 验算

根据公式：

$$V = \frac{F}{S_v} \tag{4-12}$$

式中 S_v——剪切面积。

$$S_v = 54 \times 254 = 13\ 716 \ (\text{mm}^2)$$

则 ZD2 处剪应力为：

$$V = \frac{F}{S_v} = \frac{849.18 \times 1\ 000}{13\ 716} = 61.91 \ (\text{N/mm}^2) < 170 \ (\text{N/mm}^2)$$

剪应力计算结果表明 ZD2 不会破坏。

（4）截面 MB1 验算

① M_z 产生的正应力 σ_1

根据式(4-11)计算。

则： $$\sigma_1 = \frac{M_z}{A_s \left(h_0 - \dfrac{x}{2}\right)} = \frac{185.44 \times 10^6}{490.63 \times 10 \times 536.9} = 70.40 \ (\text{N/mm}^2)$$

② M_y 产生的正应力 σ_2

根据弯矩平衡可得：

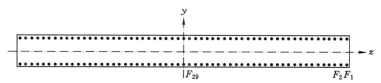

图 4-59 M_y 计算示意图

$$(F_1 \times 3\,000 + F_2 \times 2\,900 + F_3 \times 2\,800 + \cdots + F_{29} \times 100) \times 4 = M_y$$

由于钢筋拉力呈线性分布,可得:

$$\frac{F_1}{30} = \frac{F_2}{29} = \frac{F_3}{28} = \cdots = \frac{F_{30}}{1}$$

计算可得:

$$F_1 = 0.008 M_y$$

则:

$$\sigma_2 = \frac{0.008 \times 194.22 \times 1000}{490} = 3.17 \ (\text{N/mm}^2)$$

③ F 产生的正应力 σ_3

根据公式:

$$\sigma_3 = \frac{F}{S}$$

则:

$$\sigma_3 = \frac{F}{S} = \frac{493.27}{6 \times 0.6} \times 10^{-3} = 0.14 \ (\text{N/mm}^2)$$

因此,钢筋最大应力为:

$$\sigma_1 + \sigma_2 + \sigma_3 = 70.40 + 3.17 - 0.14 = 73.43 \ (\text{N/mm}^2) < f_y = 335 \ (\text{N/mm}^2)$$

因此,MB1 不会破坏。

(5) 各截面应力计算

① 按照上述方法计算各截面的拉应力或剪应力,列于表 4-16 中,选取钢筋屈服强度作为判断破坏的依据。

表 4-16　阶段 1 各截面应力计算结果

编号	σ_1/MPa	σ_2/MPa	σ_3/MPa	σ_{max}/MPa	钢筋屈服强度/MPa	钢筋应力比
XL1-2	315.61	61.47	0.34	376.74		1.12
XL2-2	346.39	75.74	0.34	421.79		1.26
XL1-4	269.72	44.55	0.97	313.29		0.94
XL2-4	284.17	44.48	0.31	328.34		0.98
XL1-7	250.03	21.24	0.98	270.29		0.81
XL2-7	274.15	28.98	0.30	302.83		0.90
XL1-9	305.10	46.17	0.35	350.92		1.05
XL2-9	342.02	66.50	0.34	408.18		1.22
MB1	70.40	3.17	0.14	73.43	335	0.22
MB2	75.94	1.63	0.14	77.43		0.23
MB4	72.38	6.39	0.40	78.37		0.23
MB7	73.93	15.37	0.40	88.89		0.27
MB9	77.41	3.74	0.14	81.01		0.24
MB10	72.12	5.03	0.14	77.01		0.23
DB2	130.18	4.04	0.14	134.36		0.40
DB3	124.03	5.81	0.21	130.05		0.39
DB4	131.62	5.86	0.14	137.63		0.41

表 4-16(续)

编号	σ_1/MPa	σ_2/MPa	σ_3/MPa	σ_{max}/MPa	钢筋屈服强度/MPa	钢筋应力比
ZD			34.24	34.24		0.20
ZD2			61.91	61.91	170	0.36
ZD5			63.19	63.19		0.37
ZD6			35.00	35.00		0.21

由表 4-16 所示计算结果可以得知:系梁 1 和系梁 2 在边孔段内有钢筋受拉屈服,因此系梁 1 和系梁 2 在边孔段与闸墩连接处可能受拉破坏。现模拟系梁 1 和系梁 2 的边孔段已受拉破坏失效,于是进行第二阶段的模型计算分析。

② 在表 4-16 中,选取了钢筋的屈服强度作为判断破坏的依据,现在选取钢筋的设计强度作为判断破坏的依据,则可以得到表 4-17。

表 4-17 各截面应力计算结果

编号	σ_1/MPa	σ_2/MPa	σ_3/MPa	σ_{max}/MPa	钢筋屈服强度/MPa	钢筋应力比
XL1-2	315.61	61.47	0.34	376.74		1.26
XL2-2	346.39	75.74	0.34	421.79		1.41
XL1-4	269.72	44.55	0.97	313.29		1.04
XL2-4	284.17	44.48	0.31	328.34		1.09
XL1-7	250.03	21.24	0.98	270.29		0.90
XL2-7	274.15	28.98	0.3	302.83		1.01
XL1-9	305.1	46.17	0.35	350.92		1.17
XL2-9	342.02	66.5	0.34	408.18		1.36
MB1	70.4	3.17	0.14	73.43	300	0.24
MB2	75.94	1.63	0.14	77.43		0.26
MB4	72.38	6.39	0.4	78.37		0.26
MB7	73.93	15.37	0.4	88.89		0.30
MB9	77.41	3.74	0.14	81.01		0.27
MB10	72.12	5.03	0.14	77.01		0.26
DB2	130.18	4.04	0.14	134.36		0.45
DB3	124.03	5.81	0.21	130.05		0.43
DB4	131.62	5.86	0.14	137.63		0.46
ZD1			34.24	34.24		0.2
ZD2			61.91	61.91	170	0.36
ZD5			63.19	63.19		0.37
ZD6			35.00	35.00		0.21

由表 4-17 可知:系梁 1 和系梁 2 在边孔段和侧孔段内有钢筋受拉屈服,因此系梁 1、系梁 2 在边孔段和侧孔段与闸墩连接处可能发生受拉破坏。现模拟系梁 1 和系梁 2 的边孔段

和侧孔段已受拉破坏失效,于是进行第三阶段的模型计算分析。

2. 阶段二

(1) 数值建模计算

根据钢筋屈服强度,假设系梁1和系梁2在边孔段部分已受拉破坏失效,然后对此时的模型在交通荷载和采动地表最大变形作用下进行计算分析,得到模型的第一主应力云图如图4-60所示。

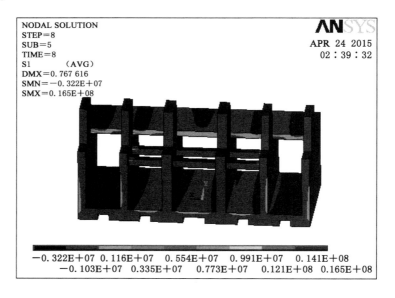

图4-60 阶段二的第一主应力云图

从计算得到的云图可以清晰得知桥面板、桥面板和闸墩相接处、底板侧孔和中孔等截面处,产生的拉应力比较大,于是选取截面如图4-61所示。

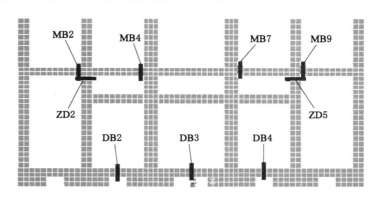

图4-61 阶段二选取的截面位置和标号(前方正视图)

(2) 各截面应力计算

对以上选取的截面提取其相应的内力,见表4-18。

表 4-18 各个截面内力值

编号	F_x/kN	F_y/kN	F_z/kN	$M_x/(kN \cdot m)$	$M_y/(kN \cdot m)$	$M_z/(kN \cdot m)$
MB2	−1 306.12	−1 822.85	−603.09	−196.22	−992.02	2 687.03
MB4	−3 388.42	−1 432.17	−556.83	−188.84	−750.54	2 433.83
MB7	3 472.44	−1 411.10	−426.06	−52.74	648.29	−2 399.68
MB9	1 375.33	−1 897.50	−585.05	−72.01	1 084.56	−2 805.33
ZD2	−1 896.33	1 038.33	16.71	310.76	2 448.07	−4 337.77
ZD5	1 930.86	1 126.87	96.80	352.76	−2 265.06	4 434.15
DB2	3 417.48	−1 621.42	518.45	1358.69	9 696.62	1 989.42
DB3	−4 291.29	−67.67	−103.99	286.68	−11 436.68	−2 281.48
DB4	−3 744.01	−1 584.30	324.93	1 337.43	−8 717.77	—

根据表 4-18 中的各截面内力值,计算相应截面内钢筋的拉应力或剪应力,计算方法同阶段一,其结果见表 4-19。

表 4-19 阶段二各截面钢筋应力计算结果

编号	σ_1/MPa	σ_2/MPa	σ_3/MPa	σ_{max}/MPa	钢筋屈服强度/MPa	钢筋应力比
MB2	70.54	18.75	1.36	87.92		0.26
MB4	62.74	18.76	1.36	80.14		0.24
MB7	61.28	18.78	1.36	78.70		0.23
MB9	73.94	18.79	1.36	91.37	335	0.27
DB2	421.89	9.77	0.25	431.92		1.29
DB3	489.22	9.80	0.25	499.27		1.49
DB4	420.16	9.82	0.25	430.23		1.28
ZD2			138.25	138.25	170	0.81
ZD5			140.78	140.78		0.83

由表 4-19 可知底板在中孔和两侧孔段内有钢筋受拉屈服,底板在这三处可能受拉破坏。

3. 阶段三

(1)数值建模计算

根据钢筋设计强度,假设系梁 1 和系梁 2 在边孔段和侧孔段部分已受拉破坏,然后对模型在交通荷载和采动地表最大变形作用下进行计算分析,得到模型的第一主应力云图,如图 4-62 所示。

从计算得到的云图中可以清晰得知路面板、路面板和闸墩相接处、底板侧孔和中孔等截面处,产生的拉应力比较大,于是选取截面如图 4-63 所示。

(2)数值建模计算

对以上选取的截面提取相应的内力,见表 4-20。

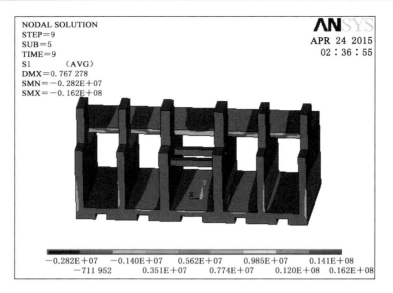

图 4-62　阶段三第一主应力云图

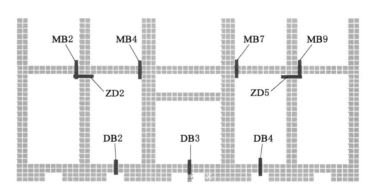

图 4-63　阶段三选取的截面位置和标号(前方正视图)

表 4-20　阶段三各个截面内力值

编号	F_x/kN	F_y/kN	F_z/kN	$M_x/(\mathrm{kN \cdot m})$	$M_y/(\mathrm{kN \cdot m})$	$M_z/(\mathrm{kN \cdot m})$
MB2	−1 290.77	−1 774.83	−566.44	−160.82	−840.86	2 579.76
MB4	−3 073.89	−1 361.90	−482.32	−149.18	−1 135.32	2 334.65
MB7	3 150.70	−1 341.06	−357.85	−14.90	1 059.90	−2 302.23
MB9	1 359.56	−1 848.44	−547.83	−38.50	927.26	−2 695.61
ZD2	−1 718.04	1 056.22	45.07	319.23	1 995.49	−4 126.52
ZD5	1 747.90	1 143.71	120.33	360.75	−1 804.79	4 221.49
DB2	3 605.47	−1 561.99	439.65	574.22	7 220.17	1 883.94
DB3	−4 418.64	−66.38	−103.75	289.50	−10 100.46	−2 243.39
DB4	−3 933.90	−1 527.15	243.71	1 193.33	−7 598.37	−1 996.93

　　根据表 4-20 中的各截面内力值,计算相应截面内钢筋的拉应力或剪应力,计算方法同阶段一,其计算结果见表 4-21。

表 4-21 阶段三各截面钢筋应力计算结果

编号	σ_1/MPa	σ_2/MPa	σ_3/MPa	σ_{max}/MPa	钢筋屈服强度/MPa	钢筋应力比
MB2	163.23	13.71	0.36	176.57		0.53
MB4	147.72	18.51	0.85	165.37		0.49
MB7	145.66	17.28	0.88	162.06		0.48
MB9	170.55	15.11	0.38	185.29	335	0.55
DB2	209.10	103.47	0.57	313.13		0.93
DB3	249.00	144.74	0.70	394.44		1.18
DB4	221.64	108.89	0.62	331.15		0.99
ZD2			125.26	125.26	170	0.74
ZD5			127.44	127.44		0.75

由表 4-21 的计算结果可知底板在中孔段内有钢筋受拉屈服,底板在此处可能受拉破坏。

四、主要结论与建议

（一）主要结论

（1）老济河闸结构无抗采动变形能力,新加固构建使得济河闸具有一定的抗采动变形能力。

（2）1242(3)工作面开采过程会对济河闸产生不利影响,采动过程中地表变形对闸体结构影响程度大于最终地表变形。

（3）在采动地表最大变形和交通荷载等的共同作用下,济河闸边孔处系梁 1、系梁 2 与闸墩连接处拉压力大幅度增加,超过钢筋屈服强度,该处最可能发生破坏失效。

（4）在边跨系梁 1、系梁 2 破坏失效后,中孔和两侧孔段内底板截面拉应力增大,超过钢筋屈服强度,也可能破坏。

（5）其他问题:

① 地表沉陷后,设计水位将超过桥面高程,无法保证颍利公路的通行;

② 启闭机室因变形过大可能脱落,闸室因为变形无法提升。

（二）建议

（1）在地表沉陷过程中,闸室与启闭机梁应采取防坠落措施。

（2）地表沉陷期间应设专人值守,发现问题及时处理。

（3）构筑公路沉陷期的应急通行设施,保证公路通行。

第三节　采动区输煤专线抗采动变形治理技术

一、概述

（一）工程概况

"金龙"超远程输煤专线（简称"金龙胶带"）是亚洲最长的超远程带式输煤专线。该项目西起五家沟煤矿（煤炭生产基地）,东至金海洋能源有限公司（洗煤发运基地）,全长 15.5 km,总落差 500 m。金龙胶带共有钢混栈桥 20 座,涵洞 29 座。年输煤 1 500 万 t。全线共划分为 6 段,编号分别为 101 带式输送机、102 带式输送机、201 带式输送机、202 带式输送机、301带式输送机、302带式输送机。工程概况如图4-64所示。

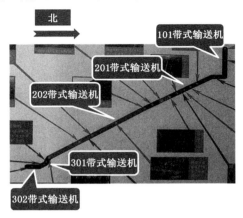

图 4-64　工程示意图

金龙胶带担负着金海洋公司煤炭外运的重任。由于金海洋所辖煤矿均在群山环绕之中，而煤炭发运及综合利用基地即北周庄循环经济园处于山下，煤炭基地生产出的煤炭几乎全部由金龙胶带运至山下的北周庄循环经济园。因此，金龙胶带的正常运输直接关系整个金海洋能源有限公司的正常运营，可以说是金海洋能源有限公司的"生命线工程"。

其中201带式输送机自(98 750.000,88 530.000)起，止于(93 619.278,91 685.859)，全长6 023.6m，西北—东南走向，方位角为148°24′17″。201带式输送机机道桩号起于机尾中心，即(98 750.000,88 530.000)。

马营煤矿开采的9102工作面和9103工作面与201带式输送机相交，其开采后造成的地面沉陷，对途经此区域的金龙输煤专线可能会造成破坏作用，存在影响输煤专线正常使用的潜在风险。如此长距离的带式输送机跨越采煤沉陷区，国内外没有可借鉴的工程案例。为此，中煤集团山西金海洋能源有限公司与中国矿业大学合作进行专题研究，针对马营煤矿开采特点，有针对性地提出开采沉陷保护措施，确保金龙胶带能够安全运行。

（二）收集的资料

（1）201带式输送机机道平面图（一、二）；

（2）主运输系统201带式输送机基础平、剖面图（一～八）；

（3）201带式输送机1号栈桥施工图；

（4）山西朔州山阴金海洋马营煤业有限公司兼并重组整合矿井地质报告；

（5）201带式输送机机道纵断面图；

（6）马营井田金龙胶带结构参数与运行参数；

（7）山西朔州山阴金海洋马营煤业有限公司地形图；

（8）山西朔州山阴金海洋马营煤业有限公司井上下对照图。

（三）完成的工作量

项目研究单位组织有关技术人员成立了课题攻关组，集中优势力量，运用新技术、新方法，本着科学、高效、准确的原则，进行了大量、细致的工作。

由于受地下煤层开采的影响，地表移动，将对输煤专线产生不同程度的损坏，严重时会

危及输煤专线的正常工作。其开采损害模式可以为:

(1) 工作面边界上方地面出现台阶状开裂,胶带机基础出现悬空、曲率改变、水平方向移动;

(2) 挖方段边坡出现滑移、开裂、垮塌;

(3) 填方段的浆砌片石护坡发生开裂、损坏;

(4) 栈桥墩台倾斜、开裂,支座损坏、栈桥上部结构与下部墩台脱离,发生整体垮塌。

根据马营井田范围 201 带式输送机受开采影响可能发生的危害程度和实际工程条件,研究工作主要围绕以下三个部分技术研究展开:

(1) 挖方段采动边坡加固技术研究;

(2) 跨工作面金龙胶带移动浮桥技术研究;

(3) 1 号钢结构斜拉栈桥技术研究。

完成的主要工作有:

(1) 收集资料:收集了场地及其周围的区域地质、水文地质、工程地质、环境地质资料与马营矿相关采矿资料,马营矿周边采矿地面沉陷观测资料,作为分析评价场地稳定性、地表变形等规律的基础。

(2) 现场调查:对带式输送机机道及开采沉陷可能影响的 1 号栈桥及其周边地区进行多次野外调查。调查内容包括地形地貌、现有的沉陷区地貌、机道边坡、栈桥结构情况。

(3) 完成马营矿 9 煤、11 煤开采地面沉陷初步预计,绘制 9 煤、11 煤工作面开采影响范围和马营输煤专线开采沉陷变形图。

(4) 现场观测:对 9102 工作面前期开采进行了开采沉陷观测,得到了沉陷速率、分布形态等有关参数;对 9102 工作面下沉期间的移动浮桥沉陷情况进行了观测,用于指导移动浮桥回填工作。

(5) 完成挖方段边坡加固技术研究、移动浮桥技术研究以及 1 号栈桥改造加固技术研究。

(6) 根据研究成果,分别完成了边坡加固设计施工图、移动浮桥施工图和 1 号栈桥钢结构斜拉桥设计施工图。

(7) 边坡加固施工、移动浮桥施工和沉陷维护以及 1 号钢结构斜拉栈桥施工及沉陷维护期间,课题组研究人员全程参与现场施工指导。

二、地质环境条件

(一)自然地理

1. 气象水文

项目位于山西省山阴县马营井田范围,井田内地表水系不发育,黄土冲沟内平时干涸无水,仅在雨季有短暂洪水排泄,流量变化大,时间短。由东向西流出井田汇入马营河,井田地表水属于海河流域永定河水系桑干河支水系。

井田属暖温带大陆性气候,春季干旱多风沙,冬季长且寒冷,夏季甚短,降雨多集中在夏末秋初,全年气温变化剧烈。据山阴县气象站资料本区年平均气温为 7.2 ℃,最高气温为 37.9 ℃,最低气温为 −31.6 ℃,年降水量为 397.3 mm,蒸发量为 2 024.6 mm,蒸发量大于降水量,气候干燥。春季干旱无雨,夏季炎热,秋季凉爽,冬季寒冷多风。风向北西,风力为 4~6 级,属于大陆型气候特征。全年无霜期 129 d,冰冻期始于 11 月初,止于来年 3 月下旬,最大冻结深度达 1.34 m。春秋两季多风,一般为西南风和西北风,最大风速可达 21 m/s。

2. 地震

根据《建筑抗震设计规范》(GB 50011—2010)(2016 年版),井田所属地区的地震烈度为 7 度,地震动峰值加速度为 0.10g。历史上有过多次地震记载。

3. 地形地貌

马营井田位于洪涛山脉的西侧,为典型的黄土丘陵地貌,井田内沟谷纵横、梁峁绵延,地形较为复杂,地势总体为南北高中部低,最高点位于井田东北部山梁,海拔 1 661.7 m,最低点位于井田西部边缘沟谷中,海拔 1 515.0 m,高差 146.7 m。

(二)工程地质概况

1. 区域地层

马营井田位于大同煤田南部边缘地带,即国家规划矿区——大同矿区南部边缘。出露的地层有太古界集宁群,古生界的寒武系、奥陶系、石炭系及二叠系,新生界的新近系、第四系。详见区域地层表。

2. 区域构造

本井田位于大同煤田的南部边缘,属于大同向斜的东翼,其西为洪涛山背斜,南为玉井南——黄花梁次级纬向构造带,东为口泉断裂带南段——偏岭断裂带。

大同煤田位于天山—阴山纬向构造带的南侧,西邻吕梁径向构造带的西石山脉,东与大同盆地接壤,南与宁武煤田相邻。

以太古界集宁群片麻岩作为煤田的基底,其上沉积的是寒武系、奥陶系灰岩,在奥陶系灰岩风化剥蚀面之上沉积了石炭系、二叠系含煤岩系。

二叠纪后的印支运动,使其缺失三叠系的沉积。

中侏罗晚期,本井田内和其他地区一样发生了规模巨大的构造运动——燕山运动,致使煤田东南缘地层产生褶曲、直立和倒转,形成了口泉山脉的雏形,这是区内规模最大的一次构造运动。

第三级喜山运动,本区构造应力场发生了重大变化,主要受右旋剪切拉张作用,使煤田东缘的口泉断裂由压性转为张性,逆掩断层的一部分被利用和改造成正断层,在煤田东侧形成大同盆地。

大同煤田主要构造形迹有:侏罗纪末期燕山运动形成的大同向斜及东南缘逆断层,逆掩断层和喜山期形成的口泉山前断裂。大同向斜在煤田中部 NE 向,至煤田东北部则呈 NW 向。

据区域地质资料,在大同煤田北部太原统中有岩浆岩侵入现象。

区域地层见表 4-22。

表 4-22　区域地层表

地层单位				代号	岩性特征	厚度/m	接触关系
界	系	统	组(群)				
新生界	第四系			Q	上部为全新统冲积,砂、砾石、卵石、砂土层;中部为上阶、中阶更新统浅红、浅黄色亚砂土、亚黏土、黏土,夹有砾石层,夹薄层泥岩	0～400	角度不整合
	新近系	上新统		N2	上部为棕红色黏土、砂质黏土及砾石层,顶部为橄榄玄武岩,下部为黏土夹砾岩	0～488	角度不整合

表 4-22(续)

地层单位				代号	岩性特征	厚度/m	接触关系
界	系	统	组(群)				
中生界	白垩系	上白垩统	助马堡组	K2z	灰白、紫红及灰黑色砾岩、砂岩、砂质泥岩和泥岩,局部夹薄层泥灰岩,炭质泥岩及石膏层	50～498	角度不整合
	侏罗系	中侏罗统	大同组	J2d	灰白色长石石英砂岩,灰黄色砂质泥岩夹灰、灰紫色泥岩及煤层,下部为灰黄色长石石英砂岩和含砾石英砂岩	27～417	平行不整合
古生界	二叠系	上二叠统	上石盒子组	P2s	上部为灰紫砂砂质泥岩和灰黄色砂岩;下部为黄绿、灰紫色砂质泥岩和灰白色长石、石英、砂岩	250～300	整合
		下二叠统	下石盒子组	P1x	上部为灰黄色砂质泥岩,黄绿色砂岩;下部为紫红、灰黄色砂质泥岩夹灰绿色砂岩	78～110	
			山西组	P1s	灰白色砂岩,灰-深灰色泥岩、砂质泥岩,夹有煤层	37～80	
	石炭系	上石炭统	太原组	C3t	灰黑色泥岩、砂质泥岩,灰、砂白色砂岩,夹深灰色石灰岩和煤层,底部为含砾砂岩	80～150	平行不整合
		中石炭统	本溪组	C2b	灰色泥岩,铝质泥岩,夹 1～2 层石灰岩,底部为透镜状铁矿层	17～52	
	奥陶系	中奥陶统	马家沟组	O2m	灰色石灰岩,白云质灰岩,夹灰褐色角砾状灰岩和白云岩	217～356	整合
		下奥陶统	亮甲山组冶里组	O1	灰色白云质灰岩,蠕虫状灰岩,白云岩,竹叶状灰岩,顶部为豹皮状灰岩	137～283	
	寒武系	上寒武统		C3	白云岩、白云质灰岩夹薄层灰岩及泥岩,竹叶状灰岩,泥质灰岩,豹皮灰岩	78～266	角度不整合
		中寒武统		C2	鲕状灰岩夹泥质条带状灰岩,竹叶状灰岩和紫红色泥岩	119～371	
		下寒武统		C1	紫红色泥岩,板状灰岩,泥灰岩,红色页岩,夹泥灰岩,砂岩	44～187	
	集宁群			Arjn	黑云矽线榴石钾长石片麻岩	未见底	

三、马营煤矿开采现状及地表沉陷规律

(一)马营煤矿开采情况

马营煤矿井田可采煤层为 4、9、11 号。现按煤层顺序自上而下叙述如下:

(1)4 号煤层

4 号煤层位于太原组顶部,为中厚煤层,厚度为 0.97～2.55 m,平均值为 2.14 m,属于稳定可采煤层。该煤层结构简单,不含夹矸,直接顶板为砂岩、砂砾岩,有时有泥岩伪顶;底板为泥岩、砂质泥岩。井田内该煤层已进行了大片开采。

(2)9 号煤层

9 号煤层位于太原组中部,全区稳定可采,上距 4 号煤层 19.23～33.88 m,平均值为 26.53 m。煤层厚度为 6.75～7.24 m,平均值为 6.95 m。该煤层含夹矸 1～2 层,结构较简

单,直接顶板为砂岩,底板为泥岩、砂质泥岩。井田内该煤层已进行部分开采。

（3）11号煤层

11号煤层全区稳定可采,上距9号煤层5.83～15.95 m,平均值为10.89 m。煤层厚度为0.70～2.78 m,平均值为1.54 m。含夹矸0～2层,结构较简单。直接顶板为泥岩、砂质泥岩,底板为中粗砂岩。

（二）马营煤矿地表沉陷情况

采动区地表受地下采动的影响,发生沉陷,地表移动盆地一般划分成三个边界：

① 移动盆地的最外边界,以地表移动和变形都为0的盆地边界点所圈定的边界。煤炭系统一般取下沉量为10 mm的点为边界点。

② 移动盆地的危险移动边界,以盆地内的地表变形对构筑物有无危害来划分,通常以临界变形值来衡量。目前,我国煤炭系统采用的一组临界变形值为$i=3$ mm/m,$\varepsilon=2$ mm/m,$k=0.2\times10^{-3}$ m^{-1}。

③ 移动盆地的裂缝边界,根据移动盆地最外侧的裂缝圈定的边界,移动盆地的边界通常通过边界角、移动角、裂缝角和松散层移动角等角值参数来圈定。

而与之边界相对应,根据地表变形值和变形特征自移动盆地向中心边缘分为三个区：

① 均匀下沉区（中间区）：盆地中心的平底部分,当盆地尚未形成平底时,该区不存在,区内地表下沉均匀,地表平坦,一般无明显的裂缝。

② 移动区（又称为内边缘区或危险区）：区内地表变形不均匀,变形种类较多,对构筑物的破坏作用较大,如地表出现裂缝时,又称为裂缝区。

③ 轻微变形区（又称为外边缘区）：地表的变形值较小,一般是以构筑物的容许变形值来划分,其外周边界,即移动盆地的最外边界,实际上难以确定,一般是以下沉值10 mm为标准来确定。

马营煤矿采深浅,煤层厚度大,深厚比远小于30,地表发生不连续变形,地表具体特征如下。

（1）地表裂缝

通过现场调查,发现开采工作面上方地表土质干燥,多处出现较宽的裂缝,如图4-65所示。

(a)

(b)

图4-65　地表裂缝

（2）地表塌陷坑

通过现场调查，发现开采工作面上方地表多处出现塌陷坑，如图 4-66 所示。

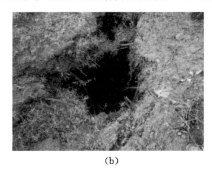

（a）　　　　　　　　　　　　　（b）

图 4-66　地表塌陷坑

（3）台阶

在工作面边界上方易出现台阶状破坏，如图 4-67 所示。

图 4-67　地表台阶

（三）马营煤矿邻近矿区地表移动数据分析

通过对马营煤矿邻近矿区岩移观测数据的分析和总结，可以得到该地段地表下沉规律大致如下。

1. 工作面倾向断面

通过对不同倾向断面的观测数据分析可知：8 月 24 号，观测线 A4-B4-C4-D4-E4-F6 处的下沉量最大，其中 D6 观测点下沉量达到最大值 2.418 m，如图 4-68 所示。

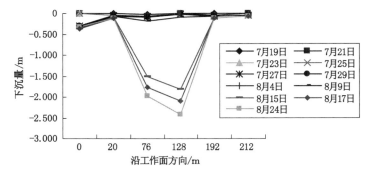

图 4-68　A4-F6 下沉量随时间变化关系曲线

图 4-69 是最大下沉点 D6 随观测时间下沉变化情况。

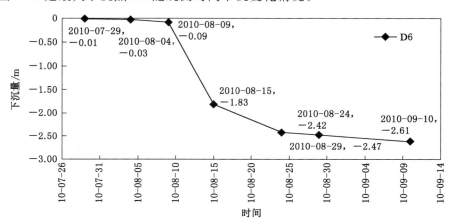

图 4-69   D6 点下沉量随时间变化

由图 4-69 可知:D6 点随着工作面的开采,地表下沉量逐渐增大,从 8 月 9 号开始剧烈下沉,直到 8 月 24 日下沉基本稳定,历时 16 天。将此 16 天定义为剧烈下沉期。到 7 月 31 号左右下沉量达到 10 mm,成为破坏边界点,其中开采工作面距 D6 点大概 60 m 左右。

2. 工作面走向断面

图 4-70 是沿开采轴线方向 D-D13 号观测点在 8 月 24 日观测的下沉情况。

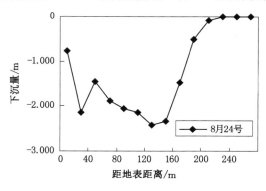

图 4-70   开采轴线方向 D-D13 号观测点下沉情况

由图 4-70 可以看出:工作面走向断面上,当工作面距离地表测点 60～70 m 的位置,地表开始下沉,当工作面距地表测点水平方向 170 m 左右时,地表下沉量达到最大。具体表示形式如图 4-71 所示。

(四)马营煤矿地表变形的初步预计

根据马营煤矿以往开采造成的地表变形特征和邻近煤矿的地表移动规律,对马营煤矿地表沉陷进行初步预计。马营煤矿 9102 工作面先行开采,工作面走向长度约 1 150 m、倾斜长度约 170 m、煤层厚度约 6.2 m;9103 工作面走向长度约 1 380 m、倾斜长度约 178 m、煤层厚度约 6.2 m,煤层倾角 $\alpha = 3°$。用全部垮落法管理顶板,采用概率积分法计算。

概率积分法是基于随机介质理论的一种预计方法。因其算法简单、结果可靠,目前已成

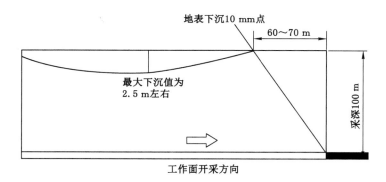

图 4-71　工作面下沉量与距地表距离的关系

为我国较为成熟的、运用最广泛的预计方法之一。

地表移动盆地内任意点、任意方向的移动与变形预计如下：设 i 为回采工作面中的任意一个单元，坐标为 (x, y, z)，单元开采引起空间任意点 $A(X, Y, Z)$ 下沉。

煤层水平时：

$$w_i(X, Y, Z) = \frac{1}{r_z^2} \mathrm{e}^{-\pi \frac{(X-x)^2 + (Y-y)^2}{r_z^2}} \qquad (4\text{-}13)$$

式中　　$r_z = r(Z/h)^2$；

　　　　r——主要影响半径；

　　　　z——煤层顶板至计算平面的高度；

　　　　h——开采深度；

　　　　n——系数，一般取 $0.5 \sim 0.9$。

若煤层倾斜，倾斜角为 α，开采范围为 L，宽度为 B，则有：

充分采动时：

$$w_{\max} = qm \cos \alpha \qquad (4\text{-}14)$$

非充分采动时：

$$w_{\max} = qm \cos \alpha \sqrt{n_1 n_2} \qquad (4\text{-}15)$$

式中　　$w_{\max}$——充分采动时的最大下沉值，mm；

　　　　m——采高，m；

　　　　α——煤层倾角；

　　　　q——下沉系数，与岩性等有关；

　　　　n_1, n_2——采空区沿倾斜方向和走向方向的采动系数，均小于 0，如果大于 0，则采动充分。

$$w_i(X, Y, Z) = w_{\max} \int_0^L \int_0^B \frac{1}{r_z} \mathrm{e}^{-\pi \frac{(X-x)^2 + (Y-y)^2}{r_z^2}} \mathrm{d}x \mathrm{d}y \qquad (4\text{-}16)$$

地表 $A(X, Y, Z)$ 沿 φ 方向的倾斜 $i(X, Y, \varphi)$ 为下沉在 φ 方向上单位距离的变化率，即

$$i(X, Y, \varphi) = \frac{\partial w(X, Y)}{\partial \varphi} = \frac{\partial w(X, Y)}{\partial X} \cos \varphi + \frac{\partial w(X, Y)}{\partial Y} \sin \varphi \qquad (4\text{-}17)$$

地表 $A(X, Y, Z)$ 沿 φ 方向的曲率 $k(X, Y, \varphi)$ 为下沉曲面的倾斜 $i(X, Y, \varphi)$ 在 φ 方向上单位距离的变化率，即

$$k(X,Y,\varphi) = \frac{\partial i(X,Y,\varphi)}{\partial \varphi} = \frac{\partial i(X,Y,\varphi)}{\partial X}\cos\varphi + \frac{\partial i(X,Y,\varphi)}{\partial Y}\sin\varphi \qquad (4\text{-}18)$$

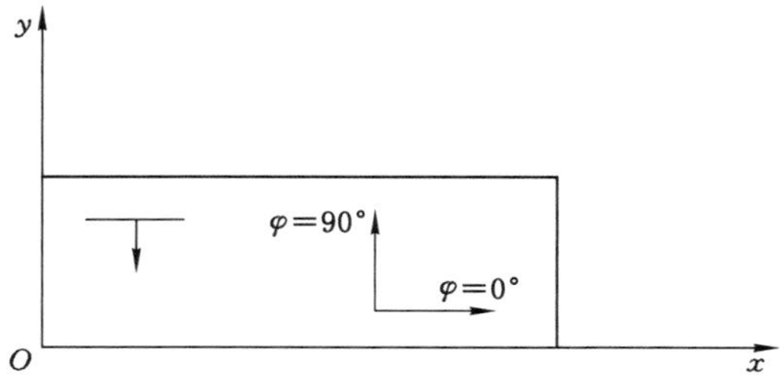

图 4-72 φ 方向的确定

地表的水平移动与倾斜成正比关系,则:

$$u(X,Y,\varphi) = \lambda_{ri}(X,Y,\gamma) \qquad (4\text{-}19)$$

$$\varepsilon(X,Y,\kappa) = \lambda_{rk}(X,Y,\varphi) \qquad (4\text{-}20)$$

式中 λ ——水平移动系数,$\lambda = 0.2 \sim 0.4$,一般取 0.3。

式(4-18)至式(4-20)属于地表变形的动态预计,为了方便得到最后的变形曲线,对最大值进行计算,计算公式为:

最大倾斜值:

$$i_{\max} = \frac{W_{\max}}{r} \qquad (4\text{-}21)$$

最大曲率值:

$$K_{\max} = 1.52\frac{W_{\max}}{r^2} \qquad (4\text{-}22)$$

最大水平位移:

$$U_{\max} = \lambda W_{\max} \qquad (4\text{-}23)$$

最大水平变形值:

$$\varepsilon_0 = 1.52\frac{\lambda W_{\max}}{r} \qquad (4\text{-}24)$$

由于本矿区没有实测资料的经验参数,因此只能有根据附近地区的下沉情况和本矿以往开采的下沉情况进行预测。该地区属于黄土覆盖区,此次 9 煤和 11 煤开采又属于再次扰动,所以下沉系数会比一般黄土覆盖区的初次采动更大,下沉系数可达到 1.0。为了安全起见,初步预计过程中下沉系数取 1.0,$\tan\beta = 2.5$,$\lambda = 0.3$。由以上公式可得到煤层开采后的最大地表移动值,见表 4-23。

表 4-23 煤层开采最大地表移动值

煤层	最大下沉量 /m	最大倾斜值 /(mm/m)	最大曲率值 /(mm/m²)	最大水平位移 /mm	最大水平变形值 /(mm/m)
9 号煤层	6.2	155	5.89	1 860	0.07
11 号煤层	1.54	34.7	1.19	462	0.019

地表变形曲线如图 4-73 至图 4-75。

图 4-73 地表变形最终空间示意图

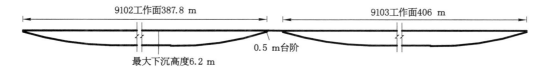

图 4-74 9 号煤层工作面开采后沿胶带走向方向地表变形曲线

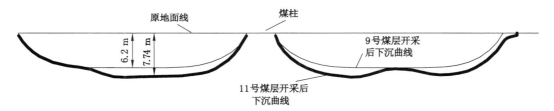

图 4-75 11 号煤层工作面开采后沿胶带方向地面下沉曲线

（五）马营煤矿胶带输送机伸长量计算

由于 9 号煤层的开采，地表发生下沉变形，使得胶带输送机也会随着地表的下沉而变形，由于胶带输送机是一带状物且具有良好的整体连接线，所以胶带输送机在地表变形范围内会发生连续变形，且呈平滑的弧状，而在马营煤矿 9102、9103 两个综采工作面之外变形很小，可以忽略不计，具体情况如图 4-76 所示。

图 4-76 胶带输送机变形前后对比图

胶带变形前：9102 工作面上方胶带的平面长度大约为 $170/\sin 26° = 387.8$ m，9103 工作面上方胶带的平面长度大约为 $178/\sin 26° = 406.05$ m。

胶带变形后：9102 工作面上方胶带变形后的长度大约为 389 m，9103 工作面上方胶带变形后的长度大约为 407.3 m。

9号煤层开采胶带伸长总量为2.45 m。后期11号煤层开采,由于煤层厚度小,全线胶带伸长量约为1.5 m,具体情况见表4-24。

表 4-24　胶带伸长量

工作面	胶带伸长量/m
9102	1.2
9103	1.25
11号煤层	1.5
总计	3.95

经胶带变形前后长度差计算可知:胶带变形后总伸长量为3.95 m,但胶带变形过程中还会受到其他因素的影响,所以为了安全起见,在对运输胶带进行改进时,应改造成可伸缩胶带,建议胶带可伸缩长度:9煤开采为2.5 m,11煤开采为1.5 m,总伸缩量为4.0 m。

(六)影响工作面情况

马营井田9煤有3个工作面影响201带式输送机,分别是9102、9103和9104工作面。11煤也有3个工作面影响201带式输送机,分别是11207、11101和11102工作面。近期开采的9102和9103工作面与201带式输送机斜交,机道轴线与工作面走向交角约为30°,后期开采的其他工作面也与201带式输送机斜交,如图4-77所示。

本项目研究主要考虑马营矿近期开采的9102、9103两个综采工作面和后期开采的9104、11207、11101和11102工作面对金龙输煤专线的开采沉陷影响。其中9102工作面先行开采,工作面走向长度约1 150 m、倾斜长度约170 m、煤层厚度约6.2 m;之后是9103工作面开采,工作面走向长度约1 380 m、倾斜长度约178 m、煤层厚度约6.2 m。

(七)输煤专线开采沉陷影响范围

根据对五家沟矿岩移观测资料的分析,初步确定工作面开采沉陷对输煤专线影响范围为DK0+270.00—DK1+580.00,总长度约为1 310 m。在此范围内,输煤专线共有4种形式。

(1)填方段

有两段。第一段为DK0+270.00—DK0+475.40,长度为205.4 m;第二段为DK0+870.00—DK1+055.00,长度为185 m。填方段总的长度为390.4 m。

(2)零填地面段

位于DK0+475.4—DK0+870.00,DK1+055.00—DK1+110,长度为449.6 m。

(3)栈桥

位于DK0+378.19带式输送机栈桥一座,长度约52.66 m。

(4)挖方段

带式输送机挖方段处理范围从DK1+110—DK1+580,总长470 m。

(八)金龙胶带受开采影响动态预计

根据对邻近的五家沟矿岩移观测资料的分析,确定马营矿9煤工作面开采造成的地面剧烈下沉期为16 d,即地面从开始大幅度下沉到基本沉稳时间跨度为16 d。根据矿方提供的资料,9102工作面推进速度确定为5 m/d,9102工作面开始影响金龙胶带的时间为2011

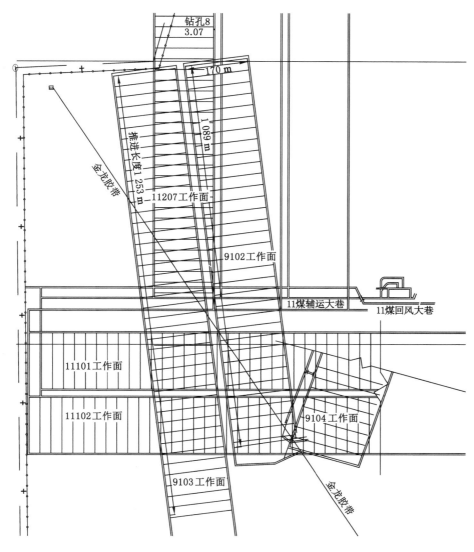

图 4-77　马营矿影响 201 胶带运输机工作面

年 3 月 1 日。由以上参数确定的金龙胶带受 9102 工作面影响动态变化情况如图 4-78 所示。

由图 4-78 可知:9102 工作面对金龙胶带的剧烈影响时间从 3 月 1 日开始,约到 5 月 20 日结束。按照地面影响剧烈下沉周期,将金龙胶带分为 4 段,每段长约 90 m,该长度为分段进行抬升加固方案确定分段长度的依据。考虑可能产生的二次下沉,最终实施加固长度为 200 m＋200 m,即 400 m。

(九)地表沉陷现场实测研究

为了获得地面沉陷速率和其他沉陷参数,对 9102 工作面上方地表点开展了半个月的连续密集观测,以期获取该区域地表点下沉速度变化规律,为胶带抗变形设计和编制采动影响期间的变形调整和维修措施设计提供科学依据。

图 4-78 金龙胶带受 9102 工作面影响动态示意图

课题组在 9102 工作面中部上方地表布置了 6 个监测点,采用 TCA2003 高精度测量机器人进行密集监测(监测周期约 0.5 h),共监测 15 d,获取了该区域地表点的最大瞬时下沉速度。

1. 监测方案

本次地表沉陷监测目的是获取马营煤矿 9102 工作面开采过程中的瞬时下沉速度,为其上方的金龙胶带抗变形设计和调整维修提供技术依据。

9102 工作面走向长 1 150 m,倾斜长 170 m,煤层厚度平均值为 6.2 m,平均倾角为 3°,采用综放开采法一次采全高,日推进距离为 1.0～4.5 m。根据矿方提供的 9102 工作面推进进尺,在工作面正上方和前方主断面上布置了 6 个地表移动监测点,同时在采动影响区外布置了 3 个参考点,具体测点布置如图 4-79 所示。

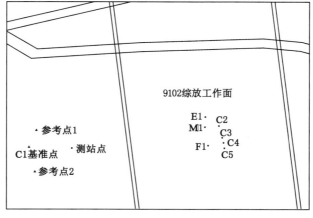

图 4-79 测点布设位置

地表点沉陷监测采用假定坐标系,根据 TCA2003 直接获取监测点的坐标计算出各监测点的空间位置变化,监测周期约为 30 min。

2. 地表沉陷监测外业

按设计方案对 9102 工作面上方地表点空间位置进行监测,自 2011 年 3 月 23 日开始第一次监测,至 2011 年 4 月 12 日结束,共监测 15 天;监测时段自每天上午 9 点至下午 6 点,共 9 h。

外业监测前对测量机器人进行对中误差、轴系误差等多项检查,保证仪器限差符合规范要求。测量仪器高,采用钢尺量距,测量 3 次,控制误差在 1 mm 以内。同时每天首次、末次监测均对参考点、基准点进行监测,以判断基准点、参考点、测站点的稳定性。测点坐标监测采用方向法,各监测点坐标取盘左、盘右观测结果的平均值,同时有效控制球气差的影响。

(a)   (b)

图 4-80 现场观测情况

3. 观测结果分析

由于矿方生产方面的原因,9102 工作面实际日推进距离不等,正常情况下为 4～5 m,但监测过程中有几天处于停产状态。通过监测结果分析可知:截至 4 月 12 日下午监测结束,M1 点基本经历了整个下沉过程,基本达到稳定状态,其他各点均未达到最大下沉量。因此着重就 M1 点下沉监测曲线进行分析。图 4-81 为 M1 点的下沉时间过程曲线。

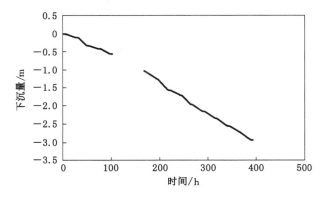

图 4-81 M1 点下沉时间过程曲线

由图 4-81 可以看出:M1 点基本经历了开始下沉、缓慢下沉、加速下沉等阶段,截至监测结束,最大下沉量达 2.93 m。

根据监测获取的 M1 点下沉量,可进一步求出 M1 点的下沉速度(间隔时间为 24 h),计算结果如图 4-82 所示。

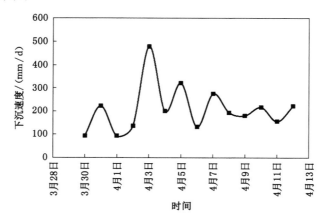

图 4-82　M1 点下沉速度曲线(时间间隔 24 h)

由图 4-82 可以看出:监测期间地表下沉变化较大,其主要原因是地下开采工作面推进速度在该区间变化较大。实测日最大下沉速度发生在 4 月 3 日下午 5 时至 4 月 4 日下午 5 时,24 h 实测总下沉量为 480 mm,即 24 h 平均下沉速度为 480 mm/d,这是整个监测期间观测到的最大日平均下沉速度。

由于连续监测工作主要在白天进行,实测得到半小时间隔瞬时下沉速度最大值为 24 mm/h,发生在 4 月 4 日下午 4 时 30 分附近,30 min 时间段内最大下沉量为 12 mm。对比 4 月 3 日至 4 月 4 日的观测结果,推测实际最大瞬时下沉速度应该发生在 4 月 3 日夜间,瞬时最大下沉速度应该远大于 24 mm/h。

根据矿方提供的推进速度,4 月 1 日至 4 月 4 日推进了 13.4 m,日平均推进 4.5 m,即在日推进 4.5 m 的条件下,最大日平均下沉速度为 480 mm/d。

大量开采沉陷实测结果表明:最大下沉速度与工作面推进速度、工作面采高、工作面长度等因素有关,相应给出了一些经验公式。

公式 1:

$$v_{max} = K \frac{w_{max} v}{H} \tag{4-25}$$

公式 2:

$$v_{max} = K \frac{m D_1 v \cos \alpha}{H} \tag{4-26}$$

式中　　K——系数;

　　　　m——煤层开采高度;

　　　　v——工作面推进速度;

　　　　α——煤层倾角;

　　　　D_1——采空区斜长;

　　　　w_{max}——本工作面最大下沉量。

以实测的间隔 24 h 的平均下沉速度 480 mm/d 为最大下沉速度,根据该区域的工作面地质采矿条件,求出相应系数。并以此为依据,进一步计算出不同推进速度时每天的最大下沉速度。计算结果表明:当日推进速度为 2.4 m/d 时,日平均下沉速度为 256 mm/d,即日总下沉量约 256 mm;当日推进速度为 7.2 m 时,日平均下沉速度为 768 mm/d,日总下沉量可达到 768 mm。

（十）小结

（1）采用 TCA2003 测量机器人对 9102 工作面上方的 7 个观测点进行观测周期约为 30 min、长达 15 日的密集长时监测,其中最大下沉点 M1 点的实测累计下沉量达到 2.93 m。

（2）实测研究发现:地表下沉动态过程与地下工作面采煤生产进度密切相关。地下工作面开始推进放顶后,工作面上方地表将迅速进入下沉活跃阶段。该采煤工作面采用早班检修、中班晚班采煤生产的三班制,地表实测下沉速度也表现为上午下沉速度较小,下午和晚上下沉速度较大。

（3）处于充分采动区的 M1 监测点,实测得到白天的瞬时最大下沉速度为 24 mm/h,发生在 4 月 4 日下午 4 时至 5 时。当计算间隔时长取 24 h 时,观测到的日最大平均下沉速度为 480 mm/d,发生在 4 月 3 日下午 5 时至 4 日下午 5 时。此时工作面推进速度约为 4.5 m/d;实际瞬时最大下沉速度发生在晚上。

（4）在地质采矿条件一致的条件下,地表点最大下沉速度仅与工作面推进速度有关。采用 M1 点的实测数据,推算出工作面推进速度为 2.4 m/d 时,地表点最大平均下沉速度为 10.67 mm/h,日总下沉量为 256 mm;当工作面推进速度为 7.2 m/d 时,地表点最大平均下沉速度为 32 mm/h,日总下沉量为 768 mm。

（5）当工作面推进至带式输送机附近时,调整工作面工作时间为早、中班生产,晚班检修,以使地表最大下沉速度发生在白天,便于带式输送机变形监测和变形控制。适当控制工作面推进速度在 3.0 m/d 以下,以便有效控制带式输送机的变形速度和每次变形调整量,确保采动影响期间胶带的正常运行。

四、挖方段边坡加固技术研究

（一）挖方段边坡锚索(杆)加固防护技术研究

1. 挖方段工程简介

201 胶带输送机挖方段处理范围为 DK1+110—DK1+580,总长 470 m,纵断面如图 4-83 所示,其中 DK1+110—DK1+250 会受到 9102 工作面煤层开采的影响,DK1+110—DK1+580 整段受到 11 号煤层开采的影响。

原设计边坡坡度约为 1:1,边坡没有进行任何防护处理,具体情况如图 4-84 所示。

挖方段边坡高度为 20 m 左右,属于高边坡,受到煤层开采扰动时,很容易引发边坡开裂、垮落、滑坡等严重破坏,如图 4-85 所示。

在工作面开采工程中,要保证边坡保持稳定,不危害胶带运输机的正常工作,就必须对边坡进行加固和防护处理。针对挖方段工程实际,设计了锚索加固边坡岩体,锚杆+金属网防护的挖方段抗采动变形治理技术方案。

2. 挖方段边坡受采动影响稳定性研究

（1）基本原理

强度折减法中边坡稳定安全系数定义为:使边坡刚好达到临界破坏状态时,对岩、土体

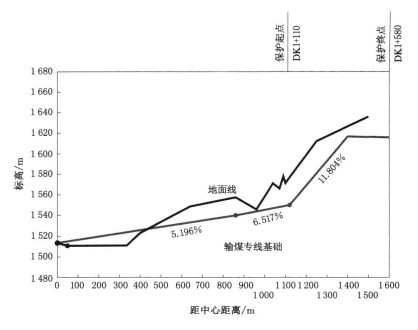

图 4-83　挖方段处理范围纵断面图

(a)　　　　　　　　　　　　　　　　　(b)

图 4-84　挖方段边坡情况

图 4-85　边坡破坏示意图

的抗剪强度进行折减的程度,即定义安全系数为岩土体的实际抗剪强度与临界破坏时的折减后剪切强度的比值。计算采用有限差分软件 FLAC3D,能够进行土、岩石和其他材料的三维结构受力特性模拟和塑性流动分析。调整三维网格中的多面体单元来拟合实际结构。单元材料可采用线性或非线性本构模型,在外力作用下,当材料发生屈服流动后,网格能够相应发生变形和移动(大变形模式)。FLAC3D 采用的显式拉格朗日算法和混合-离散分区技术能够非常准确发挥模拟材料的塑性破坏和流动。由于无须形成刚度矩阵,因此,基于较小内存空间就能够求解大范围的三维问题。

(2) 计算模型

模型几何尺寸及模型网格划分如图 4-86 所示。

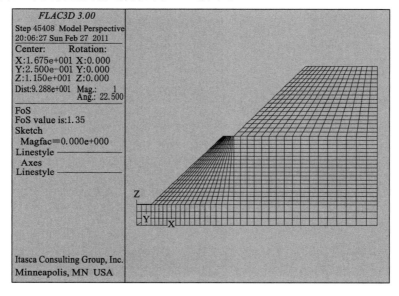

图 4-86　模型网格划分图

模型高 23 m,宽 33.5 m,厚为 0.5 m,并对模型所有节点的 y 轴方向速度进行约束,以便等效进行平面应变分析。计算所用的物理力学参数考虑了开采扰动影响,将力学指标做了适当降低,具体取值见表 4-25。

表 4-25　物理参数表

密度/(kg/m³)	体积模量/MPa	剪切模量/MPa	黏聚力/kPa	摩擦角/(°)
2 000	100	30	0.1	35

(3) 计算结果

剪切应变增量云图如图 4-87 所示。节点的速度矢量图如图 4-88 所示。

从剪切应变增量云图中可以明显看到塑性贯通区域,即潜在滑动面,速度矢量图更有力佐证了这一判断:在滑动面外侧区域的各节点速度明显大于其他区域,说明这个区域已经出现明显滑动,即发生了破坏。根据剪切应变增量云图,可确定边坡滑动面与水平面之间的夹角为 30°。

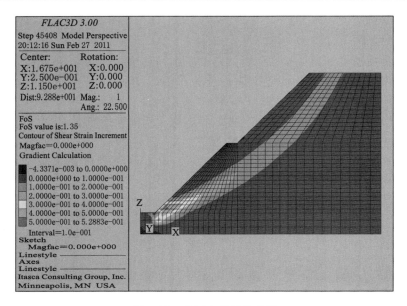

图 4-87　剪切应变增量云图

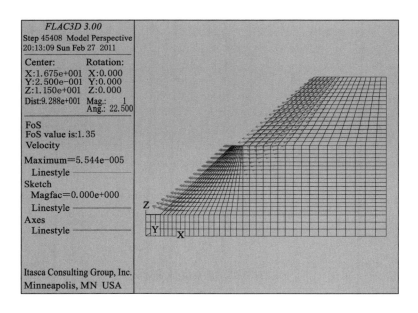

图 4-88　速度矢量图

3. 挖方段边坡加固后稳定性研究

挖方段边坡为 2 段台阶边坡,边坡坡度约为 1:1,台阶高度约为 10 m,滑动面与水平面夹角为 30°。

选用 3S15.2 锚索,长度为 20 m。锚索每台阶布置 1 排,上排布置距坡顶 4 m 左右,下排布置在台阶下 4 m 处,锚索坡面水平间距为 6 m,锚索与水平面夹角为 25°。

锚索孔直径为 130 mm,采用 M40 水泥砂浆进行全长灌注。

锚索采用 C35 制作的钢筋混凝土十字面板锚固,锚索布置如图 4-89 所示。锚索构造如图 4-90 所示。十字板构造如图 4-91 所示。

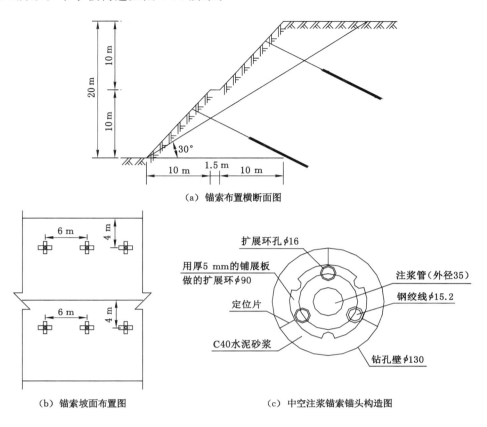

（a）锚索布置横断面图

（b）锚索坡面布置图

（c）中空注浆锚索锚头构造图

图 4-89　锚索布置横断面图

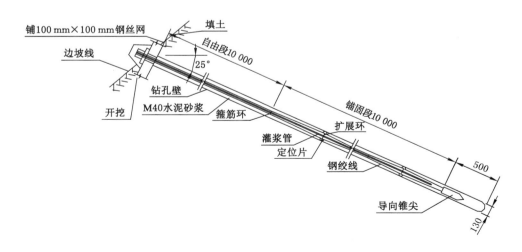

图 4-90　锚索构造图

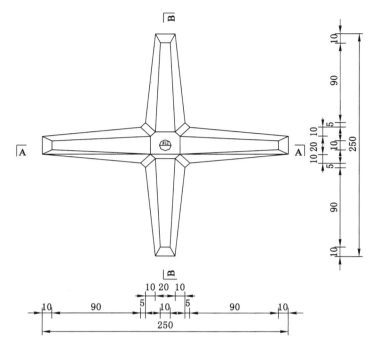

图 4-91　十字板构造图

采用岩土专用软件计算得到：

岩体重力：2 455.4(kN)；

锚(索)1 抗力：89.6(kN)；

锚(索)2 抗力：89.6(kN)；

结构面上正压力：2 150.9(kN)；

总下滑力：1 210.6(kN)；

总抗滑力：2 441.8(kN)；

安全系数：2.017。

满足规范要求。

4. 挖方段边坡锚网防护设计

为了防止挖方段边坡在采动下沉过程中局部岩体脱落危及金龙胶带安全,采用锚杆＋金属网防护处理,如图 4-92 所示。

在挖方路段,输煤专线两侧的边坡采用间距为 3 m 的网格型布置进行加固,锚杆长度为 6 m,直径为 22 mm,锚杆与水平面夹角为 25°。

锚杆孔直径为 28～30 mm,锚固段长 1.5 m,采用 0.5 m 长 Z2350 树脂药卷 3 卷进行锚固。锚杆采用钟形锚杆托盘。

防护网主要是金属网,可采用 12# 铁丝编制的方格网或菱形网,金属网的网孔尺寸可取 100 mm×100 mm。

锚杆构造如图 4-93 所示。

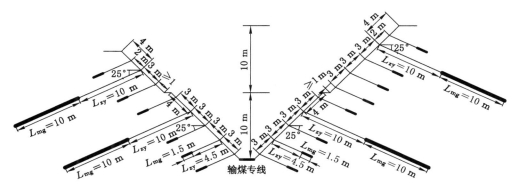

(a) 挖方横断面锚杆布置图

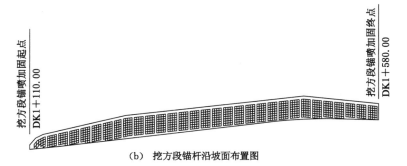

(b) 挖方段锚杆沿坡面布置图

图 4-92 挖方段锚杆防护示意图

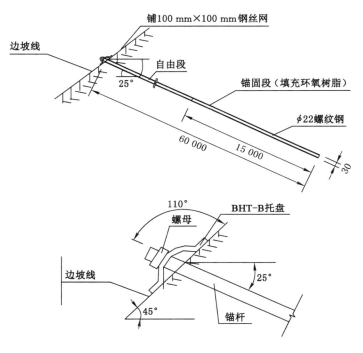

图 4-93 锚杆构造图

（二）工程实施

挖方段边坡加固工程从 2011 年 6 月 16 日开始，9 月 20 日结束。现场施工情况如图 4-94 所示。施工完成的边坡如图 4-95 所示。

图 4-94　边坡加固施工

图 4-95　完成加固的挖方段边坡

(c)

图 4-95（续）

第四节　采动区煤矿主井立架加固技术

一、修订说明

根据淮南矿业（集团）有限责任公司丁集煤矿主井立架加固改造工程初步设计评审会上与会人员提出该矿主井井筒表土段采用冻结法施工，目前井筒周围已产生冻融沉降。根据矿方提供的主井井架下沉观测资料，对地面下沉情况进行研究，发现：下沉持续时间较长，下沉量增长较快，由于井下施工方法及地质条件等可变因素较多，具体下沉量和下沉速度无法预估，基础下沉程度不可控制。

据此，对原初步设计说明书中的设计方案一进行详细计算，施加支座位移后，加固结构对原有结构产生了较大的附加内力，造成原有结构局部节点破坏，新加结构不仅未起到加固作用，还会对原有立架结构造成不利影响。设计方案一所提出的顶升方法理论上是可行的，但是在具体操作过程中需对结构下沉过程中进行不间断实时监测。顶升作业需要根据监测结果实时进行，必须保证顶升作业是及时、实时、连续的，否则就会对原有立架造成破坏，而实际工作中，几乎不可能做到实时、连续顶升，因此立架被破坏的潜在风险较大，故将原设计方案进行修订，综合考虑方案一与方案三，提出以下修订方案。

二、加固改造设计

（一）设计标准和依据

（1）《钢结构设计规范》（GB 50017—2017）；

（2）《建筑结构荷载规范》（GB 50009—2012）；

（3）《矿山井架设计标准》（GB 50385—2018）；

（4）《建筑抗震设计规范》（GB 50011—2010）（2016 年版）；

（5）《建筑地基基础设计规范》（GB 50007—2011）；

（6）淮炉煤电有限公司丁集矿井主井立架施工图（2005）。

（二）加固桁架设计

加固桁架立体图如图 4-96 所示。

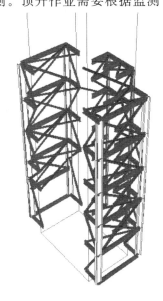

图 4-96　加固桁架立体图

1. 材料

桁架立柱和横梁采用热轧工字钢,斜撑采用双角钢十字形焊接,桁架构件见表 4-26。

表 4-26 加固桁架材料表

杆件	规格	材质
横梁	I32a	Q235
斜撑	角钢 100×8	Q235
立柱	H400×200×8×12	Q235

2. 连接

加固桁架立柱下端固定,新立架与旧立架采用长条螺栓连接。其余各杆件连接均采用 10.9 级高强螺栓摩擦型连接。

3. 加固桁架基础设计

(1)设计参考规范及依据

《建筑地基基础设计规范》(GB 50007—2011);

《混凝土结构设计规范》(GB 50010—2010)(2015 年版);

《建筑抗震设计规范》(GB 50011—2010)(2016 年版);

《建筑结构荷载规范》(GB 50009—2012)。

(2)基础材料及类型

采用矩形基础,基础混凝土等级:C25,抗压强度 $f_c=11.9$ MPa,抗拉强度 $f_t=1.27$ MPa。钢筋等级:HRB335,强度设计值 $f_y=300$ MPa,纵筋合力点至近边距离 $a_s=50$ mm。

(3)荷载计算

基础自重和上部土重如下:

基础混凝土的容重:

$$\gamma_c=25.00 \text{ kN/m}^3$$

基础顶面以上土的容重:

$$\gamma_s=18 \text{ kN/m}^3$$

基础及以上土重:

$$G_k = V_{jc} + [A \cdot d - V_{jc} - B_c \cdot H_c \cdot (d-h)] \cdot \gamma_s = 180.685 \text{ (kN)}$$
$$G = 1.2 \times G_k = 216.822 \text{ (kN)}$$

荷载:

$$M_x = 40.16 \text{ kN} \cdot \text{m}, M_y = 40.16 \text{ kN} \cdot \text{m}, V_x = 15.22 \text{ kN}, V_y = 15.22 \text{ kN}$$
$$F_k = (N + F'_x + F'_y)/\gamma_z = (558.53 + 0 + 0)/1.3 = 429.638 \text{ (kN)}$$
$$M_{kx} = (M'_x - V_y \cdot H - F'_y \cdot a'_y)/\gamma_z = (40.16 - 15.22 \times 1 - 0 \times 0)/1.3$$
$$= 19.185 \text{ (kN} \cdot \text{m)}$$
$$M_{ky} = (M'_y + V_x \cdot H + F'_x \cdot a'_x)/\gamma_z = (40.16 + 15.22 \times 1 + 0 \times 0)/1.3$$
$$= 42.600 \text{ (kN} \cdot \text{m)}$$

(4)地基承载力计算与基础验算

① 承载力设计值。

$$f_a = f_{ak} + \eta_b \gamma (b - 3) + \eta_d \gamma_m (d - d_1 - 0.5)$$

$$f_a = 120 + 1 \times 20 \times (1.5 - 0 - 0.5) = 140 \text{ (kPa)}$$

$$f_{aE} = \xi_a f_a$$

$$f_{aE} = 1 \times 140 = 140 \text{ (kPa)}$$

② 轴心荷载作用下验算。

$$p_k = (F_k + G_k + Q_k)/A$$

$$p_k = (429.638 + 180.685 + 0.000)/6.000 = 101.721 \text{ (kPa)} \leqslant 140 \text{ (kPa)}$$

满足要求。

③ 偏心荷载作用下验算。

单向偏心荷载作用下公式：

$$p_{kmax} = (F_k + G_k + Q_k)/A + M_k/W$$

$$p_{kmin} = (F_k + G_k + Q_k)/A - M_k/W$$

当基底出现拉力区时：

$$P_{kmax} = 2 \times (F_k + G_k) l/(a/3)$$

双向偏心荷载作用下公式：

$$p_{kmax} = (F_k + G_k + Q_k)/A + M_{kx}/W_x + M_{ky}/W_y$$

$$p_{kmin} = (F_k + G_k + Q_k)/A - M_{kx}/W_x - M_{ky}/W_y$$

当基底出现拉力区时，p_{kmax} 按与 $F_k + G_k + Q_k$ 等值原则进行修正。

④ 基础冲切验算：

$$F_{lr} r_{RE} \leqslant 0.7 \beta_{hp} f_t a_m h_0$$

式中　　r_{RE}——承载力抗震调整系数，当有地震参与时取 0.85，其他取 1.0。

$$h_0 = h - a_s$$

$$a_m = (a_t + a_b)/2$$

$$a_{bx} = \text{Min}(l, a_{tx} + 2h_0)$$

$$a_{by} = \text{Min}(b, a_{ty} + 2h_0)$$

$$F_l = p_j \cdot A_l$$

$$A_{lx} = (b - a_{by}) \times l/2.0 - (l - a_{bx})(l - a_{bx}b)/4.0$$

$$A_{ly} = (l - a_{bx}) \times b/2.0 - (b - a_{by})(b - a_{by})/4.0$$

$$p_j = \gamma_z (P_{kmax} - G_k/A)$$

柱底边冲切面验算：

$$\beta_{hp} = 0.98, h_0 = 0.95 \text{ (mm)}$$

$$a_{tx} = H_c = 0.4 \text{ (m)}, a_{bx} = 2.3 \text{ (m)}, a_{mx} = 1.35 \text{ (m)}$$

$$a_{ty} = B_c = 0.4 \text{ (m)}, a_{by} = 2 \text{ (m)}, a_{my} = 1.2 \text{ (m)}$$

满足要求。

⑤ 柱下局部受压承载力验算：

$$F_l \leqslant \omega \beta_l f_{cc} A_l$$

混凝土局部受压面积为 0.160 m^2，$\beta_l = 1.250$。

局部受压时的计算底面积：

$$A_b = (H_c + 2c)(B_c + 2c) = 0.25 \ (\text{m}^2)$$

$\omega\beta_1 f_{cc} \cdot A_1 = 1.0 \times 1.250 \times 0.85 \times 11.900 \times 0.160 = 2\,023.000 \ (\text{kN}) \geqslant F_1 = 558.530 \ (\text{kN})$

满足要求。

(三)基础抗下沉变形设计

由于矿区抽水,地表随着时间的增加逐渐下沉,为保证立架的安全使用,需保证立架柱底标高保持不变。因此对新加固桁架立柱进行抗下沉变形设计。

基础预埋长螺栓,预理深度满足规范要求。将立柱柱脚安装可顶升装备,并与基础预埋长螺栓连接,待下沉超过设计高度,进行立柱顶升,保证立架的安全使用。

(四)局部加固改造设计

1. 锁口梁加固

将底框梁与锁口梁全断面加竖向支撑,具体设计如下:AE 侧、BF 侧底框梁和锁口梁之间加竖向支撑,支撑采用 I50a 型钢,与底框梁和锁口梁焊接,采用角焊缝满焊。AB 侧、EF 侧底框梁和最下部横梁之间加竖向支撑,支撑采用 I32a 型钢,支撑上下端与对应杆件焊接,采用角焊缝满焊。支撑具体布置如图 4-97 所示。

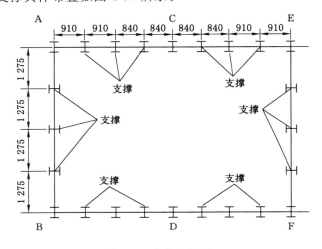

图 4-97　支撑布置图

2. 立柱加固

A 柱、B 柱、E 柱和 F 柱外侧加管桁架柱。管桁架柱宽 2 m,柱高为 20 m;桁架柱与原立柱采用摩擦性高强螺栓连接;桁架立柱、斜撑和横梁采用热轧圆钢,桁架构件见表 4-27。

表 4-27　加固桁架材料表

杆件	规　格	材质
横梁	圆钢 180×10	Q235
斜撑	圆钢 180×10	Q235
立柱	圆钢 245×20	Q235

具体结构尺寸如图 4-98 至图 4-100 所示。

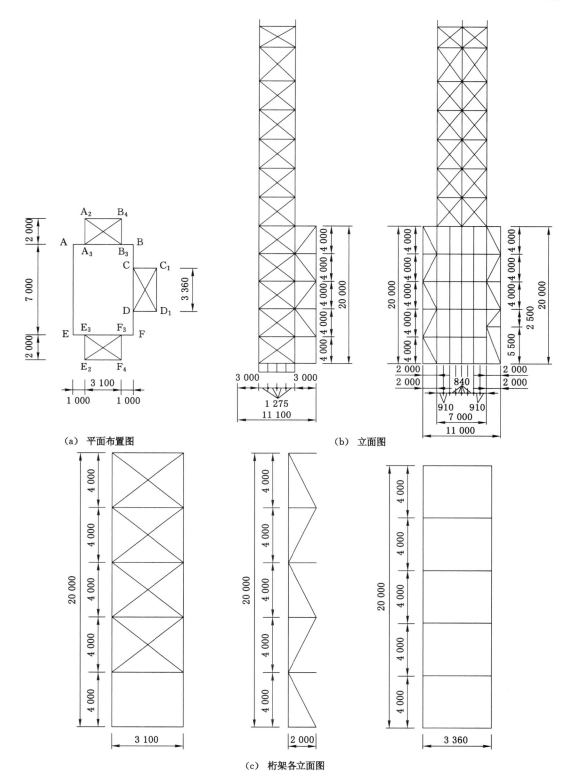

（a）平面布置图 （b）立面图

（c）桁架各立面图

图 4-98 加固桁架设计图

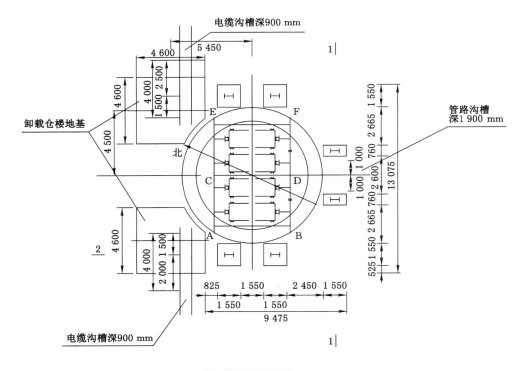

(a) 基础平面布置图

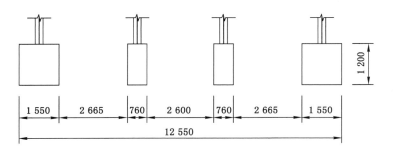

(b) 1-1剖面图

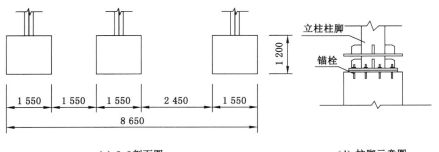

(c) 2-2剖面图　　　　　　　　　(d) 柱脚示意图

图 4-99　加固桁架基础设计图

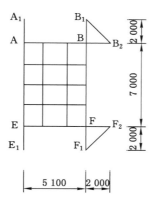

（a） 加固桁架平面布置图

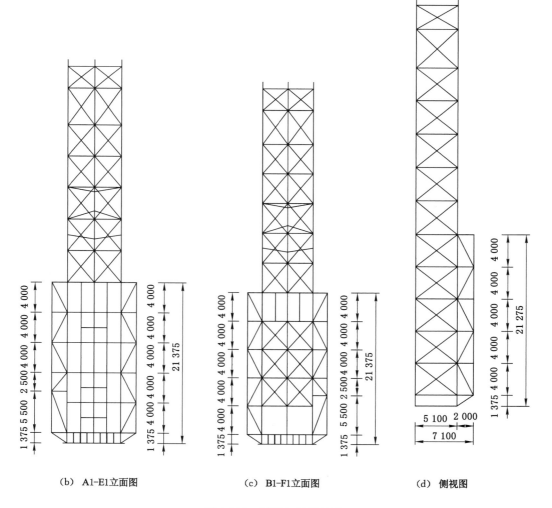

（b） A1-E1立面图 　　　　（c） B1-F1立面图 　　　　（d） 侧视图

图 4-100　局部加固设计图

3. 长细比不满足设计要求杆件加固

对长细比不满足设计要求的立柱,相应区段添加横梁。横梁采用I50a,与原立柱采用高强摩擦型螺栓连接,见表4-28。

表 4-28　长细比加固杆件

杆件编号	长细比不满足要求	加固位置/mm
C柱	$l/r > 150\sqrt{235/f_y}$	全柱
F柱	$l/r > 150\sqrt{235/f_y}$	0~29 850
B柱	$l/r > 150\sqrt{235/f_y}$	0~25 650
BD中间柱	$l/r > 150\sqrt{235/f_y}$	18 829~19 836/20 000~29 375

4. 整体失稳杆件加固

DF中间柱和BF中间柱,进行局部补强加固,在更换箕斗过程中要做到每次只能有一个箕斗进出,其余进出箕斗部位加横向连接。

三、立架加固前后结构分析

采用SAP2000对加固前后立架进行设计校核和变形分析,荷载工况仍采用原立架计算工况,计算模型如图4-101所示。新加桁架柱脚为固接,与原有桁架连接为铰接。

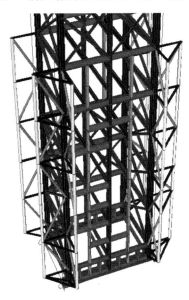

图 4-101　加固后模型图

对工况一、工况二和工况三分别分析,发现最不利工况为工况2-2,该工况下主要杆件的最大水平位移见表4-29。

表 4-29　加固前后原立架主要构件最大位移值　　　　　单位：mm

杆件	加固前		加固后	
	X 轴方向位移值	Y 轴方向位移值	X 轴方向位移值	Y 轴方向位移值
A 柱	−13.345	40.535	−0.22	4.39
B 柱	−13.315	110.17	−0.21	10.27
C 柱	−107.38	40.47	−5.12	4.38
D 柱	−107.36	189.445	−4.96	12.50
E 柱	−202.355	39.82	−8.98	5.70
F 柱	−202.04	143.6	−8.87	10.16
DF 柱	−151.915	134.25	−2.83	8.40
BD 柱	−62.495	134.265	−7.29	10.19
1 号锁口梁	−213.385	0	−10.25	0.06
2 号锁口梁	−215.89	0	−9.67	0.04

由表 4-29 可知：加固后结构主要构件的最大位移明显减小，加固后结构在最不利工况下的最大位移为 12.5 mm。

对加固后立架设计进行校核，加固后立架能满足规范的要求，提取主要杆件的承载比率与原立架的承载比率，见表 4-30。

表 4-30　加固前后主要构件承载比率

杆件	加固前承载比率	加固后承载比率
A 柱	1.463	0.274
B 柱	1.722	0.277
C 柱	0.559	0.160
D 柱	0.507	0.128
E 柱	2.827	0.768
F 柱	0.756	0.754
DF 柱	0.479	0.131
BD 柱	0.371	0.116
1 号锁口梁	1.426	0.238
2 号锁口梁	1.515	0.186

由表 4-30 可知：

（1）加固后立架主要构件的承载比率有较大幅度降低，且均在规范要求范围以内。

（2）立架加固后避免了部分构件的局部破坏和整体失稳，加固后立架能满足正常使用的要求。

第五节　采动区输电塔结构力学分析及加固处理

一、综合说明

(一)工程概况

郭北-候村煤矿 35 kV 线路由郭北 110 kV 变电站(占用原郭端间隔 35 kV 出线侧电缆)出线至 G1 终端塔,之后线路向东南延伸至潘河口东侧,在此线路右转经过中家庄至小西凹,之后线路再右转经后庄、前庄至候村西侧,最后线路左转架空至候村煤矿终端塔,架空至候村煤矿 35 kV 变电站。郭北-候村 35 kV 线路路径长 8.386 km,其中架空路径长 7.945 km,导线型号为 JL/G1A-240/30;电缆线路长 0.441 km,电缆型号为 ZR-YJV72-26/35-1X300。线路所经地形主要为丘陵地,线路海拔为 638~721 m。

郭北-候村煤矿 35 kV 线路全线共采用杆塔 40 基。线路中 G3~G11 铁塔近西北-东南向自寺河煤矿东五盘区 5313、5312 工作面上方通过。线路走向平面图如图 4-102 所示。5312 工作面已开采完毕。5313 工作面于 2021 年 9 月份开始开采,工作面开采影响的地表移动与变形对输电线路会产生显著的采动影响及损害。为此,沁和能源委托中国矿业大学开展郭候线采空区线路维护的技术服务工作,为输电线路的维修、维护设计提供技术支持。

图 4-102　线路及塔位卫星图

寺河煤矿 5313 工作面对郭候线 G3-G11 塔将产生采动影响,本次结构分析主要针对这 9 个塔进行。本次分析的各塔规格型号见表 4-31。

表 4-31　输电塔规格型号

编号	规格	塔型	呼高/m
G3	3560JJ3-12	转角	12
G7/G10/G11	3560JJ3-15	转角	15
G4	3560DJ2-9	终端	9
G5/G9	3560DJ2-15	终端	15
G6	3560ZS4-24	直线	24
G8	3560JJ4-12	转角	12

(二)分析目的和依据

寺河煤矿 5313 工作面开采后,地表变形将对输电线路产生不利影响,主要表现在输电塔倾斜、塔基水平移动、塔基高程降低、导地线弧垂变化、导地线荷载变化等。其中,导地线荷载变化和塔基倾斜将直接导致输电塔结构受力发生改变,与原设计状态不符,而且原设计时未能考虑以上各种变化。因此,需要根据原工程设计图纸,在计算机中重建各个输电塔的结构模型,将开采沉陷预计结果作为模型边界条件计算各输电塔的内力响应,然后根据钢结构设计规范,进行承载能力校验,最终得出结论。本次分析采用计算机数值模拟的方法,对以上 G3~G11 塔进行全面结构分析,评估地表变形对输电塔承载能力极限状态的影响,为后续的加固和监测提供理论依据。

本次结构分析的主要依据有:

(1)《架空输电线路运行规程》(DL/T 741—2019);

(2)《采动影响区架空输电线路设计规范》(DL/T 5539—2018);

(3)《建筑地基基础设计规范》(GB 50007—2011);

(4)《建筑结构荷载规范》(GB 50009—2012);

(5)《钢结构设计规范》(GB 50017—2017);

(6)《钢结构高强度螺栓连接技术规程》(JGJ 82—2011);

(7)《侯村煤矿 35 kV 郭侯线采空区线路维护地表沉陷预计及采动损害影响评估》。

(三)气象、地震烈度及地形地貌概况

1. 气象

该区域属于暖温带半干旱大陆性季风气候,四季分明,春季干旱多风,夏季炎热多雨,秋季凉爽少雨,冬季寒冷少雪。

据 2014—2017 年近 4 年气候资料统计结果,本区最低气压为 913.0 MPa,最高气压为947.1 MPa,年平均气压为 929.2 MPa。年平均气温为 15.4 ℃,最低气温为－14.2 ℃,最高气温为 39.0 ℃。年平均降水量为 647.1 mm,降水量集中在 6、7、8、9 四个月,占全年降雨量的 64.8%;最大日降水量为 105.4 mm;多年平均蒸发量为 1 783.3 mm,是降雨量的 2.76倍;最大风速为 11.9 m/s。

2. 地震

据《建筑抗震设计规范》(GB 50011—2010)(2016 年版),晋城市划为Ⅵ度地震烈度区第三组,地震加速度值为 0.05g。

3. 地形地貌

寺河井田位于太行山脉南段西侧,沁水盆地南缘。地貌形态属于剥蚀、侵蚀山地,以低中山—丘陵为主,沟谷发育,地形较为破碎。一类为二叠系砂泥岩风化剥蚀地貌和黄土风成堆积地貌,山地相对高度较低,山峰标高＋1 000 m 左右,山顶呈圆锥状或馒头状,多数为黄土风成堆积,山坡较陡,一般为 50°~60°,基岩地层出露。另一类是纵贯井田中部的沁河及其支流常店河、湘峪河、马庄沟等流经之处为山间谷地,属第四纪河谷侵蚀堆积地貌,沁河河谷宽阔,河漫滩和一级、二级阶地发育,河床中偶见半月形沙洲。

井田内局部由黄土覆盖,主要以黄土台垣梁及黄土冲沟,冲沟发育。侵蚀切割较为普遍,地形、地貌比较复杂。

（四）分析方法及软件概述

本次分析采用有限单元法进行数值模拟。有限单元法是一种有效解决数学问题的解题方法。其基础是变分原理和加权余量法，其基本求解思想是把计算域划分为有限数量的互不重叠的单元，在每个单元内选择一些合适的节点作为求解函数的插值点，将微分方程中的变量改写成由各变量或其导数的节点值与所选用的插值函数组成的线性表达式，借助于变分原理或加权余量法，将微分方程离散求解。采用不同的权函数和插值函数形式，便构成不同的有限元方法。有限元方法最早应用于结构力学，后来随着计算机技术的飞速发展，在工程结构分析领域开始大规模应用。基于有限元理论的结构数值分析，不仅可以准确模拟结构的静力受力特性，对于结构动力特性的模拟，还有着不可比拟的优势。

本次分析采用 3D3S 钢结构——空间结构设计软件。D3S 钢与空间结构设计系统包括轻型门式刚架、多高层建筑结构、网架与网壳结构、钢管桁架结构、建筑索膜结构、塔架结构及幕墙结构的设计与绘图，均可直接生成 Word 文档计算书和 AutoCAD 设计及施工图。

3D3S 钢结构实体建造及绘图系统主要针对轻型门式刚架和多高层建筑结构，可读取 3D3S 设计系统的三维设计模型、读取 SAP2000 的三维计算模型或直接定义柱网输入三维模型，提供梁柱的各类节点形式供用户选用，自动完成节点计算或验算，进行节点和杆件类型分类和编号，可编辑节点，增/减/改加劲板，修改螺栓布置和大小，修改焊缝尺寸，并重新进行验算，直接生成节点设计计算书，根据三维实体模型直接生成结构初步设计图、设计施工图、加工详图。

3D3S 钢与空间结构非线性计算与分析系统分为普通版和高级版，普通版主要适用于任意由梁、杆、索组成的杆系结构；可进行结构非线性荷载-位移关系及极限承载力的计算、预张力结构的初始状态找形分析与工作状态计算，包括索杆体系、索梁体系、索网体系和混合体系的找形和计算、杆结构屈曲特性的计算、结构动力特性的计算和动力时程的计算；高级版囊括了普通版的所有功能，还可进行结构体系施工全过程的计算、分析与显示。可任意定义施工步及其对应的杆件、节点、荷载和边界，完成全过程的非线性计算，可考虑施工过程中因变形产生的节点坐标更新、主动索张拉和支座脱空等施工中的实际情况。

3D3S 辅助结构设计及绘图系统可对独立基础、条形基础、钢结构梁、钢结构柱、钢结构支撑、压型钢板组合楼盖、组合梁及中小工作制吊车梁进行设计和验算，并可直接生成计算书及 AutoCAD 设计和施工图。对于直跑和旋转钢楼梯，根据输入参数直接生成 AutoCAD 施工图。

二、开采沉陷预计

根据《侯村煤矿 35 kV 郭侯线采空区线路维护地表沉陷预计及采动损害影响评估》，该工作面开采后，地表变形将对线路杆塔产生不利影响。具体开采沉陷预计情况见表 4-32。

表 4-32 G3～G8 塔处地表移动与变形值一览表

塔号	下沉量/mm	水平移动/mm		水平变形/(mm/m)		倾斜变形/(mm/m)		曲率/(mm/m²)	
		南北	东西	南北	东西	南北	东西	南北	东西
G3	0	0	0	0	0	0	0	0	0
G4	145	−258	52	10.4	0.4	−7.0	1.4	0.28	−0.01
G5	42	−89	10	4.3	0.1	−2.3	0.3	0.11	0

表 4-32(续)

塔号	下沉量/mm	水平移动/mm		水平变形/(mm/m)		倾斜变形/(mm/m)		曲率/(mm/m²)	
		南北	东西	南北	东西	南北	东西	南北	东西
G6	377	−560	123	16.6	1.3	−14.5	3.2	0.45	0.03
G7	2 372	−1 191	365	22.0	−3.5	−31.5	9.5	0.61	−0.09
G8	4 873	−448	1 422	−12.1	−16.3	−6.7	32.5	0.31	−0.40
G9	1 048	1 036	323	17.1	3.4	26.8	7.4	0.49	0.08
G10	485	653	149	14.9	1.6	15.2	3.4	0.40	0.04
G11	24	53	6	2.1	−0.1	1.2	0.1	0.05	0

三、数值计算

1. 模型

模型全部由杆件单元组成(表 4-33)。模型简图如图 4-103 所示。

表 4-33　各塔模型单元数量　　　　　　　　　　　单位:个

编号	单元数量
G3	404
G4	321
G5	465
G6	461
G7	458
G8	406
G9	465
G10	458
G11	458

2. 荷载工况及组合

对各塔进行分析时,均采用 6 种荷载工况,并进行互相组合。荷载工况见表 4-34。第 6 种工况为地表变形工况,即根据最终的塔位开采沉陷预计结果,将倾斜值换算成各支座的位移,施加到模型支座上。

各工况按如下方式进行组合:

(1) 1.20 恒载＋1.00 活载工况 1;

(2) 1.20 恒载＋1.00 活载工况 2;

(3) 1.20 恒载＋1.00 活载工况 3;

(4) 1.20 恒载＋1.00 活载工况 4;

(5) 1.20 恒载＋1.00 活载工况 5;

(6) 1.20 恒载＋1.00 活载工况 6。

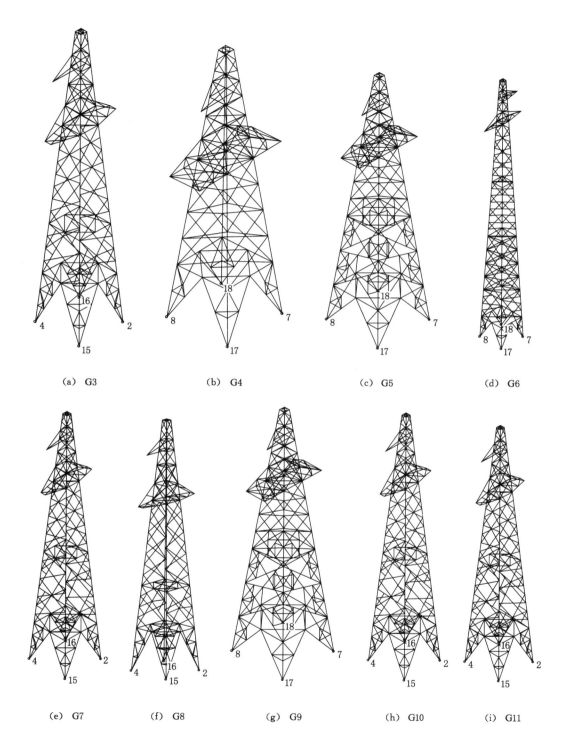

（a）G3 　　（b）G4 　　（c）G5 　　（d）G6

（e）G7 　　（f）G8 　　（g）G9 　　（h）G10 　　（i）G11

图 4-103　各塔数值模型

表 4-34　荷载工况汇总表

工况号	荷载类型	荷载说明
1	活	最大风
2	活	覆冰
3	活	最低温
4	活	未断线
5	活	断线
6	活	地表变形

3. 材料参数

本次分析采用两种材料,分别是 Q235 钢材和 Q345 钢材。

Q235:弹性模量为 2.06×10^5 N/mm^2,泊松比为 0.30,线膨胀系数为 1.20×10^{-5},质量密度为 7 850 kg/m^3。

Q345:弹性模量为 2.06×10^5 N/mm^2,泊松比为 0.30,线膨胀系数为 1.20×10^{-5},质量密度为 7 850 kg/m^3。

4. 计算结果

(1) G3 塔

① 内力计算结果

内力分别按照最大轴力、最小轴力、2 轴最大和最小弯矩、3 轴最大弯矩和最小弯矩输出云图,如图 4-104 所示。

233.9　184.7　135.4　86.2　37.0　−12.2

(a) 按轴力 N 最大显示构件颜色
（单位：kN）

−251.3 −198.7 −146.0 −93.4 −40.8　11.7

(b) 按轴力 N 最小显示构件颜色
（单位：kN）

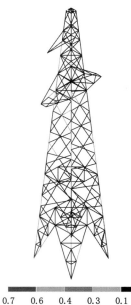

0.7　0.6　0.4　0.3　0.1　0

(c) 按弯矩 M_2 最大显示构件颜色
（单位：kN·m）

图 4-104　G3 塔内力分布云图

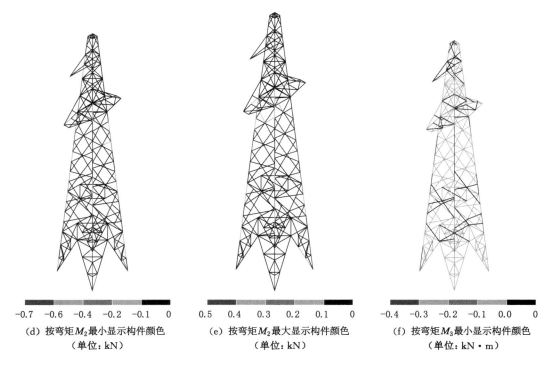

(d) 按弯矩M_2最小显示构件颜色
（单位：kN）

(e) 按弯矩M_2最大显示构件颜色
（单位：kN）

(f) 按弯矩M_3最小显示构件颜色
（单位：kN·m）

图 4-104(续)

（2）应力比计算结果

各单元应力计算情况如图 4-105 所示。可见各单元应力比均小于 1，即小于材料的屈服强度，符合规范要求。

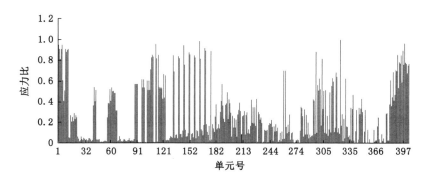

图 4-105　G3 塔各单元应力比

（2）G4 塔

① 内力计算结果

内力分别按照最大轴力、最小轴力、2 轴最大弯矩和最小弯矩、3 轴最大弯矩和最小弯矩输出云图，如图 4-106 所示。

② 应力比计算结果

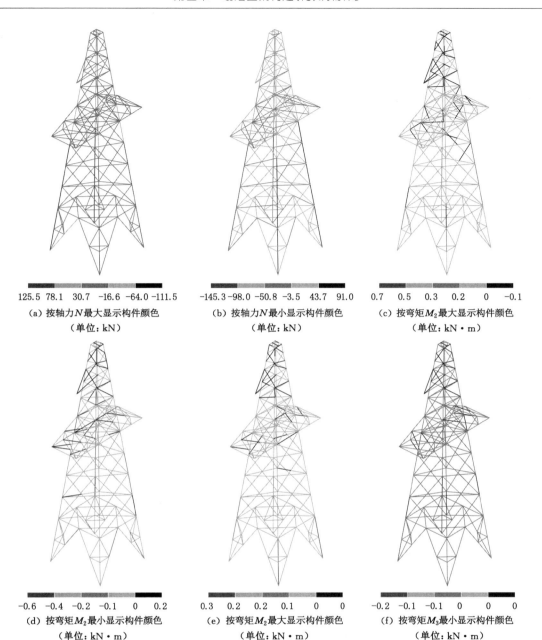

125.5　78.1　30.7　-16.6　-64.0 -111.5
（a）按轴力N最大显示构件颜色
（单位：kN）

-145.3 -98.0 -50.8　-3.5　43.7　91.0
（b）按轴力N最小显示构件颜色
（单位：kN）

0.7　0.5　0.3　0.2　0 -0.1
（c）按弯矩M_2最大显示构件颜色
（单位：kN·m）

-0.6 -0.4 -0.2 -0.1　0　0.2
（d）按弯矩M_2最小显示构件颜色
（单位：kN·m）

0.3　0.2　0.2　0.1　0　0
（e）按弯矩M_2最大显示构件颜色
（单位：kN·m）

-0.2 -0.1 -0.1　0　0　0
（f）按弯矩M_3最小显示构件颜色
（单位：kN·m）

图 4-106　G4 塔内力分布云图

各单元应力计算情况如图 4-107 所示。可见各单元应力比最大值不超过 0.5，均小于 1，即小于材料的屈服强度，符合规范要求。

（3）G5 塔

① 内力计算结果

内力分别按照最大轴力、最小轴力、2 轴最大弯矩和最小弯矩、3 轴最大弯矩和最小弯矩输出云图，如图 4-108 所示。

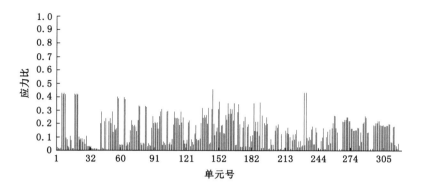

图 4-107　G4 塔各单元应力比

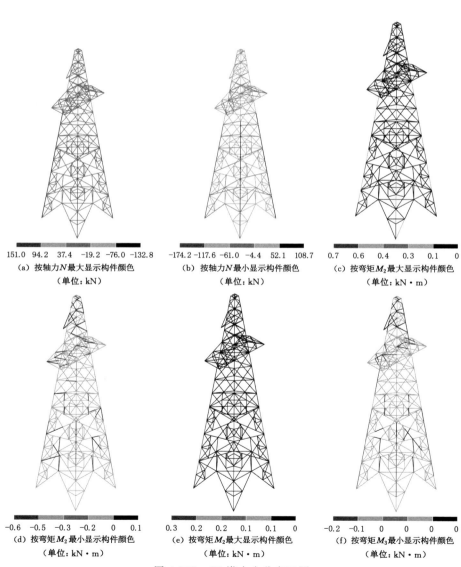

151.0　94.2　37.4　−19.2　−76.0　−132.8
（a）按轴力 N 最大显示构件颜色
（单位：kN）

−174.2　−117.6　−61.0　−4.4　52.1　108.7
（b）按轴力 N 最小显示构件颜色
（单位：kN）

0.7　0.6　0.4　0.3　0.1　0
（c）按弯矩 M_2 最大显示构件颜色
（单位：kN·m）

−0.6　−0.5　−0.3　−0.2　0　0.1
（d）按弯矩 M_2 最小显示构件颜色
（单位：kN·m）

0.3　0.2　0.2　0.1　0.1　0
（e）按弯矩 M_2 最大显示构件颜色
（单位：kN·m）

−0.2　−0.1　0　0　0　0
（f）按弯矩 M_3 最小显示构件颜色
（单位：kN·m）

图 4-108　G5 塔内力分布云图

② 应力比计算结果

各单元应力计算情况如图 4-109 所示。可见各单元应力比最大值不超过 0.5,均小于 1,即小于材料的屈服强度,符合规范要求。

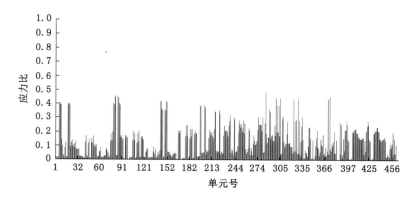

图 4-109　G5 塔各单元应力比

（4）G6 塔

① 内力计算结果

内力分别按照最大轴力、最小轴力、2 轴最大弯矩和最小弯矩、3 轴最大弯矩和最小弯矩输出云图,如图 4-110 所示。

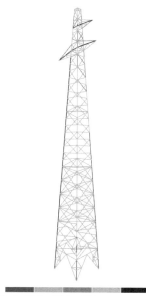
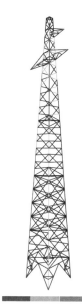

116.0 85.9 55.8 25.7 -4.3 -34.4	-146.5 -114.6 -82.7 -50.8 -18.9 12.8	1.5 1.2 0.8 0.5 0.2 0
（a）按轴力 N 最大显示构件颜色 （单位:kN）	（b）按轴力 N 最小显示构件颜色 （单位:kN）	（c）按弯矩 M_2 最大显示构件颜色 （单位:kN・m）

图 4-110　G6 塔内力分布云图

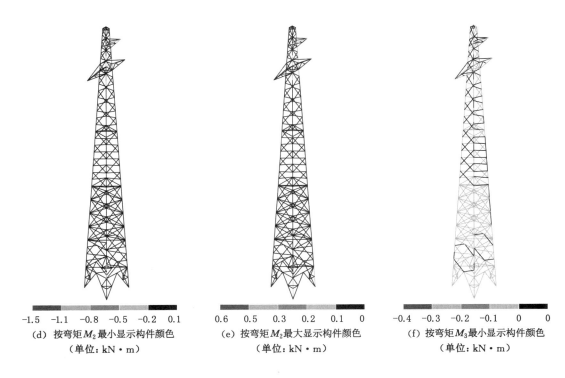

(d) 按弯矩M_2最小显示构件颜色
（单位：kN·m）

(e) 按弯矩M_2最大显示构件颜色
（单位：kN·m）

(f) 按弯矩M_3最小显示构件颜色
（单位：kN·m）

图 4-110（续）

② 应力比计算结果

各单元应力计算情况如图 4-111 所示。可见各单元应力比最大值均小于 1,即小于材料的屈服强度,符合规范要求。

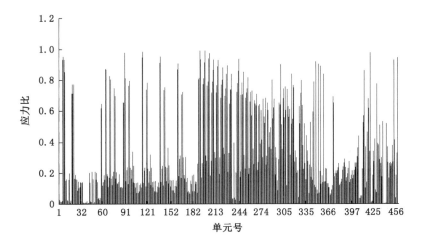

图 4-111 G6 塔各单元应力比

（5）G7 塔

① 内力计算结果

内力分别按照最大轴力、最小轴力、2轴最大弯矩和最小弯矩、3轴最大弯矩和最小弯矩输出云图,如图4-112所示。

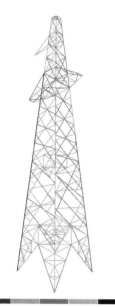

180.7　122.2　63.8　5.4　−53.0　−111.4
（a）按轴力 N 最大显示构件颜色
（单位：kN）

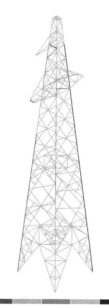

−218.1 −157.8 −97.4 −37.0　23.3　83.7
（b）按轴力 N 最小显示构件颜色
（单位：kN）

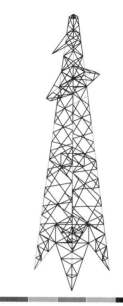

1.1　0.8　0.6　0.4　0.1　0
（c）按弯矩 M_2 最大显示构件颜色
（单位：kN·m）

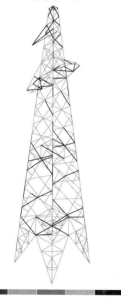

−0.7　−0.5　−0.3　−0.1　0　0.2
（d）按弯矩 M_2 最小显示构件颜色
（单位：kN·m）

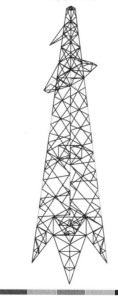

1.0　0.8　0.5　0.3　0.1　0
（e）按弯矩 M_2 最大显示构件颜色
（单位：kN·m）

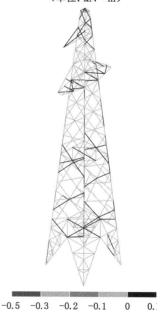

−0.5　−0.3　−0.2　−0.1　0　0.1
（f）按弯矩 M_3 最小显示构件颜色
（单位：kN·m）

图 4-112　G7 塔内力分布云图

② 应力比计算结果

各单元应力计算情况如图 4-113 所示。可见各单元应力比最大值均小于 1,即小于材料的屈服强度,符合规范要求。

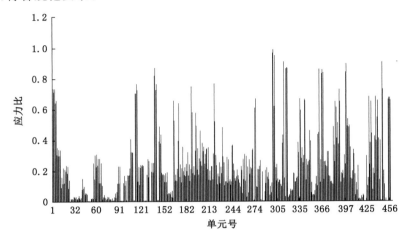

图 4-113　G7 塔各单元应力比

(6) G8 塔

① 内力计算结果

内力分别按照最大轴力、最小轴力、2 轴最大弯矩和最小弯矩、3 轴最大弯矩和最小弯矩输出云图,如图 4-114 所示。

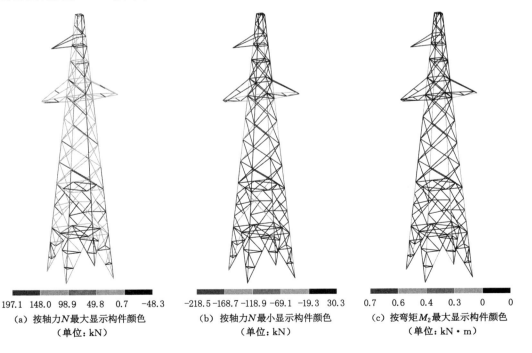

197.1 148.0 98.9 49.8 0.7 −48.3	−218.5 −168.7 −118.9 −69.1 −19.3 30.3	0.7 0.6 0.4 0.3 0 0
(a) 按轴力 N 最大显示构件颜色 (单位: kN)	(b) 按轴力 N 最小显示构件颜色 (单位: kN)	(c) 按弯矩 M_2 最大显示构件颜色 (单位: kN·m)

图 4-114　G8 塔内力分布云图

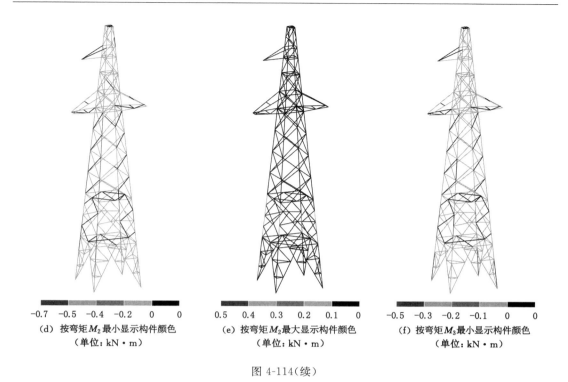

(d) 按弯矩 M_2 最小显示构件颜色
（单位：kN·m）

(e) 按弯矩 M_2 最大显示构件颜色
（单位：kN·m）

(f) 按弯矩 M_3 最小显示构件颜色
（单位：kN·m）

图 4-114(续)

② 应力比计算结果

各单元应力计算情况如图 4-115 所示。可见各单元应力比最大值均小于 1，即小于材料的屈服强度，符合规范要求。

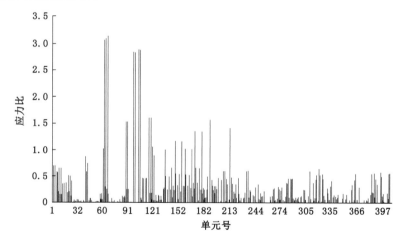

图 4-115　G8 塔各单元应力比

（7）G9 塔

① 内力计算结果

内力分别按照最大轴力、最小轴力、2 轴最大弯矩和最小弯矩、3 轴最大弯矩和最小弯矩输出云图，如图 4-116 所示。

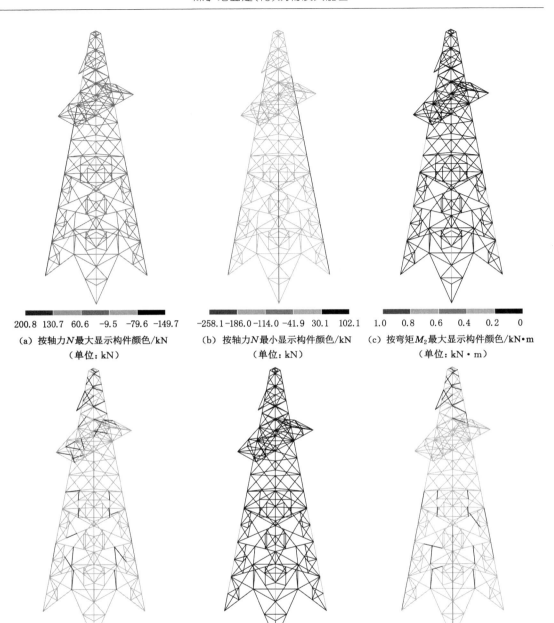

(a) 按轴力 N 最大显示构件颜色/kN
（单位：kN）

(b) 按轴力 N 最小显示构件颜色/kN
（单位：kN）

(c) 按弯矩 M_2 最大显示构件颜色/kN·m
（单位：kN·m）

(d) 按弯矩 M_2 最小显示构件颜色/kN·m
（单位：kN·m）

(e) 按弯矩 M_2 最大显示构件颜色/kN·m
（单位：kN·m）

(f) 按弯矩 M_3 最小显示构件颜色/kN·m
（单位：kN·m）

图 4-116　G9 塔内力分布云图

② 应力比计算结果

各单元应力计算情况如图 4-117 所示。可见各单元应力比最大值均小于 1，即小于材料的屈服强度，符合规范要求。

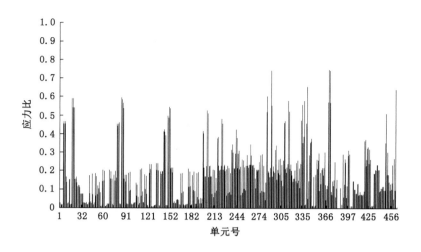

图 4-117　G9 塔各单元应力比

（8）G10 塔

① 内力计算结果

内力分别按照最大轴力、最小轴力、2 轴最大弯矩和最小弯矩、3 轴最大弯矩和最小弯矩输出云图，如图 4-118 所示。

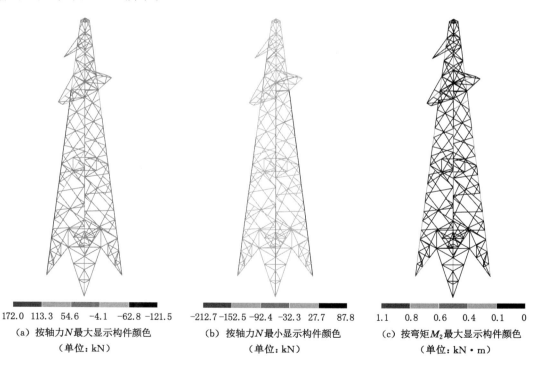

172.0　113.3　54.6　-4.1　-62.8 -121.5	-212.7 -152.5 -92.4 -32.3　27.7　87.8	1.1　0.8　0.6　0.4　0.1　0
（a）按轴力 N 最大显示构件颜色	（b）按轴力 N 最小显示构件颜色	（c）按弯矩 M_2 最大显示构件颜色
（单位：kN）	（单位：kN）	（单位：kN·m）

图 4-118　G10 塔内力分布云图

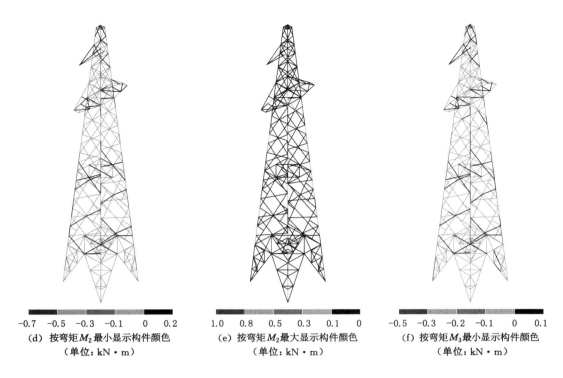

-0.7 -0.5 -0.3 -0.1   0   0.2

（d）按弯矩 M_2 最小显示构件颜色
（单位：kN·m）

1.0 0.8 0.5 0.3 0.1   0

（e）按弯矩 M_2 最大显示构件颜色
（单位：kN·m）

-0.5 -0.3 -0.2 -0.1   0   0.1

（f）按弯矩 M_3 最小显示构件颜色
（单位：kN·m）

图 4-118（续）

② 应力比计算结果

各单元应力计算情况如图 4-119 所示。可见各单元应力比最大值均小于 1，即小于材料的屈服强度，符合规范要求。

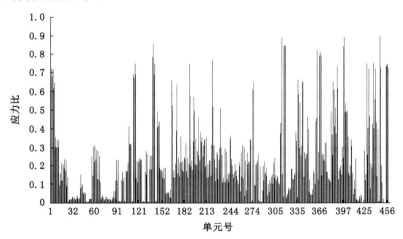

图 4-119　G10 塔各单元应力比

（9）G11 塔

① 内力计算结果

内力分别按照最大轴力、最小轴力、2 轴最大弯矩和最小弯矩、3 轴最大弯矩和最小弯矩输出云图,如图 4-120 所示。

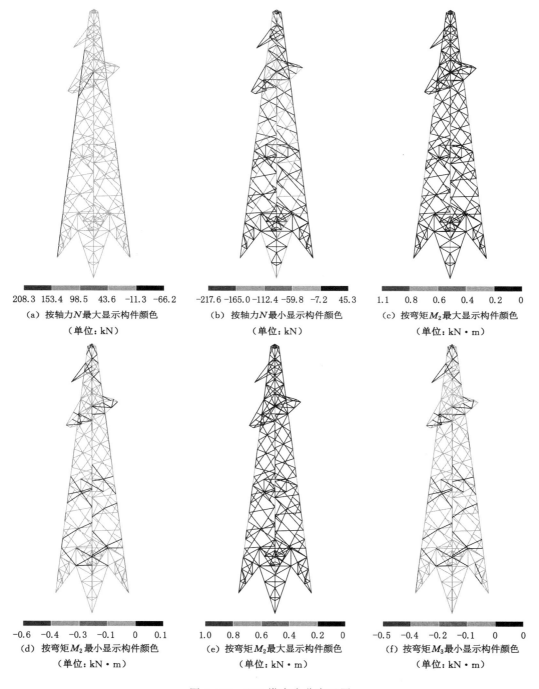

208.3　153.4　98.5　43.6　−11.3　−66.2	−217.6　−165.0　−112.4　−59.8　−7.2　45.3
(a) 按轴力 N 最大显示构件颜色 (单位:kN)	(b) 按轴力 N 最小显示构件颜色 (单位:kN)

(c) 按弯矩 M_2 最大显示构件颜色
1.1　0.8　0.6　0.4　0.2　0
(单位:kN・m)

(d) 按弯矩 M_2 最小显示构件颜色
−0.6　−0.4　−0.3　−0.1　0　0.1
(单位:kN・m)

(e) 按弯矩 M_2 最大显示构件颜色
1.0　0.8　0.6　0.4　0.2　0
(单位:kN・m)

(f) 按弯矩 M_3 最小显示构件颜色
−0.5　−0.4　−0.2　−0.1　0　0
(单位:kN・m)

图 4-120　G11 塔内力分布云图

② 应力比计算结果

各单元应力计算情况如图 4-121 所示。可见各单元应力比最大值均小于 1,即小于材料的屈服强度,符合规范要求。

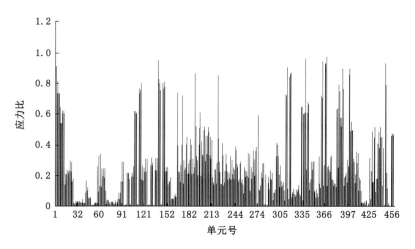

图 4-121　G11 塔各单元应力比

四、结论和建议

在目前的场地条件和结构自身条件下,通过对 G3～G11 输电塔结构进行数值模拟分析和极限承载力评估,主要结论如下:

(1) G4～G11 塔在寺河矿 5313 工作面开采之后,均有不同程度的基础沉降、水平移动及倾斜变形,其中 G8 塔最大下沉量为 4 873 mm。

(2) G3～G7、G9～G11 塔在计算工况组合下,各杆件应力比均未超过限值,符合结构极限承载状态要求。

(3) G8 塔在计算工况最不利组合条件下,有部分杆件出现应力超过限值,最大应力比为 3.14,且超限的应力比均为稳定应力比,提示杆件的整体稳定性不足。该部分杆件均集中在第 1 塔节和第 2 塔节主材和斜材。

根据本次分析结果,建议如下:

(1) 对 G8 塔基础进行加固,增强其连接刚性,抑制地表土体变形造成的基础根开变化。

(2) 对 G8 塔第 1 塔节和第 2 塔节进行构件加固,加固方法以稳定性加固为主。

第六节　烟囱承载能力极限状态受采动影响评估及加固处理

一、结构概况

该烟囱高度为 100.0 m,±0.0 m 处外直径为 8.84 m、内直径为 8.00 m,+100.0 m 处外壁直径为 4.84 m、内壁直径为 4.44 m。所处济宁地区基本风压为 0.4 kPa,场地为Ⅱ类场地。筒身采用 C30 混凝土,筒身底部壁厚为 0.4 m,随高度增加,渐变至 0.2 m。筒身布有双层双向钢筋,钢筋采用Ⅰ级钢和Ⅱ级钢。该烟囱于 2000 年左右建成使用,现场目测混凝土表观质量尚可,未见明显表观缺陷。

图 4-122　烟囱现状

二、数值建模

1. 模型

（1）模型尺寸

建模时，只考虑上部结构模型。几何尺寸均严格按照竣工图纸的实际尺寸，但是对爬梯、信号平台等附属结构简化处理，仅作为外荷载施加在模型上。有限元计算模型如图 4-123 所示。模型总共有约 13 万个节点，单元共计约 10.5 万个。

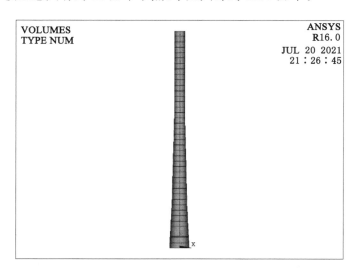

图 4-123　数值模型图

（2）单元及材料属性

模型采用 Solid65 实体单元。Solid65 单元专门模拟混凝土或钢筋混凝土结构。筒身为 C30 混凝土材料，考虑到该烟囱已建成 20 年，且工业厂区环境恶劣，混凝土强度会产生一定退化。因此混凝土强度等级按降低一级考虑，即按 C25 考虑，则弹性模量 $E_s = 2.8 \times$

10^4 MPa，泊松比 $\mu=0.25$，密度 $\rho=2\,500$ kg/m³，钢筋采用整体式配筋，弹性模量 $E_s=2.06\times10^5$ MPa，泊松比 $\mu=0.27$。

2. 边界条件

合理设置计算模型的边界条件，是为了使计算模型与实际情况能较好地吻合，只有这样才能使计算结果具有实际参考价值。

由于烟囱基础体系尺寸和刚度较大，埋深也较深，因此建模时未建基础模型。基础采用底部设置固接边界条件来模拟基础对上部结构的作用。

模拟地表变形时，仅考虑地表倾斜变形。根据采煤工作面与结构物空间位置关系，烟囱大致向西北方向倾斜。为了获得最不利影响工况，计算时倾斜方向与风荷载方向一致，整体坐标系中为 x 轴负方向，倾斜极值取 0.8 mm/m。

3. 荷载及工况

本次计算主要考虑自重恒载、可变荷载风荷载。按《建筑结构可靠性设计统一标准》（GB 50068—2018），模型加载时按设计值加载，即在标准值基础上分别乘以分项系数 1.3 和 1.5。

该地区基本风压值取 0.4 kPa，体型系数取 0.6，按《建筑结构荷载规范》（GB 50009—2012），高度不超过 150 m 的钢筋混凝土烟囱的基本自振周期：

$$T_1 = 0.41 + 0.10\times10^{-2}\frac{H^2}{d}$$

则该烟囱基本自振频率为：

$$f = \frac{1}{T_1} = 0.24 \text{ Hz}$$

根据规范，风荷载标准值为：

$$w_k = 0.24\left(\frac{z}{10}\right)^{0.30} + 0.474\frac{60\,000z^2 - 400z^3 + z^4}{10^8}$$

式中　　w_k——风荷载标准值，kN/m²；

　　　　z——高度，m。

计算分两组工况进行：

工况 1——1.3 自重＋1.5 风荷载；

工况 2——1.3 自重＋1.5 风荷载＋基础倾斜 0.8 mm/m。

工况 2 中风荷载方向和基础倾斜方向一致，均为 X 负轴方向，可认为是最不利工况。

三、计算结果

1. 水平位移

通过 ANSYS 通用程序求解，获得的筒身水平位移沿高度分布等值云图如图 4-124、图 4-125 所示。在自重和风荷载工况下，烟囱顶部位移约为 30.8 cm，小于《烟囱工程技术标准》（GB/T 50051—2021）中"任意高度的水平位移不应大于该点离地高度的 1/100"的要求；在自重、风荷载和地表倾斜叠加作用下，烟囱顶部位移约为 35.8 cm，同样小于该条要求。

2. 筒身应力分布

两种工况条件下，筒身第 1 主应力和第 3 主应力分布分别如图 4-126 至图 4-129 所示。两种工况下，筒身的应力分布一致且数值基本相同，均为迎风侧受拉，最大拉应力约为 8.884 MPa。背风侧受压，最大压应力约为 5.97 MPa。混凝土最大压应力小于混凝土的抗

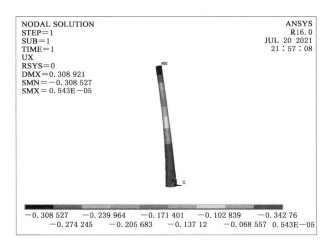

图 4-124 工况 1 筒身水平位移分布图

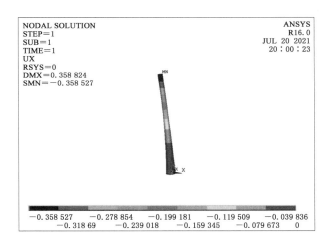

图 4-125 工况 2 筒身水平位移分布图

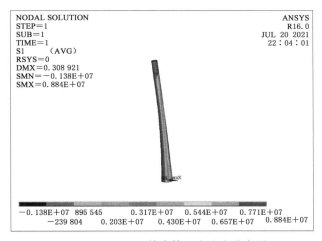

图 4-126 工况 1 筒身第 1 主应力分布图

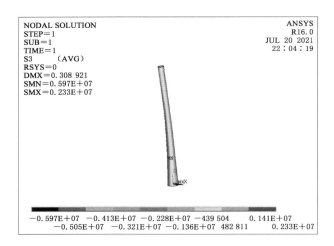

图 4-127　工况 1 筒身第 3 主应力分布图

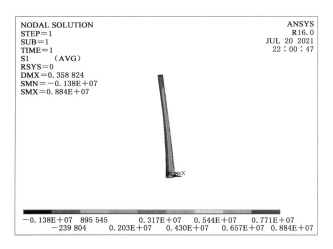

图 4-128　工况 2 筒身第 1 主应力分布图

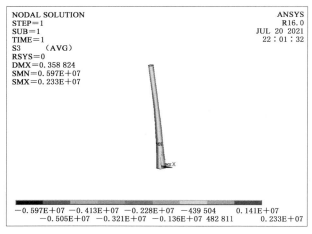

图 4-129　工况 2 筒身第 3 主应力分布图

压强度标准值。最大拉应力虽然已经超过了混凝土抗拉强度标准值，但筒身材料为钢筋混凝土，拉应力主要由钢筋承担。建模时采用的 Solid65 单元已自动将钢筋以配筋率的形式弥散在单元中，运算结果未出现不收敛的情况，说明单元中的钢筋未屈服，表明筒身拉应力并未超过钢筋混凝土材料的抗拉应力。

3. 筒壁承载能力极限状态验算

由于南屯电力分公司目前已关停，该烟囱也停止使用，因此本次研究仅需要考虑极限状态承载能力是否满足要求，分析可能存在的安全隐患，不考虑正常使用极限状态要求。本研究采用 Solid65 实体单元，因此采用节点力汇总技术，统计出不同标高的水平截面的内力值，见表 4-35。内力分布总体上沿高度方向逐渐递减，符合结构受力规律。当基础出现倾斜变形时，最大弯矩增大约 5%，轴力基本无变化。

表 4-35　水平截面内力统计值

截面标高/m	工况 1		工况 2	
	轴力/kN	弯矩/(kN·m)	轴力/kN	弯矩/(kN·m)
5.5	16 584	73 303	16 584	77 261
15	13 637	50 051	13 637	53 555
30	9 795	31 050	9 795	32 292
45	6 678	18 665	6 678	19 785
60	4 188	10 135	4 188	10 692
75	2 383	5 767	2 383	6 021
90	926	2 242	926	2 318

根据《烟囱工程技术标准》（GB/T 50051—2021）中相关规定，无孔洞钢筋混凝土烟囱筒壁水平截面极限状态承载力按下式计算：

$$M + M_a \leqslant \alpha_1 f_{ct} A r \frac{\sin(\alpha\pi)}{\pi} + f_{yt} A_s r \frac{\sin(\alpha\pi) + \sin(\alpha_t\pi)}{\pi}$$

$$\alpha = \frac{N + f_{yt} A_s}{\alpha_1 f_{ct} A + f_{yt} A_s}$$

式中　$M + M_a$——计算截面弯矩设计值与附加弯矩设计值之和，kN·m；

　　　α——受压区混凝土截面面积与全截面面积的比值；

　　　α_t——受拉竖向钢筋截面面积与全部竖向钢筋截面面积的比值；

　　　α_1——受压区混凝土矩形应力图的应力与混凝土抗压强度设计值的比值；

　　　A_s——计算截面钢筋总截面面积，m²；

　　　f_{ct}——混凝土在温度作用下轴心抗压强度设计值，kN/m²；

　　　f_{yt}——计算截面钢筋在温度作用下的抗拉强度设计值，kN/m²。

以上各截面的配筋情况及计算得到的极限承载力见表 4-36。

根据截面实际配筋情况计算得出的截面抗弯承载能力为 M_{ri}，截面实际的荷载弯矩效应为 M_{si}，二者相比，当 $M_{ri}/M_{si} \geqslant 1$ 时，表明截面满足承载能力要求。由表 4-36 可知：在地表发生倾斜之后，烟囱各截面仍能满足承载能力极限状态要求。

表 4-36　水平截面承载能力极限状态计算值

标高/m	截面竖向钢筋面积/m²	$M_{ri}/(kN \cdot m)$	$M_{si}/(kN \cdot m)$	M_{ri}/M_{si}（工况 2）
5.5	0.056 217	125 856.7	77 261	1.63
15	0.049 543	94 867.96	53 555	1.77
30	0.042 27	64 403.64	32 292	1.99
45	0.036 334	44 646.88	19 785	2.26
60	0.025 121	26 033.44	10 692	2.43
75	0.024 657	22 106.15	6 021	3.67
90	0.017 552	14 398.98	2 318	6.21

四、加固处理

烟囱的水平位移和筒壁极限承载力，在当前地表变形条件下均能满足要求。超低排土建结构在当前地表变形条件下，结构满足承载能力极限状态要求。本工作面开采造成的地表变形不会对主体结构造成破坏。建议在本工作面开采沉陷影响期间，暂时保留烟囱和超低排系统土建结构。

在开采沉陷期间，拟进行如下处置：

（1）在烟囱和超低排系统周围设置临时钢结构围挡。围挡高度为 2.5 m，立柱采用 100 mm×100mm 镀锌方管，间距为 3 m；围护采用 0.8 mm 厚彩钢板，围挡总长度约为 364 m。工程造价估算为 13.65 万元。围挡平面布置示意图如图 4-130 所示。

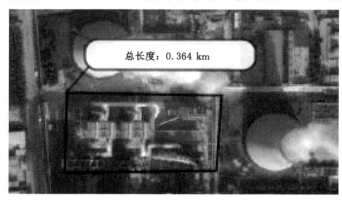

图 4-130　围挡平面布置示意图

（2）沉陷影响期间，安排专人巡查，在沉陷影响剧烈期应加强巡查频次。重点应巡查围挡是否严密完好，钢结构管道是否有落架风险，有关设备基础的连接是否可靠。

（3）在沉陷影响之前、期间和影响结束之后，对烟囱进行测量观测，获得烟囱实际的倾斜情况。若倾斜超过 1/100，需立即实施定向爆破拆除。考虑到人工监测不能实现连续监测且存在安全隐患，本次观测应采用结构倾斜自动化监测设备对烟囱倾斜角度进行连续观测。自动化监测设备由双轴倾斜传感器、数据采集和数据传输三个部分组成。倾斜传感器要求分辨率不大于 10″，双轴量程均不小于 8°。

参 考 文 献

[1] 崔云龙.简明建井工程手册[M].北京:煤炭工业出版社,2003.

[2] 崔云龙.矿井施工准备工作指南[M].徐州:中国矿业大学出版社,1998.

[3] 国家安全生产监督管理总局.爆破安全规程:GB 6722—2014[M].北京:中国标准出版社,2014.

[4] 国家煤矿安全监察局.煤矿安全规程[M].北京:煤炭工业出版社,2010.

[5] 黄道生.矿山特种结构[M].北京:煤炭工业出版社,1992.

[6] 路耀华,崔增祁.中国煤矿建井技术[M].徐州:中国矿业大学出版社,1995.

[7] 秦庚仁.矿井施工组织设计指南[M].北京:煤炭工业出版社,2003.

[8] 万寿良.矿井设计施工及标准规范实用手册[M].北京:当代中国音像出版社,2003.

[9] 王建平,等.矿山建设工程[M].徐州:中国矿业大学出版社,2009.

[10] 于广云,等.采动区铁路桥大幅度不均匀沉陷综合治理技术研究[R].淮南:[出版者不详],2009.

[11] 于广云,等.淮南矿业集团丁集煤矿主井立架加固改造工程设计说明书[M].淮南:[出版者不详],2012.

[12] 于广云,等.济河闸加固设计[R].淮南:[出版者不详],2010.

[13] 于广云,等.马营井田金龙输煤专线抗采动变形治理研究报告[R].太原:[出版者不详],2012.

[14] 张绍增.煤矿地面建筑概论[M].北京:煤炭工业出版社,1994.

[15] 中煤国际工程集团南京设计研究院,中华人民共和国国家质量监督检验检疫总局.煤矿立井井筒及硐室设计规范:GB 50384—2016[M].北京:中国计划出版社,2016.

[16] 中煤科工集团武汉设计研究院有限公司.煤矿斜井井筒及硐室设计规范:GB 50415—2017[M].北京:中国计划出版社,2017.